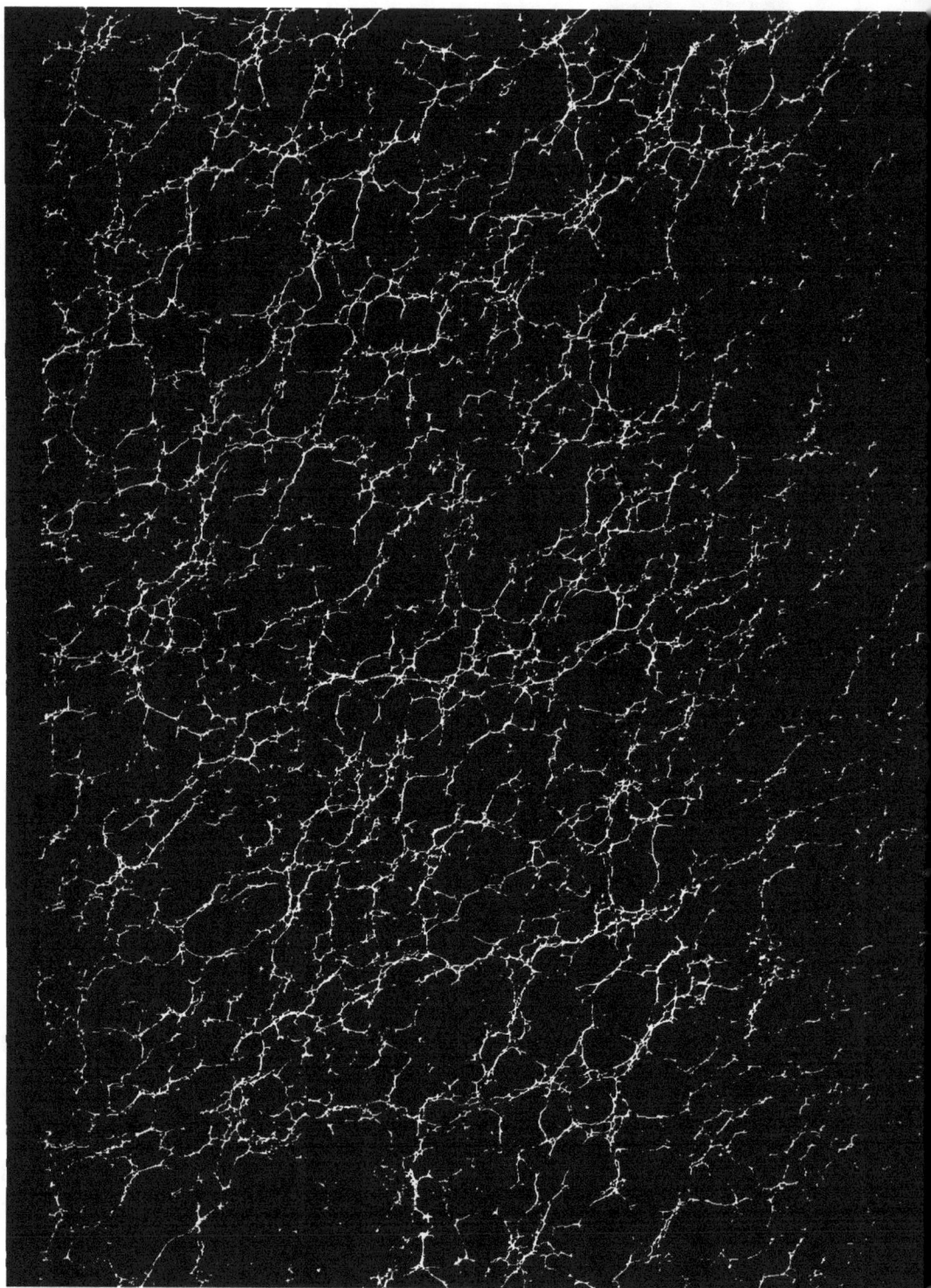

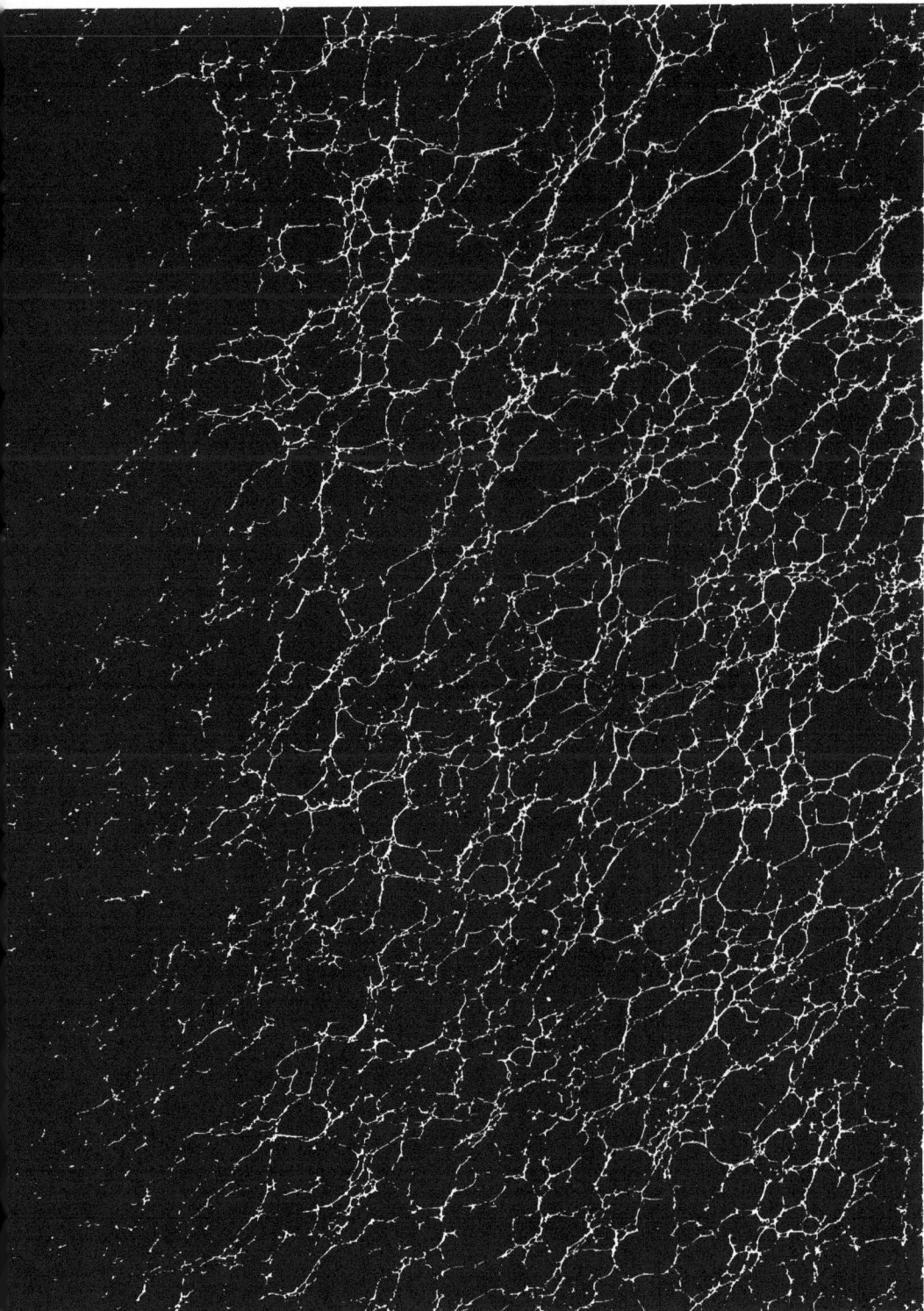

ESSAI MONOGRAPHIQUE

SUR

LES CLÉRITES.

Deux volumes petits in-4° avec 47 planches coloriées
aux frais de l'Auteur. — Fr. 60.

ESSAI MONOGRAPHIQUE

SUR

LES CLÉRITES

INSECTES COLÉOPTÈRES

PAR

LE M.ⁱˢ MAXIMILIEN SPINOLA

MEMBRE NON RÉSIDENT DE L'ACAD. DES SCIENCES DE TURIN
CORRESPONDANT DES SOCIÉTÉS D'HIST. NAT. DE GENÈVE ET DE BERLIN
ASSOCIÉ DES SOC. ENT. DE LONDRES ET DE PARIS
CORRESPONDANT DE LA SOC. DES GÉORGOPHILES DE FLORENCE
MEMBRE HONORAIRE DE LA SOC. DES ASP. NAT. DE NAPLES.

TOME PREMIER.

GÊNES,

IMPRIMERIE DES FRÈRES PONTHENIER.

1844.

AVANT-PROPOS.

——➤➤:➤❀ ❧❦❦◄——

Lorsque M.ʳ le Comte Dejean se fut décidé à vendre par familles la riche collection qu'il avait mis quarante ans à réunir, je m'empressai d'accaparer sa famille des *Térédiles* parceque le prix n'en était pas hors de ma portée, et parceque je savais qu'elle était composée, en majeure partie, d'espèces peu connues et dignes de l'être davantage. Mon premier projet avait été d'entreprendre la monographie de touts les genres que M.ʳ Dejean avait mis sous le même titre de son catalogue, à partir du *G. Cylidrus Latr.* jusqu'au *G. Scydmœnus id.* inclusivement. Mais ces richesses nouvellement acquises ne firent que confirmer les soupçons conçus auparavant d'après le petit nombre d'espèces de mon ancienne collection. Elles me prouvèrent que ces *Térédiles* de M.ʳ Dejean n'ont aucun caractère commun et exclusif qui justifie leur rassemblement dans le même groupe, et elles me confirmèrent dans l'idée que ces genres devaient être distribués entre plusieurs familles différentes et que ces familles elles-mêmes n'appartenaient pas à la même tribu.

Cela posé, il n'y avait plus de milieu. Il fallait, ou rattacher les parties à un tout et comprendre l'histoire des familles dans celle de l'ordre entier des Coléoptères, entreprise immense au-dessus de mes forces, pour laquelle le temps aurait été passé avant que les matériaux fussent arrivés, ou bien composer autant de monographies isolées qu'il y avait de familles à distinguer. Or, ces familles sont au moins au nombre de cinq, savoir:

1.º Les *Clérites* qui répondent aux *Clairones* ou *Clerii Latr.* et qui comprennent les *G. Cylidrus, Tillus Callitheres, Notoxus, Clerus, Epiphlœus, Enoplium, Notostenus, Corynetes* et *Brachymorphus* du *Cat. Dej.*

2.º Les *Lymexylonites*, premier démembrement des *Xylotrogues Latr.* comprenant les *G. Lymexylon, Hylecœtus, Atractocerus* et *Cupes ibid.*

3.º Les *Rhysodites*, second démembrement des *Xylotrogues* qui ne comprend que les *G. Rhysodes* et *Stemmoderus ibid.*

4.º Les *Ptinites* ou *Ptiniores Latr.* auxquels nous rapporterons les *G. Ptilinus, Xystrophorus, Xyletinus, Ochina, Anobium, Hedobia, Ptinus* et *Gibbium ibid.*

5.º Les *Scydmœnites*, ou *Palpicornes Latr.* qui contiennent les *G. Scydmœnus, Mastigus* et *Ægialites* du catalogue.

Ayant la liberté du choix entre ces cinq familles indépendantes les unes des autres, j'ai dû naturellement commencer par la première qui était la plus riche en belles espèces inédites, tout en me promettant de traiter des autres ... la suite. J'ai été quelques temps plein de confiance dans la possibilité de ce plan. Mais tout me porte actuellement à croire que j'en resterai définitivement aux *Clérites* décrits dans cet essai monographique.

Il y aurait fort peu à ajouter en général à ce qu'on sait d'ailleurs sur les espèces des *Lymexylonites*, et rien s'il fallait s'en tenir aux matériaux de la collection Dejean et de la mienne.

Le D. Germar a publié une très bonne monographie du *G. Rhysodes*, et moi-même j'ai dit tout ce que je savais du *G. Stemmoderus* dans la *Mag. de Zoologie* de *Guérin*.

La plupart des *Ptinites* et des *Scydmænites* sont des insectes si petits que leurs caractères essentiels échappent malheureusement à des yeux fatigués et maladifs. Ma vue a toujours été excessivement presbyte. Depuis longtemps, elle a besoin de puissants auxiliaires. Ces secours ne servent même plus à l'œil droit qui en a peut-être abusé. Je n'ai donc plus d'autre ressource que d'habituer l'œil gauche au service de la loupe. Il faut bien s'y essayer de son mieux. Mais les débuts d'un si triste noviciat sont bien rudes à l'age de soixante et quatre ans.

Les communications obligeantes des savants les plus distingués m'ont fourni des secours précieux. M.¹ˢ Buquet, Reiche, Gory, Sturm, Guérin et Lacordaire m'ont prêté touts les *Clérites* que je leur ai demandés. Ils m'ont fait connaître des espèces très rares, des types de genres nouveaux. Sans leur concours, mon travail n'aurait pas pu s'élever au niveau actuel de la science et j'aurais dû le condamner à ne pas voir le jour. Je les prie d'agréer les assurances sincères de ma vive reconnaissance. M.ʳ Dupont aussi m'a prêté les cartons de ses *Clérites*. J'y ai trouvé des choses uniques que j'ai mises à profit, en m'imposant la loi de citer consciencieusement le trésor où elles sont conservées. Ce témoignage est le seul remerciment que je puisse lui adresser, puisque les conséquences inattendues de cette malheureuse communication ont interrompu, pour le moment, toutes nos anciennes relations.

Il entrait dans mon plan de donner une bonne figure de chaque espèce, à l'appui de sa description. Mais comme nous n'avons pas à Gênes de bons peintres naturalistes, je n'ai pu confier les dessins qu'à un amateur assez docile pour travailler d'après mes instructions, pour se corriger d'après mes conseils, et disposé à se laisser conduire par un maître hors d'état de prêcher lui-même par l'exemple. Mon fils aîné a été mon seul dessinateur. Mais le crayon n'a pas marché aussi vite que la plume. Le texte de la monographie proprement dite, la partie purement descriptive était achevée et mise au net avant que la moitié des espèces eût été dessinée. Dans cet intervalle M.ʳ le D.ʳ Klug a publié une autre monographie de la même famille. J'aurais dû dès lors abandonner mon projet et je l'aurais fait sans hésiter, si mon ouvrage eût été moins avancé. Je serai aisément compris, quand je dirai que ce sacrifice m'aurait coûté beaucoup de regrets et que jai été naturellement disposé à trouver excellentes les raisons bonnes ou mauvaises qui me l'ont déconseillé. Je me suis dit que si le savant Berlinois et moi, nous avions traité le même sujet, nous ne l'avions pas envisagé sous le même point de vue, et que si je n'avais pas fait aussi bien que lui, j'avais du moins fait autrement. Je me suis encore dit que quoique le sujet fut le même, les détails ne pouvaient pas être identiques, parceque nous n'avions pas eu les mêmes matériaux à notre disposition. En effet sur les deux cents *Clériens* du Dr Klug, il y en a au moins un quart que je n'ai pas reconnu, soit qu'en effet je ne les aie jamais vus, soit que j'ai été embarrassé à choisir entre quelques espèces voisines auxquelles la même description pouvait également convenir, et viceversa j'ai pu croire que plusieurs de mes *Clérites* étaient aussi échappés aux savantes recherches du Dr Klug. Les deux monographies m'ont paru faites pour s'éclairer mutuellement et j'en ai conclu qu'elles pouvaient coexister. Il ne s'agissait plus que d'établir entr'elles la concordance de la nomenclature. C'est ce que j'ai fait, non en anéantissant la mienne qui avait aussi son originalité, non en recomposant à nouveaux frais un texte qui était achevé, mais en y ajoutant un appendice destiné principalement à la synonimie, et en adoptant, dans l'explication des planches, les noms spécifiques du Dr Klug parce qu'ils ont, sur les miens, l'avantage fortuit de la priorité.

Cet appendice me fournira aussi un moyen d'ajouter à la somme des espèces décrites et figurées, quelques *Clérites* arrivés après la rédaction finale du texte. J'en dois la connaissance à l'obligeance de Mrs Lacordaire, Melly et Buquet.

Dans la première partie de mon travail consacrée aux *Considérations générales*, j'exposerai mes principes de

classification et la marche que j'ai suivie pour descendre
de l'ordre à la famille, de la famille à la sous-famille, de
la sous-famille au genre, et de celui-ci à l'espèce. Arrivé
à celle-ci, j'ai toujours porté ma première attention sur les
proportions relatives en longueur et en largeur des différentes parties du corps, parcequ'elles m'ont paru assez
constantes, même lorsque la grandeur absolue ne l'était pas.
Puis j'ai donné toujours le pas aux formes sur les couleurs,
parceque les premières m'ont toujours inspiré plus de confiance, et parceque les secondes me semblaient mieux ren-
dues par les figures que par les descriptions. Les différences
des sexes ont été notées, lorsqu'elles se sont trouvées en
évidence, et les variétés même ont été décrites, lorsqu'elles
ont pu servir à mieux fixer les vraies limites de l'espèce.
Cependant je n'ai pas mis des soins aussi minutieux au complétement de la synonimie. Le luxe de ces longues listes
qui grossissent les volumes est convenable sans doute dans
un ouvrage de philologie entomologique. Mais dans le
species d'une famille où l'on se propose exclusivement la
détermination et la reconnaissance des espèces, la synonimie
est un objet secondaire auquel il aurait été inconvenant
de sacrifier le principal. Dans cette conviction, je me suis
borné le plus souvent à citer, 1.° l'auteur qui a donné à
l'espèce le nom qui lui est resté; 2.° la description qui est
censée à la main de la majorité des entomologistes; 3.° la
figure qui m'a paru la meilleure ou la moins mauvaise.
Une surabondance de citations aurait été étrangère à mon
but.

Le même motif m'a interdit toute digression sur les

espèces que je n'ai pas vues. Ainsi je ne dirai rien de quelques *Clérites* du Cap que M.ʳ Chevrolat a plutôt annoncés que décrits dans la *Rev. Zool. de Guer.* J'ai d'autant plus de regret de ne pas les connaitre, que d'après les phrases très-courtes de l'auteur, on peut soupçonner que quelques-unes d'entr'elles sont des types de genres inédits, et que d'autres appartiennent à des genres récemment établis, peu nombreux en espèces et rares dans les collections. Un autre savant qui a compris nos *Clérites* dans ses études entomologiques, n'a pas eu la même retenue. Il a prononcé, sur ce qu'il ne connaissait pas, avec autant de sécurité que sur ce qu'il connaissait. Ses nombreuses méprises m'auraient arrêté, si j'eusse eu le moindre penchant à suivre son dangereux exemple.

---

* Versuch einer systematichen Bestimmung und Auseinandersetzung der Gattungen und Arten der *Clerii*, On Von D.ʳ fr. Klug. — Berlin, 1842. — un vol. in-4.º de 141 pages, accompagné de deux planches coloriées qui contiennent les figures de 52 espèces.

P. S.

Au moment où je corrige l'épreuve de cette feuille, je reçois bien tardivement le premier trimestre des *Ann. de la Soc. Ent. de Fr.* 1843, où je trouve une *Description de vingt-quatre nouvelles espèces de Térédiles pour faire suite à la Monographie des* CLAIRONES *de M.ᵣ le D.ᵣ Klug, par M.ᵣ Cheorolat*, page 31 et suivantes. A mon grand regret, je ne puis en tirer aucun parti. Ces espèces dont je n'ai pas vu les types, sont décrits très-incomplétement quant à leurs formes, et ce sont les formes et non les couleurs que j'aime à consulter lorsque je suis à la recherche des bons caractères spécifiques.

ESSAI MONOGRAPHIQUE

SUR

LES CLÉRITES.

PREMIÈRE PARTIE

CONSIDÉRATIONS GÉNÉRALES.

Je me propose d'étudier successivement:

1.° Les caractères qui doivent isoler la *Famille des Clérites*, dans *l'Ordre de Coléopteres*.

2.° Les caractères qui peuvent servir à sectionner *la Famille*, à la diviser en quatre *Sous-familles* et à signaler *les Genres* de chaque *Sous-famille*.

3.° Les faits les plus avérés de *l'Histoire des Clérites* et les conséquences qu'on en peut tirer à l'appui de notre méthode.

4.° Les *Affinités* réelles ou apparentes des *Clérites* avec les *Coléopteres* des autres familles et l'accord de ces affinités avec le classement que nous avons adopté.

§. 1.er CARACTÈRES DE LA FAMILLE.

Avant de pouvoir parler des *Clérites*, j'ai besoin de rappeler ici les principes que j'ai professés dans quelques-uns de mes travaux précédents et que je me suis efforcé d'appliquer successivement aux *Hémiptères hétéroptères*, aux *Fulgorelles*, aux *Prionites* et à plusieurs Familles d'*Hyménoptères* (1).

D'accord avec la plupart des entomologistes, j'ai toujours pensé qu'il doit en être des familles des insectes comme de tout autre groupe d'espèces animales, et que leur caractère est lui-même une assemblage de plusieurs caractères extérieurs, nets, constants et apparents, tels que chacun d'eux se rencontre dans chaque espèce de la famille et que leur réunion totale ne se vérifie dans aucune autre. Il faut que ce caractère soit à la fois commun et exclusif.

D'accord encore avec eux, j'ai pensé que ces familles doivent être naturelles et qu'elles ne méritent ce titre que lorsque chacun des intégrants du caractère total est un signe extérieur et certain d'une modification quelconque dans les conditions et dans les actes de la vie animale.

Mais je n'ai pas toujours partagé de même leur manière d'apprécier la valeur et la certitude de ce signe.

Les uns ont posé en principe que la forme d'une pièce est censée avoir une valeur proportionnelle à l'importance de la fonction dont la pièce doit s'acquitter. J'ai toujours douté et je doute encore de la généralité de ce principe. Il y a une infinité de circonstances dans lesquelles on voit des modifications de formes très remarquables, sans qu'on puisse en conclure le moindre changement dans les fonctions de la pièce. Ainsi, les parties de la bouche qui jouent un si grand rôle dans le système de FABRICIUS, ne m'ont offert que des caractères artificiels, toutes les fois que leur formes modifiées m'ont paru sans influence sur le choix de la nourriture et sur le mécanisme de la manducation.

(1) *Essai sur l'hist. des Hémipt. héteropt.* 1. vol. *in* 8.° Génes, 1856. — *Essai sur les Fulgorelles*, dans les *Ann. de la Soc. Ent. de France*, t. VIII. p. 135. et. suiv. — *Osservazioni sopra i Prioniti e famiglie affini*, dans les *Mém. de l'Acad. des Sc. de Turin*, tome V. — *Memoria sopra le Crisidite ecc. letta nel congresso di Padova ecc.* Genova, 1843.

D'autres ont imaginé que les caractères extérieurs ne pouvaient avoir qu'une valeur secondaire, et que les organes internes, étant le véritable siège des fonctions principales de la
vie organique et de la vie animale, les premiers n'avaient de
valeur qu'autant qu'ils pouvaient nous conduire à la connaissance des seconds qui étaient, selon eux, les caractères naturels par excellence. Mais indépendamment de ce qu'il y a de
barbare dans la nécessité de détruire pour satisfaire au besoin
de connaître, de ce qu'il y a d'absurde dans la récherche de
ce qui se dérobe à la vue pour s'expliquer ce qu'on a sous
les yeux, l'expérience et l'observation nous ont appris que
cette marche serait souvent insuffisante ou trompeuse. Insuffisante, parce que les organes internes peuvent subir des modifications sans qu'il y ait changement dans les signes extérieurs.
Trompeuse, parce que plusieurs modifications extérieures n'ont
pas de correspondantes à l'intérieur, ou si elles en ont, celles-ci
ne sont pas toujours les mêmes.

D'autres, sans se rappeler que si une espèce animale est
réellement distincte de toute autre, elle a une économie propre
qui est essentiellement indépendante de celle de l'espèce la
plus voisine, ont cru que la méthode naturelle consistait à associer
celles qui vivaient à-peu-près de même, et dont les habitudes,
sans être communes, pouvaient paraître identiques. Pour eux,
les formes n'ont été bonnes qu'autant qu'elles ont coïncidé
avec les meurs. Mais dès lors, par une répétition continuelle du
sophisme *cum hoc ergo ex hoc*, toute coïncidence a été également bonne pour eux, et l'empressement avec lequel ils se
sont hâtés de conclure du particulier au général, les a poussés
à installer telle forme comme la compagne nécessaire de
telle habitude, tandis qu'il était aisé de concevoir que la même
forme pouvait servir à des habitudes différentes et que la même
habitude pouvait s'allier à d'autres formes. Aussi les exceptions
opposées par l'observation n'ont pas manqué contre ce système.

Une seule aurait suffi pour le renverser. Mais quand même il n'y en aurait eu aucune, il n'en serait par moins vrai qu'il tend à matérialiser la cause active qui existe en tout animal, et qu'il contredit les faits de conscience dont chacun de nous peut se rendre compte et que je n'ai à rappeler à personne.

A ces différentes opinions qui me semblent insoutenables, voici les principes que je voudrais substituer et que j'ai adoptés dans ce travail, de même que dans quelques-uns de ceux qui l'ont précédé.

1.º Les parties extérieures du corps des animaux peuvent être au service des organes internes, mais ils n'exercent sur eux aucune influence, ou pour mieux dire, ils ne sauraient en altérer les fonctions.

2.º Ces mêmes pièces ont au contraire un rapport direct avec tous les actes de la vie extérieure ou de la vie de relation, et ils peuvent exercer sur ces actes une certaine influence.

3.º L'influence de chaque pièce est sans doute modifiée par les modifications de ses formes, mais quel que soit l'acte, les formes peuvent limiter les moyens sans pouvoir changer le but. Celui-ci dépendra toujours des déterminations de la cause active et des inspirations de l'instinct.

4.º Peu importe que les pièces extérieures soient mobiles ou immobiles au gré de l'animal. Les premières exercent une influence directe, parcequ'elles peuvent se mouvoir. Les secondes en exercent une indirecte, parcequ'elles peuvent limiter les mouvements des autres.

Cette manière d'apprécier la valeur des caractères extérieurs n'en restreint aucunement l'emploi dans la méthode. Le champ qui reste est encore assez étendu pour subir toutes les coupes rationnelles qui conduisent naturellement à la détermination de l'espèce.

D'abord il n'y a aucune partie extérieure du corps qui ne

puisse servir à la formation d'une bonne coupe naturelle. En effet, si les stigmates des insectes ne suffisent pas pour nous apprendre tous les phénomènes de la respiration, leur forme et leur position nous disent tout ce que nous avons besoin de savoir sur l'entrée et sur la sortie de l'air. Si les parties de la bouche ne peuvent donner lieu qu'à des conjectures fausses ou hasardées sur la nature de la substance alimentaire et sur les phénomènes de la nutrition, ils nous expliquent très bien toutes les circonstances de la prise, de l'élaboration prépara- toire et de la déglutition des aliments. Si on ne saurait con- clure avec certitude du pénis au testicule et de la vulve à l'ovaire, les appareils génitaux extérieurs peuvent nous faire dé- viner les circostances de l'accouplement, ses préludes indispen- sables et ses conséquences immédiates. Il faut bien qu'il en soit ainsi. Les stigmates, la bouche et les parties génitales, forment les liens qui établissent les rélations de l'animal avec l'air ambiant, avec la substance alimentaire et avec l'individu de l'autre sexe.

Les organes du mouvement, soumis à la volonté de l'insecte, et dont il dispose, tantôt dans le but purement négatif de sa sûreté et de son bien-être, tantôt dans le but positif d'une mission instinctive, fournissent sans doute de bons caractères naturels quand ils expriment quelque particularité de la loco- motion. Mais il peuvent aussi en fournir d'également bons, quand leurs formes sont en rapport avec les circonstances de la *station* qui peut être *simple* ou *laborieuse,* ou avec la position habituelle de l'insecte dans les intervalles du *repos complet.*

Nous ne rapporterons à la *station simple* que les pauses mo- mentanées, les suspensions de marche, pendant lesquelles l'in- secte, quel que soit le but de sa course, ne sait pas encore s'il peut poursuivre en avant ou s'il vaut mieux changer de direction. Ces instants sont bien courts. On peut même les considérer comme faisant partie du période de la *locomotion,*

car en thèse générale, les animaux qui n'ont pas le champ libre de la pensée, ont peu à réfléchir sur ce qu'ils voient.
Ils regardent, puis ils agissent ou ils se reposent. Ils sont surtout bien peu de chose comparativement aux longs intervalles
de la *station laborieuse*. Nous rapporterons à celle-ci touts les
travaux que l'insecte pourra exécuter sans avoir à changer de
place, la prise de la nourriture, les préludes des amours, l'accouplement, la ponte des oeufs, la perforation des cavités dans lesquelles le corps de la mère ne saurait pénétrer, la décoration
interne de celles où il ne peut pas se remuer, leur approvi-
sionnement et tant d'autres travaux dont nous ne saurions
nous occuper actuellement.

Nous rapporterons au *repos complet*, non seulement la position naturelle que l'insecte prend habituellement lorsqu'il veut
se reposer ou s'endormir, mais encore cette position qui est
encore la même quand il veut se soustraire à la vue de l'en-
nemi contre lequel il se croit sans défense.

Passons maintenant de ces généralités au sujet spécial qui
nous rappele à lui. Nous accepterons, à cette fin, la classe des
Insectes comme une classe naturelle fondée sur de bons caractères extérieurs qui sont généralement connus et auxquels
nous n'avons rien à ajouter. Nous accepterons encore l'ordre
des *Coléopteres*, comme un ordre naturel bien déterminé par
les formes connues des ailes et de la bouche. Il ne s'agit plus
pour nous que de savoir si les *Clérites* forment une *famille naturelle* dans l'ordre des *Coléopteres*.

Persuadé d'avance que les caractères naturels de la première
importance, ceux que nous aurions pu emprunter aux organes
respiratoires, aux ailes et à la bouche, avaient été épuisés dans
la formation de la classe et de l'ordre, sachant d'ailleurs que
les organes biformes, tels que les génitaux dans les animaux
bisexuels, ne peuvent caractériser qu'une moitié de chaque
espèce, j'ai porté nécessairement mon attention sur les organes

du mouvement, et je me suis demandé d'abord, s'il n'y avait pas, parmi les *Coléopteres*, certaines espèces plus favorisées par la nature sous ce rapport et jouissant de certaines facultés refusées aux autres. J'ai aisément reconnu l'existence de quatre groupes différents, dont chacun est doué d'une faculté distincte, et qu'il m'a fallu préléver en tête de l'ordre, en en faisant autant de tribus dont quelques unes sont même divisibles en plusieurs familles.

Ce sont: 1.° Les *Coléopteres* qui peuvent parvenir au contact immédiat de leurs deux extrémités opposées, moyennant le renversement de leur abdomen sur le dos de leur avant-corps; 2.° ceux qui peuvent se contracter en boule et changer de forme en apparence, moyennant le repliement de tout leur arrière-corps contre la face inférieure de leur avant-corps; 3.° ceux qui ont la faculté de poser immédiatement leur poitrine sur le terrain, moyennant la retraite des pattes dans le creux des cavités pectorales; 4.° Ceux qui étant renversés sur le dos, ont la faculté de se remettre sur leurs pattes, au moyen d'un saut particulier analogue à celui que les acrobates nomment *le saut mortel*.

Les *Clérites* ne jouissent d'aucune de ces facultés privilégiées, et en ceci, ils partagent la condition de la grande majorité des *Coléopteres*. Au défaut d'un caractère aussi saillant, il m'a fallu examiner si nos insectes n'offraient pas, dans les organes des mouvements, quelque particularité qui put s'expliquer ou par l'addition ou par la suppression d'un moyen quelconque d'action. Le vol des *Coléopteres* est si borné, leurs ailes sont si peu et si mal développées, que je ne devais pas espérer d'y découvrir les caractères importants que je cherchais. Il fallait donc porter toute mon attention sur les formes des pattes. Mais les différents articles dont les pièces se composent, ne forment pas une série de pièces similaires comme les articles des palpes et des antennes. Il y en a de plus importants que les autres: ce sont ceux qui ont à s'acquitter de fonctions particulières dépendantes de leur position. Il y en a qui ont des formes plus caractéristiques: ce sont ceux dont les fonctions exigent une conformation particulière. Ainsi les deux extrêmes, les hanches et les tarses, ont une espèce de prééminence sur les intermédiaires: les premières, parce qu'elles s'articulent directement avec le tronc; les seconds, parce qu'ils posent immédiatement sur le terrain.

Nous commencerons par nous occuper des tarses: ils méritent bien notre attention. Ces pièces terminales des pattes, qui posent sur le terrain pendant la marche et pendant la station simple et laborieuse, doivent avoir des formes appropriées à ce but, et comme ces formes peuvent varier selon les conditions et selon la nature du sol, leurs modifications peuvent nous fournir des caractères extérieurs qui sont alors très-naturels.

Mais les pattes des insectes ne sont pas toujours exclusivement employées à la marche ou à la pause. Ses animaux les mettent encore à l'oeuvre dans leurs différents travaux et notamment dans ceux de la station laborieuse. Alors les tarses prennent la forme de l'instrument qu'ils remplacent. Ils en sont une des extrémités et l'extrémité la plus importante, puisque c'est celle qui doit agir immédiatement sur les corps étrangers. Le nombre total des modifications possibles est sans doute indéfini. Je pense néanmoins qu'il n'y en a aucune qui ne puisse rentrer dans l'une des trois cathégories suivantes.

La première a lieu, quand le service particulier est indépendant du service général. Alors l'article tarsal proprement dit peut conserver sa forme typique, mais il faut qu'il y ait adjonction d'une autre pièce, et que cette pièce surajoutée puisse se mouvoir au gré de l'insecte indépendamment de l'article adjacent.

La seconde suppose que les deux services s'associent de manière que la même pièce puisse s'en acquitter, soit successivement, soit simultanément. Alors la forme typique de l'article tarsal est plus ou moins modifiée. Mais il n'y a aucune adjonction de pièce indépendante et on peut affirmer que tout ce qu'il porte se meut avec lui.

La troisième ne se vérifie que lorsque le service particulier exclut absolument le service général: alors, il y a déformation manifeste de l'article tarsal avec ou sans adjonction de pièce indépendante.

Nos *Clérites* vont nous fournir un exemple de la première cathégorie. Les *Scopitarses* dont j'ai exposé les caractères dans mon mémoire sur les *Prionites*, nous en ont fourni un de la seconde. Ces deux cathégories sont les seules qui puissent être complettes, c. à. d. qui puissent également convenir à touts les tarses. La troisième est toujours partielle dans les *Coléoptères*. Il faut bien que des insectes, destinés à marcher et à s'arrêter, aient quelque tarse ou au moins quelque article de tarse bon pour la marche et bon pour la station.

Dans la plupart, si non, dans touts les *Coléoptères* dont les tarses sont de la première cathégorie, la pièce sur-ajoutée consiste en un appendice nu, mol, mobile et adhérent à la face inférieure de l'article tarsal. Sa nudité n'empêche pas qu'il n'ait souvent quelques filaments apparents à sa surface et sur ses bords. Mais ces filaments n'ont aucune ressemblance avec des poils proprements dits. Ils n'ont pas plus de consistance que l'appendice lui-même. Ils m'ont paru de la même substance, se confondre insensiblement avec lui à leur origine, et ne pas avoir de dimensions constantes en longueur et en largeur. En raison de sa moindre solidité, la substance molle de l'appendice contraste brusquement avec la substance cornée de l'article. La ligne de démarcation tracée entre ces deux pièces, est nette et tranchée sans que la décision du trait lui donne les caractères d'une véritable articulation, et cependant l'appendice est mobile. On peut s'en assurer sur le

vivant. On y verra l'appendice s'approcher et s'éloigner de l'article
même, s'allonger et se retrécir, se dilater et se raccourcir, se
replier quelquefois en dessus, tantôt creuser une gouttière le
long de la ligne médiane lorsque celle-ci est entière, tantôt
coller l'un contre l'autre ses deux lobes ou feuillets lorsqu'elle
est fendue au milieu. On peut même s'en appercevoir sur des
cadavres desséchés, en faisant attention aux positions différentes
ou opposées que chacun d'eux à pris, à l'instant de la mort,
dans les différents individus de la même espèce. Mais cet appendice dont la mobilité indépendante est incontestable, qui ne
tient au reste du corps par rien qui ressemble à une articulation, qui ne peut pas être mis en mouvement par les muscles des autres pièces, a donc des muscles qui lui sont propres. D'autre part, l'homogénéité de ce corps ne nous permet
pas d'assigner un siège spécial à des muscles moteurs, et elle
nous oblige de définir l'*appendice*, tel que nous le concevons,
*un corps charnu et musculaire couvert d'une membrane glabre
et transparente, attaché à la face inférieure d'un article tarsal.*

Il resulte de cette structure que si cet organe semble avoir de
bien faibles moyens pour exercer une action quelconque sur
les corps étrangers, rien ne lui manque pour en ressentir les
impressions et pour aider l'animal dans l'exploration de leurs
formes et dans la connaissance de leur nature. Or comme on
doit présumer, jusqu'à l'arrivée d'une preuve du contraire,
que chaque pièce d'un corps animal a à faire ce à quoi elle
est bonne, rien ne m'empêche jusqu'à présent de regarder
les *appendices tarsiens* comme *des auxiliaires locaux et pri-
vilégiés du tact général.*

Les *Coléoptères* qui possédent ces importants auxiliaires,
forment une tribu très naturelle. Je les ai nommés *Appendicitarses.* Nos *Clérites* en font partie. Mais les autres *Térédiles* du
Cat. Dej. à partir du *G. Lymexylon* jusqu'au *G. Scydmœnus,*
n'ont point de véritables appendices, et non seulement ils ne

sont pas de la même famille, mais ils appartiennent même à
d'autres tribus. Ce n'est pas que quelques-uns d'entreux, ainsi
qu'un grand nombre d'autres de différentes familles et du même
catalogue, notamment *Malacodermes*, *Trachélides* et *Sténélytres*,
n'aient la face inférieure de quelque article tarsal plus ou moins
prolongée en arrière. Mais cette fausse apparence d'appendice
provient de ce que le tarse, au lieu d'être tronqué perpendiculairement à son axe, est coupé obliquement de haut en bas
et d'avant en arrière. Le prolongement inférieur est de la même
substance que l'article. Il n'en est séparé par aucune ligne de
démarcation, et il n'a aucune mobilité propre ou indépendante.
On s'en convaincra sans peine, si on observe sans prévention
les prétendus appendices des *Dascilles* et des *Cantharides*
dans les *Malacodermes*, des *Lagries* dans les *Trachélides*, des
Sparèdres et des *Ædémères* dans les *Sténélytres*. Leurs tarses
sont de notre seconde cathégorie.

Mais si touts nos vrais *Clérites* sont des *Appendicitarses*, touts
les *Appendicitarses* ne sont pas des *Clérites*. La tribu peut
être divisée d'abord en deux sous-tribus, d'après les positions
différentes des appendices tarsiens. Puis les deux sous-tribus pourront encore être subdivisées en familles, d'après des différences
importantes dans la conformation du prothorax.

Des deux sous-tribus, une est caractérisée par la présence
de l'appendice au dessous du dernier article des tarses, l'autre par son absence. Ce caractère sera naturel, si cet article a
quelque fonction absolument distincte de toutes celles qui sont
indifféremment à la charge des autres pièces de la série tar-
sale. Or c'est ce qu'il sera aisé de prouver.

Dans touts nos *Appendicitarses*, sans aucune exception, le dernier article de cette série est constamment terminé par deux
crochets qu'on a regardés comme les analogues des ongles des
animaux supérieurs et qu'on a nommés *onglets* par cette raison, quoiqu'ils soient bien différents et quoiqu'ils s'en éloi-

gnent par plusieurs caractères essentiels. En effet, il y a toujours une paire d'onglets à l'extrémité de chaque tarse, tandis qu'il n'y a dans l'homme, dans les quadrupèdes, dans les
oiseaux et dans les reptiles, qu'un seul ongle à l'extrémité
de chaque doigt. Les onglets sont de plus articulés avec le
dernier article du tarse de la même manière que celui-ci est ar-
ticulé avec l'avant-dernier, et il a en conséquence la même
liberté de mouvement, tandis que l'ongle des animaux dépend
de leur dernière phalange, qu'il en partage le mouvement et
qu'il ne peut en avoir aucun autre en particulier. Enfin les
ongles posent toujours sur le terrain, soit immédiatement par
leur face inférieure, soit médiatement par celle de la phalange
dont ils dépendent, tandis que le contraire a lieu pour les
onglets de la plupart des insectes. Mais ceci a besoin d'un peu
d'explication.

Dans les *Coléopteres* en général et dans les *Appendicitarses*
en particulier, la face inférieure des onglets, loin d'être plane,
est une arête mince et tranchante qui peut pénétrer dans une
fente naturelle et qui peut au besoin s'en faire une artificielle, mais qui n'a pas de prise sur un terrain égal et inatta-
qué. Selon que cette arête est droite ou courbée en dessous,
l'onglet toujours lamelliforme, peut ressembler à un rasoir, à
un sabre ou à un tagan. Lorsque cette arête n'est pas en ligne continue droite ou courbe, lorsqu'elle subit des inflexions
rares ou nombreuses, distantes ou rapprochées, arrondies ou
anguleuses, la lame peut être unidentée, pluridentée ou même
serriforme. Mais l'onglet n'en devient pas pour cela bifide ou
trifide, parceque les pointes de l'arête ne sont pas divergentes,
et parcequ'elles ne sortent pas du plan vertical qui est censé
passer par l'axe longitudinal. La pointe apicale est nécessairement plus avancée que les autres. Elle peut piquer et percer.
Mais elle ne cesse pas d'être tranchante. Ou peut la comparer à la pointe d'un couteau, et non à celle d'une épingle,

comme il le faudrait, si elle était droite et conique, ou à celle d'un crochet, si elle était en cône recourbé.

Il est clair maintenant que ces onglets sont des armes offensives attachées deux à deux à un manche commun qui est le dernier article de chaque tarse, que l'insecte peut s'en servir à volonté pour attaquer des corps étrangers, qu'elles peuvent les blesser, les couper et les déchirer. Mais il est également clair qu'elles sont inutiles, si non embarrassantes, pendant la marche, et que si elles posent pendant la station, ce n'est que dans certaines positions forcées et dans des cas exceptionnels.

Si les extrémités offensives des pattes devaient endommager le terrain, en y pénétrant, la marche de l'insecte serait embarrassée et retardée. Si elle ne l'est pas, c'est qu'il peut les tenir sans effort dans une position inoffensive, ou qu' il est le maître de ne pas s'en servir.

Dans les courts intervalles de la station simple, l'insecte doit être prêt pour le départ immédiat. Si ses onglets étaient enfoncés dans le terrain, il devrait commencer par les dégager. Il y aurait donc effort et retard.

Dans les longues périodes de la station laborieuse, les onglets prennent une part active dans les mouvements de l' insecte travailleur, ou bien ils n'y ont qu'une part indirecte et ils peuvent même leur être absolument étrangers. S'ils y ont une part active, ils ne servent plus à la station. S'ils leur sont absolument étrangers, il n'y a pas de raison pour qu'ils sortent de la position où ils restent pendant la marche ou pendant la station simple. S'ils y prennent une part indirecte, ce ne saurait être qu'en aidant l'insecte à se cramponner contre son point d'appui, pour sortir du cercle de ses habitudes et pour exécuter un travail qui exige la prise d' une position anormale. Dans ce cas, il y a effort, donc il y a exception.

Le dernier article des tarses ne peut pas rendre les mêmes

services que les premiers. Il peut en rendre d'autres dont ceux-ci sont incapables. On a droit de présumer que des pièces semblables, telles que nos appendices tarsiens, ont une destination différente lorsqu'elles sont annexées à des pièces distinctes qui ont des emplois différents. Donc nous sommes autorisés à regarder comme de bons caractères naturels, la présence et l'absence de cet appendice au dernier de ces articles.

Pour passer des sous-tribus aux familles des *Appendicitarses*, nous n'avons plus le secours des tarses qui ne nous offrent plus que des caractères trop minutieux pour ne pas être d'une importance très secondaire dans la méthode naturelle. Mais nous allons trouver, dans les formes du prothorax, ce que les tarses ne peuvent plus nous fournir.

Les *Appendicitarses* ne peuvent pas se rouler en boule. Mais ils peuvent pencher en bas leurs deux extrèmités opposés et les rapprocher jusqu'à un certain point. Ce rapprochement s'opère principalement par le jeu de l'articulation qui existe entre l'avant-corps composé de la tête et du prothorax réunis et de l'arrière-corps qui comprend le reste du corcelet et l'abdomen. Le rapprochement est d'autant plus fort que cette articulation a plus de liberté. Or cette liberté peut-être limitée : 1.° par la grandeur et par l'extensibilité des ligaments articulaires, caractère étranger à notre méthode, parcequ'il n'est pas extérieur, et parcequ'il est inappréciable dans les cadavres desséchés ; 2.° par les contours des pièces solides que le jeu de l'articulation met nécessairement en contact. Ce caractère est extérieur, et il peut être naturel, si étant constant, tranché et apparent, il exprime une des loix de la vie de relation. Supposons actuellement qu'une des pièces articulées soit telle qu'après un certain dégré de flexion, elle doive rencontrer l'autre pièce, qu'elle ne puisse alors ni glisser sur sa surface, ni continuer à se mouvoir dans la première direction, il n'y aura plus d'autre rapprochement possible entre

les deux extrêmités opposées, et la loi qui le défend aura son
expression dans les caractère extérieur de la pièce qui est la
cause de cet arrêt. Eh bien! dans la sous-tribu des *Appendicitarses* qui n'ont pas d'appendice au dernier article des tarses,
une famille nombreuse nous présente ce caractère. Elle sera,
pour nous, celle des *Buprestites* dont le prosternum se prolonge
en pointe au-dessous du mésosternum et s'y s'arrête au fond
d'une cavité creusée pour le recevoir. Une seconde famille ne
nous offre rien de semblable , ce sera celle de nos *Clérites.*

La marche raisonnée que j'ai suivie pour arriver de l'ordre
à la famille m'a mis au même de dresser les deux tableaux
synoptiques suivants qui ne sont que des traductions graphiques
des principes que je viens d'exposer. Le premier embrasse l'ordre entier et arrive jusqu'à la tribu. Mais je n'y ai mis que ce
qui m'a paru indispensable pour fixer la place des *Appendicitarses,* et j'ai supprimé touts les détails qui m'auraient écarté
inutilement de mon but. Le second nous conduira de la tribu à
la famille. Nous irons de celle-ci au genre, dans le second §.

I.

COLÉOPTERES.

A. pouvant renverser leur abdomen sur le dos de
    leur avant-corps, au point de mettre leurs extrê-
    mités opposées en conclat immédiat. - - - - 1.e Tribu.

Les Brachélytres.

AA. ne pouvant pas renverser leur abdomen au-dessus
    de leur avant-corps.
    B. pouvant rouler leur corps en boule, moyennant
        la flexion de l'arrière-corps, au-dessous de l'a-
        vant-corps. - - - - - - - - - - - 2.e Tribu.

Les Sphérimorphes.

BB. ne pouvant pas se rouler en boule.

    C. pouvant poser leur face inférieure sur le ter-
       rain, au moyen des loges pectorales qui ser-
       vent de retraite aux pattes contractées. - - 3.ᵉ Tʀɪʙᴜ.

Les Byrrhiens.

   CC. posant nécessairement sur leurs pattes.
      D. pouvant redresser leur avant-corps contre
         le dos de l'arrière-corps. - - - - - - 4.ᵉ Tʀɪʙᴜ.

Les Elatérides.

     DD. ne pouvant pas renverser leur avant-corps
        contre le dos de l'arrière-corps.
        E. ayant leurs tarses munis d'appendices
           libres. - - - - - - - - - - 5.ᵉ Tʀɪʙᴜ.

Les Appendicitarses.

        EE. dépourvus d'appendices tarsiens.
          F. Tarses, munis de brosses en dessous. 6.ᵉ Tʀɪʙᴜ.

Les Scopitarses.

          FF. Tarses, dépourvus de brosses en
            dessous.
            G. Galette palpiforme.
              H. Pattes, propres pour la marche. 7.ᵉ Tʀɪʙᴜ.

Les Adéphages.

              HH. Pattes, natatoires.

8.ᵉ Tʀɪʙᴜ.

Les Hydrocanthares.

            GG. Galette de la forme ordinaire. (*Toutes les*
              autres Tribus du même ordre.)

II.

CINQUIÈME TRIBU. — APPENDICITARSES.

A. Sans appendice, au dernier article des tarses.
  B. Prosternum, prolongé en pointe au-dessous du
     mésosternum. - - - - - - - - - - 1.ᵉ Fᴀᴍɪʟʟᴇ.

Les Buprestites.

BB. Prosternum, non prolongé au-dessous du mésosternum.- - - - - - - - - - 2.ᵉ F<small>AMILLE</small>.
                                Les Clérites.

AA. Un appendice, au dernier article des tarses. - 3.ᵉ F<small>AMILLE</small>.
                                Les Cébrionites.

§. 2.ᵉ CARACTÈRES DES GENRES.

L'Existence de l'espèce est le premier fait de son histoire.
Parmi les routes qui mènent à sa reconnaissance, il y en a
sans doute quelques-unes qui sont plus courtes et en conséquence meilleures que les autres. Mais aucune d'entr'elles n'est
décidément méprisable, quand elle est sûre et quand elle est
praticable. D'ailleurs elles ont toujours la valeur de la chose
nécessaire, lorsqu'il n'y en a pas d'autre. Voila pourquoi au
défaut de ces caractères naturels que nous avons définis dans
le § précédent, la méthode rationnelle est obligée d'admettre,
dans les derniers rangs, des *caractères purement artificiels*, c.
à. d. *des traits extérieurs qui n'expriment aucune particularité
connue de la vie de relation.* Ces caractères sont bons, lorsqu'ils sont constants, nets et apparents. S'ils réunissent ces trois
conditions, et s'ils conviennent également bien à plusieurs espèces
différentes qui ne soient pas séparées par d'autres caractères
d'une plus haute importance, ces espèces réunies formeront un
groupe rationnel sinon naturel. Or, si ce groupe doit être
admis, il faut qu'il ait un nom, parcequ'on a besoin de retenir
à l'aide d'un seul mot ce qu'on a dû apprendre au moyen de
plusieurs. Pareillement si le nom doit être retenu, il faut qu'il
soit inséparable de celui de l'espèce. L'omission serait
injuste, parcequ'elle supposerait l'inutilité: elle serait dange-
reuse, parcequ'elle exposerait à l'oubli. Il faut donc que ce
nom soit le premier terme du *Binome Linnéen.*

   J'aime à croire que la nécessité des coupes artificielles est

moins sensible dans l'étude des animaux supérieurs. Sans cela,
les auteurs les plus graves qui ont de nos jours agrandi le
domaine de la science dans les premières classes des animaux,
n'auraient pas tenté de bannir ces caractères artificiels de la
méthode qu'ils ont cru naturelle. Leur condescendance pour des
subdivisions intercalées entre le genre et l'espèce, prouvait cependant qu'ils avouaient au moins l'utilité d'un gradin intermédiaire. Mais par une contradiction inexplicable, ils ont voulu
dédaigner ce qu'ils n'avaient pas pu récuser. Ils ont compris
sous la dénomination vague de *Sous-genres*, toutes ces interpo-
lations nécessaires, et ils les ont traitées comme des avortons
condamnés à mort aussitôt après leur naissance Ils leur ont
imposé un nom. Mais ce nom, il l'ont exclu de la nomenclature
binomiale et ils l'on rélégué, pour ainsi dire, dans les magasins
de curiosité. Il est probable qu'ils seraient revenus de leurs
préventions, s'ils eussent voulu mettre, à l'ordonnance des détails
des classes inférieures, la même application qu'ils ont mise à
l'histoire des animaux vertébrés. Ils auraient bientôt reconnu que
l'utilité des coupes artificielles y augmente rapidement, en raison
directe de l'énorme disproportion qui s'y trouve, entre le
petit nombre des faits historiques et la multitude des matériaux
colligés. C'est surtout dans la classification des insectes qu'ils
auraient eu les preuves de cette vérité. (1)

Nous savons que les insectes entendent des sons, qu'ils
sentent des odeurs, qu'ils choisissent et en conséquence qu'ils
goûtent leurs aliments, et cependant nous n'avons jusqu'à présent
aucune certitude sur la position générale et particulière des
organes de l'ouie, de l'odorat et du goût.

Nous ne saurions douter que certaines pièces mobiles, telles

(1) L'Entomologiste qui a soutenu avec le plus de succès l'opinion directement
opposée à celle que je me contente d'énoncer ici, sans songer à la défendre, est le
savant auteur de l'histoire des *Névroptères*, le Prof. J. A. Pictet de Genève. Si la conversion
d'un hérétique obstiné pouvait s'opérer sans le secours de la grace divine, M. Pictet
aurait certainement le mérite de cette bonne œuvre.

que les palpes et les antennes qui se retrouvent dans des insectes de touts les ordres, et dont les formes diversement modifiées peuvent se rapporter à un type commun, n'aient quelque mission commune et importante. Cependant nous n'avons jusqu'à présent que des conjectures à proposer sur la nature de leurs fonctions. Les uns ont comparé les antennes à des oreilles. Les autres y ont vu le siège de l'odorat. D'autres en plus grand nombre et avec un plus haut degré de probabilité, ont pensé qu'elles étaient en général des agents particuliers du toucher, doués d'une sensibilité plus exquise. Rien de tout ceci n'est prouvé: on peut donc dire que rien n'est décidément connu.

Nous connaissons assez bien les fonctions générales de certaines parties du corps, telles que les pattes et les organes manducatoires. Mais nous n'avons souvent que des conjectures à proposer sur le rapport qui est censé exister entre les modifications des formes et les particularités des fonctions, et rien à dire sur le but de certaines déformations qui semblent contraires au but connu de la mission primitive.

Nous sommes exposés ainsi à prendre, pour naturels, des caractères purement artificiels, lorsque nous nous en laissons imposer par l'importance des fonctions attribuées à la pièce dont nous consultons les formes extérieures, et vice-versa à rejeter comme artificiels des caractères réellement naturels, lorsque nous avons le malheur d'ignorer leur rapport avec les particularités de la vie de relation.

Ayant l'intention de donner une juste appréciation de ces caractères extérieurs, et ayant de plus intérêt à rendre raison des subdivisions génériques que j'ai acceptées ou proposées pour la famille des *Clérites*, j'ai pensé qu'il serait convenable d'offrir l'échelle de ces caractères, construite d'après l'ordre de leur importance et en descendant par degrés de la plus haute à la plus basse.

1.ᵉ DEGRÉ. — *Les caractères naturels du premier ordre,* ceux qui décèlent la présence ou l'absence d'une faculté reconnaissable et reconnue. — Ils doivent servir au signalement de toutes les divisions primordiales de la classe jusqu'à la famille inclusivement. On peut les subdiviser en raison de leur position qui les rend, ou constamment extérieurs comme dans les pattes, ou accidentellement extérieurs comme dans plusieurs parties de la bouche.

2.ᵉ DEGRÉ. — *Les caractères naturels du second ordre*, ceux qui prouvent une plus grande étendue dans l'exercice d'une faculté encore connue. — Ce caractère relatif peut devenir absolu, lorsque les grandeurs ont des limites comparatives, et lorsque ces limites fournissent une espèce de répéré. Je ne les ai employés qu'avec réserve, dans l'établissement des familles. Mais ils m'ont servi, préférablement à touts les autres, pour les *Sous-familles*, lorsque les caractères du premier degré étaient déjà épuisés.

3.ᵉ DEGRÉ. — *Les caractères provisoirement artificiels du premier ordre*. Ce sont ceux qui n'expriment aucune particularité connue de la vie de relation, mais qui sont trop anormaux pour ne pas être des indices de quelque particularité inconnue. — Les caractères de ce troisième degré ne sont artificiels qu'eu égard à notre ignorance. Lorsque l'expérience nous aura appris à les mieux apprécier, il faudra les rendre à l'un des deux degrés supérieurs.

4.ᵉ DEGRÉ. — *Les caractères provisoirement artificiels du second ordre*. Ce sont ceux qui n'ont aucun rapport saisissable avec les conditions de la vie de relation, mais pour lesquels ou ne saurait prouver qu'ils n'en peuvent pas avoir. — Les caractères de quatrième degré sont les plus nombreux entre tous, car il n'y a d'impossible, au jugement de l'homme, que ce qui est en soi inconcevable pour lui, et dans tout autre cas, il ne connait qu'une seule impossibilité, c'est celle de démontrer toute autre impossibilité prétendue. (1)

---

(1) Les *Jssus* femelles ont une petite fossette, au milieu de leur cinquième plaque ventrale. Elle leur sert à loger l'extrémité du tube anal du male, pendant toute la durée de l'accouplement. Comment se serait-on douté de cet emploi, si on n'avait pas surpris les deux sexes accouplés?

5.ᵉ Degré. — *Les caractères absolument artificiels.*— Il y en a certainement beaucoup dans la nature, car il faut y comprendre touts les traits extérieurs qui ne servent aux individus de la même espèce qu'à se reconnaître entr'eux. Mais la plupart des caractères de ce dernier degré seront pour nous de l'avant-dernier, jusqu'à ce que l'expérience et l'observation ne nous aient détrompés.

Je n'ai employé les caractères des trois derniers degrés qu'à la formation des genres, parceque le genre étant la dernière des coupes, elle est la seule dont le caractère commun et exclusif puisse être un assemblage des caractères naturels et artificiels. Cela posé, passons maintenant à la revue de toutes les parties auxquelles j'ai pu emprunter le signalement des genres et celui des sous-familles.

1.° *Les Antennes.* — Les modifications qu'elles peuvent subir, chez nos *Clérites*, se rapportent, à leur origine ou point d'inser-tion, ou bien à la forme de leurs articles, ou enfin au nombre de ces derniers. Sous le premier rapport, cette famille ne nous a offert que deux combinaisons différentes. Chez les uns, les antennes sont insérées au-dessous des yeux à réseau. Chez les autres en moindre nombre, elles sont placées entr'eux deux. Or dans le premier cas, les yeux n'opposent aucun obstacle aux an-tennes, si celles-ci ont à se coller contre les flancs du prothorax, pendant les intervalles du repos complet. Dans le second, la saillie des yeux s'oppose à cette prise de position, en obligeant les antennes à un effort qui est en contradiction avec le repos, et pendant lequel il faut qu'elles restent plus ou moins écartées de la surface latérale du corps. Le lieu de l'insertion peut donc expri-mer une des particularités secondaires de la vie de relation, et nous fournir un caractère naturel du second degré. Il m'a servi à distinguer mes deux premières sous-familles, celles des *Cléroïdes* et des *Hydnocéroïdes*.

Quant à la forme, nous observerons que les antennes des

Clérites grossissent toujours vers leur extrémité. Ce grossissement peut subir différentes modifications que nous pourrons rapporter, malgré leurs nuances assez variées, à l'un des trois types suivants.

Tantôt touts les articles à partir du second, faits en grains de chapelet ou en cones tronqués, augmentent progressivement en grosseur et ne subissent aucun changement brusque de forme. Le *Notoxus mollis Fab.* nous offre un exemple de ce premier type.

Dans le second, le grossissement apical n'est sensible qu'aux trois derniers articles. Mais alors, il y a un changement de forme très brusque, et les articles grossis forment ensemble une espèce de massue quelquefois perfoliée, le plus souvent serriforme. Les *Corynetes violaceus* et le *Trichodes apiarius* appartiennent à ce second type.

Dans le troisième, il y a encore un changement brusque de forme. Mais il a lieu dès avant les trois derniers articles. Tout ceux qui sont grossis, sont aussi plus ou moins applatis et plus ou moins dilatés du côté interne, ensorte que l'antenne est alors terminée par une espèce de scie qui a toujours plus de trois dents. Le *Tillus elongatus* nous en fournira un exemple.

Si ces caractères ne sont pas évidemment de notre troisième dégré, ils sont au moins du quatrième. Ils m'ont paru excellents pour la formation des genres.

Les *Clérites* ont ordinairement onze articles à leur antennes, et ce nombre est le même dans les deux sexes. Je ne connais jusqu'à présent aucune exception en plus. Mais il y en a plusieurs en moins, et elles sont assez remarquables pour ne pas être oubliées dans le classement des coupes. A la vérité, ce caractère est artificiel et du dernier degré. On ne saurait même deviner à quel titre il pourrait monter à un degré plus élevé. Mais il est constant, bien net, bien apparent. Il est d'ailleurs si commode pour l'auteur qui veut montrer de loin ce

qu'il voit, sans se donner la peine de le dessiner, et pour le
commençant dont l'impatience des longues études égale l'avidité
du savoir, que ce serait bien à pure perte qu'on en néglige-
rait touts les avantages. Je l'ai employé comme caractère de
genre.

2.º *Les organes extérieurs de la vision.* — Les *Clérites*
n'ont que deux yeux à réseau et point d'ocelles. La grandeur
des yeux proportionnellement à celle de leur tête, leur position
plus ou moins en avant dont dépend la longueur du vertex,
leur distance respective qui limite la largeur du front, leur
dimensions relatives de longueur et de largeur, le diamètre et
la hauteur des grains qui composent le réseau, ne m'ont fourni
aucun caractère assez tranché pour entrer dans le signalement
des coupes de la famille. Je les ai relégués dans les descriptions des genres et des espèces. J'en dirais autant de touts
les accidents de leur contour, s'ils n'étaient pas, dans certaines
circonstances, étroitement liés avec la position de l'origine des
antennes. En général, les yeux des *Clérites* sont ovato-réniformes.
Ils sont obliques ou transversaux lorsque leur courbe rentrante,
ou pour abréger, lorsque leur échancrure est à leur bord
antérieur qui est aussi l'inférieur quand le front et la face
sont verticaux. Ils sont longitudinaux, lorsque cette échancrure
est à leur bord interne. Mais l'insertion des antennes est toujours vis-à-vis de cette échancrure, et souvent elle est comprise
dans l'espace qu'elle renferme. Il s'ensuit alors qu'en disant,
yeux échancrés en avant, on dit aussi, *antennes insérées au-devant ou au-dessous des yeux,* et qu'en disant *yeux échancrés
à leur bord interne,* on dit aussi, *antennes insérées entre les
yeux.* Or, les deux traits étant inséparables, l'un étant la conséquence de l'autre, ils ont la même valeur scientifique, et
si l'insertion des antennes est en effet un caractère naturel du
premier ou du second degré, il faut bien que l'échancrure des
yeux le soit aussi. C'est pourquoi je n'ai pas hésité a m'en
resvir pour signaler les sous-familles.

3.° *La tête.* — Nous aurons à y étudier successivement, *le col*, *le vertex*, *le front*, *la face* et *le chaperon* ou *l'épistome.* — Dans plusieurs genres d'autres ordres, chacune de ces parties forme, à elle seule, une pièce ou compartiment nettement circonscrit par des lignes suturales creusées en sillon ou relevées en côtes ou carènes. Dans la plupart des *Coléoptères* au contraire et spécialement dans les *Clérites*, ces lignes suturales sont effacées en tout ou en partie, et les cinq compartiments primitifs ne sont plus qu'autant de régions différentes d'une pièce unique et continue.

Le col proprement dit ne s'y rencontre presque jamais.

Le vertex est rarement en trapèze rétréci en arrière, quelquefois en parallélogramme longitudinal, plus souvent en parallélogramme transversal. Alors il peut être très court, sub-linéaire, et les yeux peuvent toucher le prothorax pour peu que la tête soit retirée en arrière.

Le front proprement dit ou *la portion du devant de la tête comprise entre le bord postérieur des yeux et l'origine des antennes* est toujours plus ou moins penché en bas, il est même souvent quasi perpendiculaire, et alors, si le vertex est court, la tête compte pour bien peu de chose dans la longueur totale du corps.

La face ou *la portion du devant de la tête comprise entre l'origine des antennes et le chaperon* est ordinairement dans le même plan que le front. Ses dimensions relatives de longueur et de largeur dépendent de la position des antennes qui fixent ses limites en arrière. Si les antennes sont insérées au-dessous des yeux, la face a par-tout la même largeur et généralement elle est plus large que longue. Si les antennes naissent entre les yeux, la face dont la largeur est d'abord à-peu-près égale à celle du front, et qui mesurée à ce point peut être aussi longue que large, doit s'élargir brusquement dès qu'elle a dépassé l'extrémité antérieure des yeux.

Dans touts les cas, elle se confond insensiblement avec les *Joues* dont la surface est plus ou moins convexe et qui vont de même se confondre avec le dessous de la tête, sans qu'on puisse y remarquer la moindre solution de continuité.

Le Chaperon ou *Épistome*, est court et transversal. Le plus souvent, il est continu avec la face. Lorsqu'il s'en sépare en apparence, ce n'est souvent que d'une manière confuse et au moyen d'une faible dépression. L'existence d'une véritable suture est très rare et réellement exceptionnelle.

Sans doute ce type de famille nous offrira, si non dans son ensemble, du moins dans ses principaux détails, de nombreuses modifications et même quelques contrastes apparents. Mais comme ces changements de forme sont graduels et non tranchés, comme leur rapport avec la vie de relation m'a paru inappréciable, j'ai été encore forcé de les reléguer dans les descriptions des genres et des espèces.

4.° *Le labre.* — Nous devons le considérer comme *l'Opércule supérieur de la bouche.* Vu sous cet aspect, il est d'abord intéressant, pour la méthode naturelle, de savoir si cette pièce passe entre les mandibules et les autres parties de la bouche, durant le repos normal. On en a des exemples nombreux dans les *Hyménopteres.* Mais dans nos *Clérites*, ainsi que dans la plupart des *Coléopteres*, le labre ne sort pas du plan de la face et du chaperon, et il se prolonge plus ou moins au-dessus des mandibules, sans passer jamais au-dessous. Ainsi rien à tirer de cette pièce pour la subdivision en sous-familles. Mais son bord antérieur peut être arrondi, droit ou échancré. Sa substance peut être dure et cornée, ou bien molle et flexible .Sa surface et son contour peuvent être glabres ou velus. Sans rien préjuger sur l'importance de ces particularités, toutes les fois que ces traits m'ont paru constants, nets et apparents, je me suis bien gardé de ne pas les accepter comme des bons *Caractères artificiels.*

J' ai vu cependant quelque chose de plus dans une autre circonstance, et je n'hésite pas à regarder le trait qu'elle m'a offert comme un bon *Caractère naturel*. Il s'agit du cas où le labre, considéré comme l'opercule supérieur de la bouche, semble condamné à l'inutilité la plus complette. Or ceci a lieu quand il est lui-même entièrement couvert par le prolongement de la face et du chaperon, et quand ce prolongemet peut remplir indépendamment du labre, les fonctions présumées de l'opercule supérieur. C'est d'après cette circonstance que je me suis décidé à séparer le *G. Denops, Stev.* du *G. Cylidrus, Latr*, et cette séparation me semble d'autant plus conforme aux vrais principes de la méthode naturelle, que le fait sur lequel elle est fondée peut nous aider à découvrir les autres fonctions de la pièce operculaire.

En effet si une pièce, dont l'emploi est connu, est mise hors d'état de le remplir, sans avoir été arrêtée dans son développement, il faudra qu'elle ait eu une autre mission primitive dont elle puisse encore s'acquitter, ou bien qu'elle en ait reçu une nouvelle. Mais une nouvelle mission demande une nouvelle faculté, et une nouvelle faculté demande une nouvelle forme. Or cette forme nouvelle, nous ne la voyons pas dans le labre des *Cylidres* comparé à celui des *Denops*, et nous sommes forcés d'en revenir à l'admission d'une destination primitive autre que le service de l'opercule. Cette seconde destination, il ne nous a pas été donné de l'observer, mais peut-être pourrons-nous la découvrir par la voie rigoureuse des exclusions. Nous exclurons d'abord la face supérieure du labre, du théâtre de l'action. Si l'articulation de cette pièce lui permet quelques mouvements, ils doivent se reduire à une espèce de glissement sous le chaperon ou à un très faible abbaissement. Dans le premier cas, il n'y a point de vuide introduit entre le chaperon et le labre. Dans le second cas, le vuide qui serait en cul de sac sans aboutissant, serait bien peu de chose, car il serait limité par les mandibules si celles-ci étaient croisées, et par l'appareil buccal en action si elles étaient écartées.

En admettant que la face inférieure du labre est le théâtre de l'opération, nous exclurons de sa part toute action sur les corps étrangers solides, puisqu'elle n'a aucun moyen pour les saisir ou pour les transporter, et encore moins pour les détruire ou pour les endommager.

Nous exclurons encore l'absortion de quelque liquide alimentaire, parceque les besoins de la nutrition exigent qu'il soit avalé et introduit dans le tube digestif, et parceque les autres organes manducatoires satisfont à ces besoins indépendamment du labre.

Nous exclurons encore l'absortion de tout autre liquide essentiel à la vie animale, parceque nous en ignorons et parceque nous ne saurions pas même en concevoir l'existence.

Par les mêmes raisons, nous exclurons une action sur tout autre substance gazeuse que l'air, et nous exclurons enfin celui-ci parceque nos insectes ont leurs organes respiratoires placés ailleurs et autrement conformés.

Cela posé, nous sommes forcés de reconnaître que si le labre en question n'est pas un hors-d'œuvre inutile, il est le siège spécial de quelque sensation. Mais quel est le sens qui peut siéger en cet endroit? Excluons la vue, parceque ses organes sont connus. Excluons l'ouie, parceque sa position n'est pas bonne pour l'arrivée des ondulations sonores. Excluons le goût, parceque le labre n'est par sur la route des substances sapides. Excluons enfin le toucher, parceque le labre n'a aucun moyen d'exploration. Nous voici déjà bien près du terme. D'exclusion en exclusion, nous sommes arrivés au point de n'avoir plus de choix à faire et d'être forcés de conclure que si le labre n'est pas absolument inutile, il est sans doute le siège de l'odorat. J'aurais souhaité que l'expérience eût confirmé cette conclusion aussi bien qu'elle me paraît prouvée par le raisonnement. Mais au

défaut de faits positifs, je me console, en songeant que l'anatomie comparée des organes de l'odorat et les lois physiques
des vapeurs odoriférantes ne nous ont rien appris qui soit en
contradiction ouverte avec notre hypothèse.

5.° *Les mandibules.* — Elles sont toujours dans le même
plan que le devant de la tête. Ceci prouve que les *Clérites*
prennent en mangeant une position peu distante de celle qu'ils
conservent pendant le repos, et qu'il en est à-peu-près de
même de toutes les espèces de la famille. On peut les comparer à des pyramides trièdres dont le plan d'insertion serait la
base et dont la pointe extérieure serait le sommet. De ses
trois faces, l'extérieure est une surface courbe dont la convexité est tournée en dehors et dont le diamètre transversal,
correspondant à la hauteur de la mandibule, diminue progressivement de la base jusqu'à l'extrémité. Les deux autres faces,
l'une supérieure et l'autre inférieure, sont triangulaires, planes
ou concaves, plus rarement inégales et fovéolées. Leur arête intermédiaire ou le bord interne de la mandibule est tantôt droite et
à peine un peu échancrée près de la pointe, tantôt dentelée à
dents aigues ou obtuses, ordinairement peu nombreuses, inégales
et inéquidistantes, tantôt en arc de courbe rentrante continue
ou infléchie.

Nous n'avons pas besoin de remonter à la destination de
cet instrument pour comprendre que les modifications de ses
formes peuvent influer sur ses moyens. Il est évident qu'elles
seront d'autant plus fortes qu'elles auront plus de hauteur,
qu'elles seront d'autant plus perçantes que la pointe apicale
sera plus longue et plus aigüe, qu'elles seront d'autant plus
propres à couper ou à scier que leur bord interne sera plus
tranchant ou plus fortement dentelé, et enfin que leur action
complexe sera d'autant plus puissante qu'elle commencera plus
près de la base. Il est donc également clair que ces formes
modifiées auraient pu nous fournir des *Caractères naturels du*

second ordre, et que les coupes fondées sur ces caractères auraient dû être d'un rang supérieur aux genres établis d'après des caractères d'un degré inférieur. Cependant j'ai préféré m'en passer, toutes les fois que je l'ai pu. Cette pièce n'est pas assez extérieure pour que ses formes soient aussi apparentes qu'on le voudrait. Plusieurs de ses traits ne sont visibles que lorsqu'elles sont accidentellement écartées ou lorsqu'elles ont été forcement détachées. Les traits peu apparents ne sont pas toujours tranchés. Il n'est pas facile de décider, à quelle élévation de hauteur la mandibule cesse d'être faible et commence à devenir forte, à quelle distance de leur origine les deux bords internes des mandibules ont à se rejoindre pour que leur action simultanée soit comparable à celle d'une paire de ciseaux, ainsi du reste. Ces difficultés sont bien imposantes. Cependant j'aurais peut-être essayé de les surmonter, si je n'eusse été retenu par un motif d'une importance majeure et tel qu'il devait l'emporter sur toute autre considération. *Il n'etait pas démontré que le formes des mandibules eussent, chez les Clérites parvenus à l'état parfait, des rapports avec leur habitudes dans ce dernier état.* Ce fait sera expliqué dans le §. 3.

6.° *Les parties de la bouche.* — L'ouverture buccale est très grande dans les premières sous-familles des *Clérites.* Cette grandeur est même une de leurs particularités les plus remarquables. Elle se rapetisse insensiblement dans la dernière et elle y revient quelquefois aux dimensions ordinaires. Dans nos *Paratenètes*, elle n'est guères plus grande que dans les *Cryptophages* qui ont à-peu-près le même facies.

L'appareil manducatoire, ayant fourni des *Caratères naturels* de premier degré pour l'établissement de l'ordre des *Coléopteres*, on ne doit plus s'attendre à en obtenir d'autres de la même importance pour le sectionnement de l'ordre et pour la formation de ses premières coupes. Aussi n'en ai-je trouvé

aucun dans les *Clérites.* Tout ce que leur bouche m'a offert
de plus apparent et de plus tranché, ne m'a paru que d'une
valeur douteuse ou très secondaire. Je n'y ai vu que des
caractères des derniers degrés et je ne les ai employés que
dans la diagnose des genres.

Nous aurons à examiner successivement les différentes pièces
de cet appareil qui se réduisent à cinq et qui sont, en maintenant les noms impropres consacrés par l'usage, *le Menton*,
la Langue et *les Palpes labiaux*, *les Machoires* et *les Pal-*
pes maxillaires.

Le Menton que ses connexions me font regarder comme le
véritable analogue de la machoire inférieure des animaux supérieurs, est une pièce composée de trois articles au moins, planes, disposés en série longitudinale et à articulations en suture
simple. De ces trois articles, le premier et le troisième à partir
de l'origine sont les seuls constamment cornés et solides. Le
premier est le plus grand de touts. Le troisième est souvent
très petit et quelque fois peu apparent. Le second, dont il
fallait signaler l'existence, parcequ'il est semblable aux deux autres
dans d'autres familles du même ordre, est toujours mol, dans
nos *Clérites*, flexible et contractile. Cette pièce n'y est dans le
fond qu'un ligament musculaire à téguments membraneux,
capable de s'étendre au point d'égaler le premier article en
longueur et de se raccourcir au point de s'effacer en apparence.
Alors les deux articles cornés ne sont plus séparés que par un
petit sillon transversal, et si le dernier est très petit, le menton
parait composé d'un seule pièce. La sous-famille *des Coryné-*
toïdes nous en offre des exemples.

La Langue qui est dans touts les insectes, un muscle allongé à fibres transversales, creusé en gouttière sur la ligne
médiane de sa face supérieure et placé bout-à-bout à l'extrémité antérieure et inférieure de l'oesophage, adhère latéralement
au menton dans toute la longueur de celui-ci, chez touts les

Coléoptères, en tapisse toute la face interne, et se prolonge plus ou moins au de-là de son extrémité. Lorsque ce prolongement est normal, c. à d. lorsqu'il subsiste même pendant le repos de la bouche, il a quelque analogie avec une lèvre inférieure, de-là le nom de *labium* qu'on lui a donné et qu'on a étendu à toute la langue. Lorsque les téguments inférieurs de ce prolongement normal ont un peu de consistance et lorsqu'ils sont d'une substance semi-cornée, on a pu les regarder comme un quatrième article du menton. Dans nos *Clérites*, la langue ne dépasse le menton que lorsqu'elle est en mouvement. Son prolongement étant alors une conséquence de son replissement, sa consistance reste partout la même. En général il est assez borné et moins fort sur la ligne médiane que sur les côtés, ensorte que le bord extérieur est nécessairement échancré, bilobé ou bifide. Ces formes changeantes dans le vivant puisqu'elles y dépendent des mouvements de la bouche, s'altèrent et disparaissent même dans les cadavres desséchés. Je me félicite d'avoir pû m'en passer. S'il avait fallu les consulter pour reconnaître les différentes espèces de mes *Clérites*, j'aurais renoncé à étudier une famillle dont les dix-neuf vingtièmes sont étrangers à nos contrées.

Les Machoires qui ne machent jamais dans les Clérites, sont insérées aux angles postérieurs du premier article du menton qu'elles embrassent. Leur tige cornée est dilatée en dehors, et fait un coude près de son origine. Ce coude est d'autant plus prononcé et plus anguleux que l'ouverture buccale est plus grande. Au-dessus du coude, la tige si dirige en avant, parallèlement à l'axe du corps. Sa face interne est creusée de manière qu'en continuant à embrasser le menton, elle s'étend moins audessus de lui qu'en dessous. Son extrémité est plus ou moins dilatée, un peu échancrée en dehors et prolongée obliquement d'arrière en avant et de dehors en dedans. De ce point, partent deux appendices constants qui contrastent entr'eux par la différence de leur conformation. Le plus extérieur est le *Palpe maxillaire*, sur lequel nous reviendrons ci-après. L'autre qu'on a nommé *Galette* dans les *Orthoptères*, *Troisième palpe* dans les *Adéphages* et dans les *Hydrocanthares*, *Lobes terminaux des machoires* dans les autres *Coléoptères*, auquel nous laissons le nom générique de *Galette*, parcequ'il ne préjuge rien sur sa forme et sur son emploi, et auquel nous ajouterons l'epithète d'operculiforme, parcequ'il convient assez bien à l'un et à l'autre, n'a pas la liberté de mouvement que le palpe possède. Nettement distincte de la tige par une suture sulciforme et immobile, elle est faite pour obéir avec elle à l'impulsion des muscles moteurs qui aboutissent à l'origine de la machoire. Elle a ordinairement une moindre dureté. Engainante comme elle, parcequ'elle a de même la face interne creusée en canal, elle en diffère en ce qu'elle s'étend beaucoup plus en dessus de l'appareil buccal qu'en dessous, et qu'elle y sert de couvercle à la langue, lorsque celle-ci a été poussée en avant et mise hors de la portée du labre. Dans nos *Clérites*, la *Galette operculiforme* diminue en solidité, de la base à l'extrémité qui est membraneuse, ciliée et bilobée, le lobe extérieur étant toujours plus long que l'autre. Tel est le type commun de la famille. Les modifications qu'il peut subir consistent dans les dimensions respectives des lobes, dans les variétés de leur contour et dans la quantité de leur cils. J'en ai parlé, dans les descriptions, lorsque l'occasion s'en est présentée. Mais je n'ai jamais osé m'en servir, pour l'établissement des genres. De pareils caractères auraient été tout au plus de notre cinquième degré. Or dans cette file, il était aisé d'en trouver de meilleurs.

Les palpes maxillaires, dont nous avons fait connaître l'origine, ont constamment quatre articles, et les *Labiaux*, auxquels on a donné ce nom si impropre parcequ'ils naissent à côté de la prétendue lèvre et à l'extrémité du menton, n'en ont que trois. Ce nombre d'articles est constant, dans toute la famille. On n'en a jamais compté davantage et si on a pu le croire moindre, ce n'a été que parceque le premier article de l'un des palpes a échappé aux yeux de l'observateur, par sa petitesse rudimentaire et par son enfoncement dans la cavité basilaire. Nous n'avons reçu ainsi aucun secours d'un caractère que son incontestable commodité avait placé à un rang qu'il ne méritait pas. Les proportions relatives des différents articles hors le dernier ont paru d'ailleurs trop insignifiantes pour nous fournir même quelques jallons à planter sur la grande route de la méthode naturelle. Les formes de l'article terminal, de celui qui entretient les relations des palpes avec les corps étrangers, ne sont pas aussi indifférentes. Elles m'ont fourni des *Caractères provisoirement artificiels du premier ordre*, et je les ai employés, en concurrence avec les autres du même degré et préférablement à touts ceux des degrés inférieurs, à la formation des coupes génériques.

Les *Clérites* nous ont offert cependant une singulière anomalie, dans les grandeurs comparatives de leurs deux paires de palpes. On sait qu'en règle générale, les palpes maxillaires des *Coléoptères* sont plus développés que leurs palpes labiaux. Le cas exceptionnel, celui où les labiaux sont plus grands que les maxillaires, devient la règle chez les *Clérites*, et cette règle n'y souffre qu'un petit nombre d'exceptions dans la dernière des sous-familles, dans celle des *Corynétoïdes* qui s'écartent d'ailleurs des autres sous-familles par d'autres particularités de formes et d'habitudes. Quel est le rapport de cette conformation particulière avec les lois de la vie de relation? Nous le dirions bien, si nous n'eussions rien à apprendre sur l'office principal de ces parties et sur touts leurs emplois secondaires. Au défaut de cette science certaine, nous n'avons plus que le champ des conjectures et des présomptions. Mais il me semble qu'on peut arguer sans trop de témérité, **1.**° de la similitude

6

des organes à l'égalité des moyens et de celle-ci à la possibilité d'une identité d'action, 2.ᵐᵉ de la différence dans la position des organes semblables à la différence du lieu de leur action. Maintenant si on fait attention que la position plus extérieure des palpes maxillaires leur permet de s'étendre plus loin en dehors des deux côtés de l'insecte, qu'ils sont à leur aise dans les endroits spacieux et qu'ils sont gênés dans des conduits étroits et cylindriques : si on réfléchit que les palpes labiaux ont plus de peine à s'écarter de la ligne médiane, qu'ils deviennent presque inutiles au large, et qu'ils sont à leur aise dans l'intérieur des tuyaux où les maxillaires seraient gênés, on pourra se douter des rapports qui existent sans doute entre les habitudes des *Clérites* et les grandeurs de leurs palpes.

7.° *Le Prothorax.* — Nous aurons d'abord à vérifier le nombre de ses pièces intégrantes et ensuite à étudier l'importance de leurs formes.

Dans la majorité des *Clérites*, la caisse prothoracique n'est composée que de deux pièces séparées par une suture sulciforme et immobile, une supérieure, le *Tergum*, l'autre inférieure, le *Prosternum*. Mais le *Tergum* se rabat insensiblement sur les flancs et passe même en dessous ensorte qu'il occupe les portions latérales de la face inférieure. Le *Prosternum* qui en occupe le reste, se rétrécit rapidement en arrière. Il est toujours très mince entre les hanches antérieures, et souvent il n'atteint pas le bord postérieur. Les fosses coxales sont tantôt ouvertes en arrière, tantôt complètement fermées. Mais une portion extérieure de leur contour est toujours une dépendance du *Tergum*. Cette structure du prothorax lui donne les apparences d'une espèce de cylindre à base circulaire ou elliptique. On ne saurait concevoir une forme plus commode pour l'insecte, lorsqu'il a à s'avancer, à reculer ou à se retourner sur lui-même, dans l'intérieur d'un conduit étroit et allongé. Dans la famille des *Clérites*, elle s'allie constamment avec des palpes labiaux plus développés que les maxillaires.

Dans une petite minorité de la même famille, la structure du prothorax, exceptionnelle pour elle, revient au type normal de la tribu. La caisse se compose évidemment de quatre pièces bien distinctes, une supérieure et trois inférieures. La première ou le *Tergum* est encore plus ou moins convexe, mais au lieu de se rabattre insensiblement sur les flancs et de passer à la face inférieure, elle en est brusquement séparée, moyennant une solution de continuité qui est exprimée par une arête suturale en côte ou en carène, et sur toute la longueur de cette arête, les deux faces font entr'elles un angle plus ou moins aigu. Des trois pièces inférieures, les deux latérales ou les *Episternums* sont souvent dans le même plan que le *Prosternum.* Elles s'élargissent rapidement d'avant en arrière et elles embrassent les contours extérieurs des fosses coxales, au lieu du *Tergum* qui ne peut plus les atteindre. Le *Prosternum*, plane ou concave, se rétrécit encore en arrière et s'écarte peu des formes qu'il conserve lorsque le prothorax n'a que deux pièces intégrantes. Cette conformation peut s'allier avec des palpes maxillaires aussi grands ou plus grands que les labiaux, avec un prothorax déprimé et non cylindrique, avec un corps plus large et presque ovalaire, avec une plus grande facilité à plier l'avant-corps en dessous dans un nid arrondi, et avec une plus grande difficulté de se mouvoir et de se retourner dans un tuyau cylindrique. Les connaissances acquises sur les habitudes de quelques espèces indigènes confirmant d'ailleurs les inductions tirées de la structure du prothorax, j'ai pu la regarder comme un caractère du premier degré, et je n'ai pas hésité à former de la minorité qui a quatre pièces distinctes au prothorax, ma quatrième sous-famille des *Clérites Corynétoïdes.*

Les formes des différentes pièces du prothorax ne sont pas sans influence sur les mouvements de l'avant-corps et sur le degré d'inclinaison qui peut les rapprocher de l'arrière-corps. Mais ces traits distinctifs ne sauraient être bien tranchés, puisqu'ils ne doivent exprimer que des différences en plus ou en moins. Il m'a fallu les omettre dans le tableau synoptique pour lequel j'avais besoin de caractères mieux prononcés. Il n'en est pas de même de l'ouverture postérieure des fosses coxales. Elle existe ou elle n'existe pas. Je m'en suis servi sans scrupule, quand j'en ai eu besoin.

8.º *Le Mésothorax* et *le Métathorax.* Hors l'écusson qui appartient au mésothorax, nous n'aurons rien à dire de la face dorsale de ces deux derniers anneaux thoraciques, parceque étant couverts par les ailes et par les élytres, hors pendant les courts intervalles du vol, les caractères qu'ils pourraient nous fournir, ne seraient pas aussi extérieurs que nous les voudrions. L'écusson est assez petit, quelquefois en triangle dont le sommet est tourné en arrière et dont la hauteur est sur la ligne médiane, plus souvent tronqué antérieurement et postérieurement en demi-ovale ou en demi-cercle longitudinal ou transversal. Je n'en ai tiré que quelques caractères spécifiques.

Les faces inférieures des deux segments sont également composées de trois pièces, dont deux latérales, *les Episternums mésothoraciques* et *métathoraciques*, en parallélogrammes longitudinaux, très étroites et de la longueur du segment, c. à. d. que les secondes sont constamment beaucoup plus longues que les premières, et d'une troisième pièce médiane qui est le *Mésosternum* pour le premier segment et le *Métasternum* pour le second.

Le Mésosternum étant la pièce qui s'articule avec le prothorax, ses formes ne sont pas sans influence sur la flexion de l'avant-corps. Mais tant qu'elles ne concourent qu'à la faciliter plus ou moins, elles ne fournissent aucun caractère tranché. Elles l'offrent au contraire, quand elles limitent l'étendue de ce mouvement, en lui opposant un obstacle insurmontable.

Je n'en connais jusqu'à présent qu'un seul exemple dans la famille. Il m'à servi à la détermination du *G. Zenithicola.*

Le *Métasternum*, deux ou trois fois plus grand que le *Mésosternum*, n'en est séparé que par un sillon transversal. Ces formes peu variées ne paraissent pas avoir une influence bien directe sur les mouvements de l'animal. Rarement plane, le plus souvent faiblement convexe, quelquefois très renflé et alors descendant beaucoup plus bas que le ventre, il peut s'opposer plus ou moins au rebroussement de l'abdomen au-dessous du prothorax. La courbure de cette surface n'est pas rigoureusement commensurable. Il faudra se contenter d'en parler dans les descriptions et l'y exprimer en termes vagues et généraux. Le bord postérieur est toujours échancré. Le sommet de l'échancrure est souvent un angle rentrant, aigu ou obtus. Quelquefois il a une petite dent dirigée en arrière, simple ou bifide, courte et plane ou bien longue et spiniforme. J'en ai encore tiré quelques caractères spécifiques.

9.° *L'Abdomen.* — Il n'a jamais moins de six anneaux, dans les deux sexes. Le sixième n'est pas toujours en évidence: il est souvent enveloppé par le cinquième. Les anneaux se meuvent, les uns dans les autres, comme les tuyaux d'une lunette. Mais la longueur de la portée n'est pas la même pour tous. Elle augmente progressivement du premier au dernier. Nous ne nous occuperons pas de leurs plaques dorsales parcequ'elles sont cachées par les ailes et par les élytres, et nous dirons seulement qu'elles opposent trop peu de resistance pour servir de point d'appui à un système de muscles tel qu'il le faudrait pour que l'abdomen pût se renverser sur le dos de l'avant-corps. Sa flexion en dessous est la seule possible. Il est rare cependant qu'elle soit assez forte pour la jonction des deux extrémités. Plusieurs obstacles peuvent l'empêcher. Tantôt c'est la brièveté même de l'abdomen qui est aussi court ou plus court que la poitrine. Tantôt c'est le peu de mobilité des premiers segments qui restreint la portée totale de l'abdomen, et qui détruit les effets de la mobilité plus grande de ses derniers anneaux. Tantôt c'est la convexité même du ventre qui heurte contre l'enflure du métasternum. Je me suis fait une loi d'insister sur chacune de ses particularités, lorsqu'elle m'a paru tirer à conséquence. Mais elles ne m'ont jamais offert des caractères assez tranchés pour être mis à l'œuvre utilement dans le sectionnement de la famille.

L'appareil externe de la génération est une dépendance de l'abdomen qui le renferme et qui le met en évidence. J'ai, eu peu d'occasions de l'observer sur le vivant. Les cadavres des collections ne pouvaient m'en donner qu'une notion imparfaite. Cependant j'ai toujours décrit ce que j'ai vu, lorsque l'occasion s'en est présentée. Ces détails ont dû rester en déhors de la classification. Les caractères d'un sexe n'appartiennent qu'à une moitié de l'espèce. Pouvais-je partir des propriétés de la fraction, lorsque j'avais à faire connaître celles de l'entier?

10.° *Les Pattes.* — Après avoir tiré des appendices des tarses, les caractères essentiels de la tribu et de la sous-tribu, nous ne devons plus nous attendre à trouver, dans les pattes de nos *Clérites*, d'autres caractères du même degré. Mais elles nous en fourniront plusieurs des degrés inférieurs, et nous nous empresserons de les mettre à profit. Les uns ont une valeur bien appréciable, d'autres ne sont pas sans importance probable, et ceux qui semblent le plus absolument artificiels ont le double mérite d'être surs et commodes.

Sauf un très petit nombre d'exceptions que nous ferons connaître à leurs articles respectifs, les pattes de nos *Clérites* sont simples et essentiellement marcheuses. Les formes exceptionnelles qui pourraient nous faire supposer la possibilité d'une seconde mission, seront évidemment des caractères naturels du premier ordre. Nous en verrons des exemples remarquables, dans les *G. Erymanthus* et *Ryparus*.

Les pattes, étant d'autant plus propres à la course qu'elles sont plus minces et plus allongées, leur longueur, prise comparativement à celle du corps, nous fournira un caractère naturel du second ordre. Il ne s'agira plus que de fixer le criterium de relation. Je l'ai trouvé, dans la comparaison toujours facile de la longueur des fémurs postérieurs avec celle des élytres et de l'abdomen. Je l'ai fait servir à la détermination de plusieurs genres, et je pense que ces coupes ont, sur les autres du même rang, l'avantage estimable, mais non nécessaire, d'être naturelles et non artificielles. En effet il est aisé de concevoir que l'insecte qui pourra faire des longues enjambées, aura recours à la course quand il aura à se mouvoir, soit pour atteindre un but, soit pour se sauver d'un danger, tandis que celui qui sera forcé d'aller au petit pas, aura des habitudes plus sédentaires et préférera la retraite à la fuite, dans le cas d'un danger prochain.

La forme des hanches, considérée dans ses rapports avec la liberté des mouvements, aurait pu nous donner encore des caractères évidemment naturels. Mais il m'a paru que cette forme ne s'écarte guères, dans nos *Clérites*, d'un type de famille, et que les différences dans la liberté des mouvements dépendent plutôt des formes du tronc et spécialement de celles des fosses coxales. En général, les *Clérites* ne sont, ni aussi bien partagés que les *Vésicants* qui jouissent d'une liberté complète, ni aussi mal que les *Prionites* qui n'en ont aucune. Leurs trochantins sont inapparents et n'opposent aucun obstacle à la rotation des hanches. Dans celles-ci, les antérieures, sans avoir exactement la régularité d'un solide de révolution, ne s'en écartent pas beaucoup, et ce petit inconvénient est compensé par la latitude d'espace qui leur reste dans l'intérieur des fosses coxales. Les intermédiaires sont sphériques et leurs loges sont arrondies. Les postérieures semblent au contraire condamnées à ne pouvoir faire que le quart de la rotation longitudinale qui leur permet de passer du plan de repos parallèle à celui de la face inférieure du corps à un autre plan perpendiculaire au premier. Mais alors la faculté des autres mouvements rotatoires passe à la pièce qui s'articule avec la hanche, c. à. d. au premier trochanter.

Un autre caractère que je crois encore très naturel, m'a été fourni par la longueur du dernier article comparée à celle du tarse dont il fait partie. Nous avons vu que cet article est un instrument étranger à la marche et chargé d'une mission qui lui est toute particulière. Supposons, ce qui est très plausible, que cet istrument ait à agir pendant la station de l'insecte et lorsqu'il a besoin de poser sur la patte dont l'extrémité seule est mise en action. Si le dernier article des tarses est d'une certaine longueur, l'insecte pourra poser sur les autres articles parceque le manche de l'instrument apical pourra se redresser assez haut pour donner une volée convenable aux deux lames tranchantes qui auront à couper ou à déchirer un corps étranger. Dans ce cas, le mouvement des deux lames suppose l'immobilité du reste du tarse. Si le dernier article est trop court et s'il ne donne pas assez de volée à ses armes offensives, il faudra bien que cette volée soit augmentée par le concours des autres articles du tarse qui ne posera plus alors sur le terrain, et qui deviendra partie de l'instrument en action, tandis que l'insecte s'appuira sur les extrémités tarsiennes de ses tibias. J'ai tiré parti de cette différence de longueur, pour l'établissement d'un petit nombre de coupes génériques, et comme je viens de le dire, elles me semblent assez naturelles.

Le longueurs relatives des autres articles, leur forme mince et comprimée ou large et applatie, la présence de l'appendice à chacun d'entr'eux, les contours de ces mêmes appendices, n'ont pas une valeur aussi exactement appréciable. Mais ils ne sont pas sans influence probable, sur l'agilité des pattes, sur le maniement de leur instrument terminal, sur la faculté du toucher et sur son mode d'exploration. Loin de les dédaigner, je me suis servi de ces caractères pour les dernières coupes, lorsque je les ai trouvés constants, nets et apparents.

Il y a encore un autre caractère certainement bien sûr et bien commode qui n'en est pas moins purement artificiel et en conséquence de notre cinquième et dernier degré. C'est celui qui a été emprunté au nombre des articles des tarses. Malgré ses avantages qui ont séduit Geoffroi qui fut le premier à l'introduire dans la classification des *Coléoptères*, malgré l'autorité que lui a donné la sanction de Latreille, malgré la vogue dont il a joui après lui, il en a été des articles tarsiens comme de toutes les pièces similaires disposés en séries longitudinales ou transversales, il n'y a pas eu moyen d'expliquer la différence de leur nombre par des différences d'habitude, et on a été forcé de reconnaître qu'un pareil caractère mis en première ligne substituait un ordre arbitraire à l'ordre rationnel. Il y a longtemps que cette vérité n'était plus un problème pour moi. Cependant tel a été l'entraînement de l'exemple et de l'usage que dans mes premiers essais sur la coupe de la famille des *Clérites* en *Sous-familles*, j'ai eu l'inconséquence d'établir celles des *Tilloïdes* et des *Notoxoïdes* d'après le nombre différent de ces articles qui est de cinq dans les premiers et qui est censé de quatre dans les seconds. Ma confiance dans les lois que je me suis imposé, m'a décidé à supprimer ces deux sous-familles. Un caractère du dernier degré ne doit entrer que dans le signalement des dernières coupes.

Les tarses des *Clérites*, étudiés par rapport au nombre de leurs articles, nous offrent cependant un fait très remarquable dont on ne connaît pas d'autre exemple dans la même tribu. Le premier de touts, celui qui s'articule avec le tibia, perd souvent sa mobilité normale, cesse en partie d'être apparent, ne reste visible que sous un certain aspect et quelquefois disparaît entièrement. Mais cette disposition anormale est un fait de leur histoire bien plus que de leur classification. Entre les deux extrêmes

7

du développement complet et de la disparition totale, il y a une infinité de passages intermédiaires qui répondent aux différents points d'arrêt du développement. Ces points se succèdent de trop près et se confondent trop aisément pour que le caractère artificiel qu'on voudrait lui demander, se présente assez tranché pour l'employer utilement.

Un de ces premiers points d'arrêt est celui où l'article a perdu sa mobilité propre et où il est intimement soudé avec celui qui le suit immédiatement. Mais cette perte n'exclut, ni la grandeur ordinaire, ni la présence, ni la survivance d'un sillon sutural, espèce de symbole d'une articulation oblitérée. Dans ce cas, l'immobilité de l'article est très douteuse dans les cadavres des collections et le caractère extérieur est équivoque et mauvais. Un second point d'arrêt plus avancé est celui où l'article privé de mouvement propre est intimement soudé avec le suivant, diminue progressivement de grandeur et finit par disparaître tout-à-fait. Le caractère n'est tranché que lorsque le décroissement graduel est arrivé à cet extrême. Mais même alors, la disparition peut ne pas être également complète sur toutes les faces. On voit souvent au-dessous du second article devenu réellement le premier, un rudiment de l'article oblitéré et quelquefois même un appendice assez bien développé. Ces restes sont souvent d'une excessive petitesse, et il est alors très difficile d'affirmer ou de nier leur existence. L'incertitude des différents passages successifs et la crainte de donner trop d'importance à un caractère qui n'en a qu'une très bornée, m'ont engagé à réduire à deux seulement toutes les coupes que j'aurais pu en déduire. J'ai placé dans la première, les *Clérites* qui ont cinq articles distincts à chacun de leur tarses et également visibles lorsqu'on regarde le tarse en dessus. Ceux-ci devraient être des *Pentamères*, selon la méthode de Latreille. Je place dans la seconde, les *Clérites* qui n'ont que quatre articles visibles en-dessus aux tarses postérieurs. Cette coupe comprend des *Tétramères* dont les tarses, vus dans touts les sens, paraissent constamment quadriarticulés, des *Hétéromères* qui ont encore un premier article de plus aux paires antérieures, et enfin un grand nombre d'espèces qui n'appartiennent à aucune des sections de Latreille, parcequ'elles ont quatre articles visibles en-dessus et cinq en-dessous. (3)

12.° *Les Ailes* et *les Élytres.* — On sait que les Coléoptères volent peu et souvent assez mal. On ne doit donc pas s'attendre à trouver, chez les *Clérites*, de nombreuses modifications des formes correspondantes au différent exercice de cette faculté. Il est même probable que la plupart de ces traits extérieurs tiennent à d'autres habitudes de l'insecte, lorsqu'ils ne sont pas absolument insignifiants. Ceci est vrai surtout des *Élytres* qui sont en théorie les analogues des ailes supérieures, mais qui ne sont en pratique que les étuis des véritables ailes pendant le repos et des espèces de parachutes pendant la durée du mouvement.

En général, les élytres de *Clérites*, considérées comme des étuis, sont toujours assez grandes et assez étroitement fermées pour couvrir et pour défendre les ailes qui reposent doublement plisées sur le dos de l'arrière-corps. Les deux pièces adhèrent faiblement l'une à l'autre, quoiqu'il y ait un engrénement rudimentaire (4). Leur écartement n'oppose qu'un faible

(3) Je ne comprends rien à ce qu'a voulu dire M.' le C.'° de Castelnau, lorsqu'il s'est exprimé en ces termes. » En tout il me semble probable que lorsqu'on abandonnera » enfin le système tarsaire pour se rapprocher d'une classification naturelle, les insectes » dont nous nous occupons ici seront partagés en groupes qui seront placés très loin » les uns des autres. *Rev. de Silb. tom.* 4. *p.* 51. » Tout ceci me semble un contre-sens. Nous sentons, aussi bien que l'auteur, la nécessité d'abandonner le système arbitraire fondé sur ce nombre des articles des tarses. Mais c'est précisément parceque nous avons connu cette nécessité, c'est même parceque ce besoin a été senti, sans être avoué, par Latreille lui-même, que nous avons suivi l'exemple de l'auteur de la famille des *Clerii* et que nous avons compris dans nos *Clérites*, des *Pentamères*, des *Hétéromères* et en général des insectes qu'il aurait fallu placer très loin les uns des autres, si on eût voulu suivre le système tarsaire.

(4) Par une exception bien rare dans l'ordre des *Coléoptères*, plusieurs *Cétonites* volent sans écarter leurs élytres. Ce fait a été observé par feu Audouin qui n'a pas

obstacle à la prise du vol, et il a lieu simultanément avec le
déploiement des ailes. Ainsi point de coupe à faire dans la famille par rapport à la part que les élytres peuvent prendre à
l'exercice du vol.

Il n'en est pas de même de l'influence de leurs dimensions
en longueur et en largeur sur quelques autres habitudes de l'insecte. Si nous commençons par la longueur, nous aurons à la
comparer avec celle de l'abdomen. Il n'est pas indifférent de savoir, si elles le dépassent à une certaine distance, si elles en entourent de près le bord postérieur, ou bien si elles sont plus

---

cherché à s'en rendre compte. Il provient, à mon avis, du concours de deux circonstances
particulières. 1.º L'adhérence plus forte des deux élytres, le long de leur suture. Dans
l'une, ce bord est saillant et la saillie a la forme d'une languette, langage de menuisier.
Dans l'autre, le même bord est creusé en canal et le canal est une rainure où s'en-
grène la languette de l'autre élytre. Cet assemblage subsiste dans la plupart des Coléoptères. Mais il y a des familles où il est très faible, rudimentaire, pour ainsi dire, à
peine sensible près de l'écusson et effacé vers l'extrémité postérieure. Nous en avons
des exemples dans les *Lampyrites* qui volent si longtemps dans les nuits chaudes des
pays méridionaux. Les *Cétonites* sont à l'extrême opposé. Le languette longitudinale,
est large, mince et presque tranchante. La rainure correspondante est étroite et profonde.
2.º L'échancrure latérale des élytres. Elle permet aux *Cétonites* de déplisser leurs ailes inférieures et de les étendre en dehors, sans écarter leurs élytres à la faveur de l'espace
qui existe entr'elles et le dos de l'arrière-corps, espace que l'insecte peut agran-
dir, dans de certaines limites, mais plutôt par l'abaissement du second que par
le soulèvement des autres. Ces deux circonstances réunies permettent aux espèces les
plus sédentaires d'exécuter, avec leurs élytres fermées comme les a vues le feu
Audouin, les vols courts et lents qui suffisent aux besoins d'une existence uniforme
et paresseuse. Je soupçonne cependant qu'on s'est trop pressé d'ériger cette exception en
règle générale pour toute la famille. Que l'on s'empare d'une *Cétoine* quelconque morte
récemment et conservant encore assez de fraîcheur. Que l'on saisisse, avec une
pince, le bord extérieur d'une de ses élytres, le plus près possible de son articulation
avec le mésothorax, et puis qu'on la tire à soi. On obtiendra l'écartement demandé,
sans effort et sans solution de continuité. Ce qu'on obtiendra par un mécanisme
artificiel, l'insecte l'exécutera naturellement par un acte de sa volonté et cet acte
aura lieu dès que l'animal en aura senti le besoin, car il faudrait méconnaître la sagesse
et la bonté de la providence pour se persuader qu'elle ait interdit à un être qui a la
conscience de soi, l'emploi des secours qu'elle lui a accordé. Le service que les élytres,
rendent en qualité de parachutes, pendant les vols de long cours et à haute élévation,
est incontestable. Ces grands voyages aériens ne sont pas conformes aux habitudes
instinctives de nos *Cétonites* indigènes. J'en conviens. Mais n'y a-t-il donc en dehors de
cette spontanéité, aucune cause impérieuse qui ne puisse commander à l'animal de fran-
chir de vastes espaces? Faudra-t-il qu'il périsse, au lieu de s'enfuir, lorsqu'il sera menacé
par l'orage, par l'incendie ou par une subite inondation?

courtes que lui, ou enfin si elles l'atteignent tout au plus sans le
dépasser. Supposons maintenant que l'abdomen ait à concourir
à une des fonctions que l'insecte ne peut remplir que pendant
les intervalles de la station laborieuse, c. à. d., quand les élytres
ne sont, ni soulévées, ni écartées. Si leur extrémité dépasse
celle de l'abdomen, si leur bord postérieur embrasse les contours de l'anus, l'insecte sera forcé de fléchir son abdomen
en-dessous et de l'allonger dans une direction qui faira un angle
bien prononcé avec le plan de la section horizontale du corps.
Ces conditions supposent un lieu et des moyens qui ne seront
plus nécessaires dans l'hypothèse contraire. Mais si les élytres
n'atteignent pas l'extrémité de l'abdomen ou seulement si elles
ne la dépassent pas, l'insecte n'aura pas besoin de l'incliner
en bas et il pourra opérer sans le faire sortir du plan de la
coupe horizontale de son corps. J'aurais eu grand tort de négliger un caractère extérieur qui exprime très bien la position
particulière que chaque *Clérite* prendra, ou de force ou de
gré, lorsqu'il faira fonctionner l'extrémité postérieure de son
corps. Je n'ai pas oublié de m'en prévaloir pour l'établissement de quelque genres bien naturels, toutes les fois que je
l'ai pu. Mais l'occasion s'en est présentée rarement. L'abdomen
des *Clérites* est si extensible que sa longueur normale est souvent incertaine, et qu'on ne peut en juger qu'après avoir vu un
grand nombre d'individus et les deux sexes de la même
espèce.

Les élytres des *Clérites* sont en général, étroites, allongées,
à côtés presque droits et subparallèles, collées contre l'abdomen qui est pareillement étroit et allongé. Ces dimensions s'ac-
cordent très bien avec la forme cylindrique de l'avant-corps,
de même que cette forme est la plus convenable aux habitudes des insectes que leur instinct appelle à passer une partie
de leur vie dans des conduits étroits et tortueux. Mais dans un
certain nombre d'espèces étrangères à nos climats et dont nous

ne connaissons pas l'histoire, les élytres sont brusquement dilatées et leur bord extérieur s'écarte visiblement de celui de l'abdomen. Il est évident que cette singulière dilatation est embarrassante dans l'intérieur du tuyau cylindrinque et qu'elle devient un obstacle invincible, lorsque le diamètre du tuyau n'est pas plus grand que celui de l'avant-corps. En revanche, elle paraît être favorable pendant la durée du vol, en augmentant la capacité du parachute. Les mœurs de ces exotiques sont donc nécessairement différentes de celles de nos espèces indigènes, et elles doivent se rapprocher d'avantage de celles des *Lycusites* ou des *Lampyrites*. Il fallait donc les isoler, et je l'ai fait, en créant pour elles la sous-famille des *Platynoptéroïdes*.

Il arrive quelquefois, mais très rarement, que les élytres, sans être dilatées, ont une longueur démesurée et qu'elles dépassent l'abdomen sans en entourer le bord postérieur. Cette conformation anormale de l'étui se combine toujours avec une particularité également anormale de son contour. On sait que lorsque les ailes inférieures sont en repos, elles sont pliées transversalment et longitudinalement, et qu'au moyen de ce double pli, elles prennent assez peu d'espace sur le dos de l'arrière-corps pour n'en pas atteindre l'extrémité postérieure. Dans les *Clérites* où le bord postérieur des élytres est distant en arrière de l'extrémité de l'abdomen, le pli transversal de l'aile inférieure est aussi en arrière, comme on peut s'en assurer en renversant l'insecte sur le dos. Le développement extraordinaire de l'organe du vol doit nous faire présumer une augmentation de cette faculté. Le caractère extérieur qui est censé exprimer cette circonstance de la vie de relation est donc un *Caractère naturel du second ordre*. Il m'a servi à déterminer le *G. Jchnea* que M.^r le Cte di Castelnau avait proposé d'après d'autres considérations.

En dehors de cette circonstance unique, les ailes inférieures des *Clérites* ne nous ont offert aucun caractère à mettre à profit.

Ce n'est pas qu'il n'y ait constance d'innervation dans les espèces, uniformité dans les genres, analogie dans la famille. Ce
n'est pas qu'on ne puisse dresser, d'après ce seul caractère,
un système artificiel dont les résultats ne seront pas trop en
opposition avec ceux de la méthode naturelle. Mais ce jeu de
l'esprit dont on nous a menacés, n'en sera pas moins la plus
grande de toutes les aberrations systématiques. S'il est vrai que
dans un tracé rationnel de reconnaissance, les signes extérieurs
qui sont continuellement en évidence valent mieux que ceux
qui n'y arrivent que par intervalles, s'il est vrai qu'une pièce est
d'autant plus importante que son appel au service est plus
fréquemment répété, s'il est vrai que les particularités de
détail de chaque pièce n'ont aucune importance appréciable lorsqu'ils n'influent ni sur sa force ni sur sa destination, il sera
également vrai que les ailes inférieures des *Coléoptères* doivent
rester à la queue de toutes leurs pièces extérieures et que les
accidents de leur innervation sont les derniers de leurs caractères. Il serait tout au plus permis d'y recourir, après avoir
épuisé tout ce qu'on avait de mieux. Je m'estime heureux de
n'avoir pas été réduit à cette fâcheuse nécessité, et je me
borne à publier les ailes inédites de quatre espèces différentes,
choisies dans différentes sous-familles. Elles suffiront, je l'espère,
pour donner une idée du type et des accidents de l'innervation.

Tels sont les principes d'après lesquels j'ai dressé le tableau
des genres qui entrent dans la famille des *Clérites*. Je les
crois bien fondés, et je souhaite que les conséquences de détail
que j'en ai tirées, paraissent également justes et admissibles. Elles
ont eu, pour bornes nécessaires, celles de nos connaissances
actuelles. Il n'est pas impossible que de bonnes observations,
faites dans la suite des temps, nous apprennent plus tard que
l'importance réelle de certaines formes est bien moindre que
leurs importance présumée, et qu'il ne s'ensuive une reduction

des coupes et la suppression de quelques genres. Mais il est encore plus probable que l'accumulation des matériaux découverts dans les régions lointaines nous prouvera qu'*Il y avait bien plus à ajouter qu'à retrancher.* (*V. Tableau ci-contre.*)

§. 3.ᵉ HISTOIRE DES CLÉRITES.

Cette histoire est censée embrasser les métamorphoses, les mœurs et l'anatomie comparée de nos insectes. Le sujet est vaste. Mais malheureusement je suis condamné à en dire bien peu de chose.

Ma vue dont je ne saurais assez me plaindre, m'a interdit les observations microscopiques et m'a forcé à m'en tenir aux résultats obtenus par des yeux plus clairvoyants et mieux exercés que les miens. Des habitudes ultra-sédentaires, commandées dans leur origine par une force majeure et devenues peu à peu une seconde nature par la succession croissante des années, m'ont rendu presque étranger à tout ce qui se passe hors de mon cabinet d'études. Hors d'état d'aller à la rencontre des faits, il m'a fallu attendre qu'ils vinssent me trouver. Dans une position aussi désavantageuse, une découverte aurait été un don gratuit du hazard, et ce bonheur immérité ne m'est jamais survenu. Aussi n'aurai-je à faire qu'un resumé de ce qui a été déjà publié sur le même sujet, et ce resumé sera d'autant plus court que le nombre des espèces bien observées est très petit proportionnellement à la multitude de celles qui ont été recoltées, ensorte que j'aurai bien moins à exposer le peu que l'on sait qu'à avertir le lecteur du beaucoup que l'on ne sait pas.

D'abord, nous n'avons jusqu'à présent aucune bonne observation sur les amours des deux sexes et sur les circonstances qui accompagnent la ponte des œufs. Ainsi nous ne savons rien de positif sur la société constante ou passagère, générale où partielle, des individus de la même espèce, et sur la part

TABLEAU GÉNÉRIQUE DES CLÉRITES.

Prothorax, formé de deux pièces seulement, une supérieure ou *Tergum*, l'autre inférieure ou *Prosternum*.
  B. *Elytres*, ayant leurs bords extérieurs sub-parallèles et collés contre les côtés de l'abdomen pendant le repos.
    C. *Yeux à réseau*, échancrés en avant: antennes, insérées au devant des yeux. — 1.re *Sous-famille*. — CLÉRITES CLÉROÏDES.
      D. *Tarses*, ayant toujours cinq articles également visibles sous touts les aspects.
        E. *Antennes*, terminées en scie de quatre à neuf articles.
          F. *Tête*, en rectangle longitudinal: vertex, presque aussi grand que le front.

G. *Labre*, caché sous l'épistome ou chaperon. - - - - - - - - - - - - I.	G. CYLIDRUS, *Latr.*
GG. *Labre*, découvert, large et échancré. - - - - - - - - - - - - - - II.	G. DENOPS, *Steven.*

          FF. *Tête*, arrondie ou ovalaire: vertex, beaucoup plus petit que le front.
            G. *Derniers articles des palpes maxillaires*, n'étant pas de la même forme que les derniers des labiaux.

H. *Labre*, entier et atteignant, pendant le repos, l'extrémité des mandibules croisées. - - - III.	G. TILLUS, *Fab.*
HH. *Labre*, échancré et ne pouvant pas atteindre l'extrémité des mandibules croisées.	
I. *Fémurs postérieurs*, dépassant l'extrémité postérieure des élytres. - - - - - IV.	G. PERILYPUS, *M.*
II. *Fémurs postérieurs*, ne dépassant pas l'extrémité postérieure des élytres.	
K. *Dernier article des tarses postérieurs*, plus court que les quatre autres pris ensemble. - V.	G. CALLITHERES, *Dejean.*
KK. *Dernier article des tarses postérieurs*, aussi long ou plus long que les quatre autres pris ensemble. VI.	G. PRIOCERA, *Kirby.*

            GG. *Derniers articles des palpes maxillaires*, étant de la même forme que les derniers des labiaux, en triangles

renversés. - VII.	G. AXINA, *Kirby.*

        EE. *Antennes*, filiformes ou moniliformes, grossissant insensiblement vers leur extrémité.
          F. *Articles intermédiaires des antennes*, globuleux ou ovoïdes, en grains de chapelet.

G. *Fémurs postérieurs*, ne dépassant pas ou n'atteignant pas le bord postérieur du troisième anneau de l'abdomen. VIII.	G. XYLOBIUS, *Guérin.*
GG. *Fémurs postérieurs*, atteignant ou dépassant l'extrémité de l'abdomen.	
H. *Prothorax*, brusquement rétréci en arrière. - - - - - - - - - - IX.	G. SYSTENODERES, *M.*
HH. *Prothorax*, cylindrique et aussi large que long: dos, presque carré. - - - - - X.	G. COLYPHUS, *Dupont.*
FF. *Articles intermédiaires des antennes*, filiformes, cylindriques ou faiblement obconiques. - - - XI.	G. CYMATODERA, *Hope.*

        EEE. *Antennes*, terminées par une massue applatie et triarticulée. - - - - - - - - XII.   G. XYLOTRETUS, *Guérin,*
      DD. *Tarses postérieurs*, n'ayant jamais plus de quatre articles visibles en dessus.
        E. *Antennes*, de onze articles distincts et librement articulés.

8

F. *Antennes*, terminées en scie de quatre à neuf articles.

    G. *Derniers articles des palpes maxillaires*, n'étant pas de la même forme que les derniers des labiaux. - XIII.   G. TILLICERA, *M.*

    GG. *Derniers articles des palpes maxillaires*, étant de la même forme que les derniers des labiaux.

        H. *Derniers articles des quatre palpes*, cylindriques et tronqués. - - - - - - - XIV.   G. TENERUS, *Laporte.*

        HH. *Derniers articles des quatre palpes*, applatis et en triangles renversés. - - - - - - XV.   G. SERRIGER, *M.*

FF. *Antennes*, filiformes ou moniliformes, grossissant insensiblement vers l'extrémité.

    G. *Derniers articles des palpes maxillaires*, n'étant pas de la même forme que les derniers des labiaux.

        H. *Fémurs postérieurs*, dépassant l'extrémité des élytres.

            I. *Pattes*, longues, minces et coureuses. - - - - - - - - - - - - XVI.   G. OBADIUS, *Lap.*

            II. *Pattes*, moyennes, fortes et marcheuses. - - - - - - - - - - - XVII.   G. STIGMATIUM, *Lap.*

        HH. *Fémurs postérieurs*, ne dépassant pas l'extrémité des élytres.

            I. *Appendices des pénultièmes articles des quatre tarses antérieurs*, fendus et bilobés. - - XVIII.   G. THANASIMUS, *Latr.*

            II. *Appendices des pénultièmes articles des quatre tarses antérieurs*, coupés en ligne droite ou faiblement échancrés. - - - - - - - - - - - - - - - XIX.   G. NATALIS, *Lap.*

    GG. *Derniers articles des palpes maxillaires*, étant de la même forme que les derniers des labiaux.

        H. *Derniers articles des quatre palpes*, non applatis, un peu renflés au milieu, tronqués à l'extrémité.- XX.   G. THANEROCLERUS, *Lefè*

        HH. *Derniers articles des quatre palpes*, applatis et en triangles renversés.

            I. *Articles intermédiaires des antennes*, globuleux ou en grains de chapelet. - - - - XXI.   G. TROGODENDRON, *Gué*

            II. *Articles intermédiaires des antennes*, minces, sub-cylindriques ou faiblement obconiques. - - XXII.   G. NOTOXUS, *Fab.*

FFF. *Antennes*, terminées par une massue applatie de trois ou quatre articles.

    G. *Derniers articles des palpes labiaux*, très dilatés, sécuriformes.

        H. *Fémurs postérieurs*, dépassant l'extrémité des élytres. - - - - - - - - - XXIII.   G. OLESTERUS, *M.*

        HH. *Fémurs postérieurs*, ne dépassant pas l'extrémité des élytres.

            I. *Massue antennaire*, de trois articles.

                K. *Dernier article de la massue antennaire*, large et fortement échancré. - - - - XXIV.   G. SCROBIGER, *M.*

                KK. *Dernier article de la massue antennaire*, ovato-oblong, peu ou point échancré. - - - XXV.   G. CLERUS, *Fab.*

            II. *Massue antennaire*, de quatre articles. - - - - - - - - - - - - XXVI.   G. CHALCICLERUS, *M.*

    GG. *Derniers articles des palpes labiaux*, moins dilatés, en triangles renversés et non sécuriformes.

        H. *Derniers articles des palpes maxillaires*, n'étant pas de la même forme que les derniers des labiaux. XXVII.   G. YLIOTIS, *M.*

        HH. *Derniers articles des palpes maxillaires*, de la même forme que les derniers des labiaux.

            I. *Massue antennaire*, évidemment plus courte que les art. 2—8 réunis.

                K. *Mésosternum*, faisant en avant une saillie qui est reçue dans une échancrure du prosternum. XXVIII.   G. ZENITHICOLA, *M.*

                KK. *Mésosternum*, ne faisant pas de saillie en avant.

L. *Tarses*, minces, articles intermédiaires tronqués et non bifides, appendices membraneux très petits. - - - - - - - - - - - - - - - XXIX. G. Tarsostenus, *M.*

LL. *Tarses*, épais, articles intermédiaires dilatés et bifides, appendices membraneux très apparents.

M. *Derniers articles des palpes labiaux*, en triangles curvilignes. - - - - - XXX. G. Eburiphora, *M.*

MM. *Derniers articles des palpes labiaux*, en triangles rectilignes.

N. *Dernier article de la massue antennaire*, plus court que les deux autres pris ensemble.

O. *Derniers articles des palpes maxillaires*, plus petits que les derniers des labiaux. XXXI. G. Trichodes, *Latr.*

OO. *Derniers articles des palpes maxillaires*, aussi grands que les derniers des labiaux.

P. *Fosses coxales antérieures*, ouvertes postérieurement. - - - - XXXII. G. Aulicus, *M.*

PP. *Fosses coxales antérieures*, entièrement fermées. - - - - - XXXIII. G. Platyclerus, *M.*

NN. *Dernier article de la massue antennaire*, plus long que les deux autres réunis. - XXXIV. G. Phloiocopus, *Guérin.*

II. *Massue antennaire*, aussi longue ou plus longue que les art. 2—8 réunis.

K. *Pénultième article des tarses*, plus petit que l'anté-pénultième. - - - - - XXXV. G. Enoplium, *Fab.*

KK. *Pénultième article des tarses*, aussi grand ou plus grand que l'anté-pénultième. - XXXVI. G. Pelonium, *M.*

EE. *Antennes*, ayant moins de onze articles distincts et librement articulés.

F. *Massue antennaire*, tri-articulée. - - - - - - - - - - - XXXVII. G. Apolopha, *M.*

FF. *Massue antennaire*, uni-articulée. - - - - - - - - - - XXXVIII. G. Monophylla, *M.*

CC. *Yeux*, sans échancrure visible à l'œil nu, ou bien, échancrés à leur bord interne et alors les antennes étant insérées entre les yeux. — 2.ᵉ *Sous-famille.* — CLÉRITES HYDNOCÉROÏDES.

D. *Yeux*, échancrés au bord interne: échancrure, bien apparente.

E. *Massue antennaire*, perfoliée. - - - - - - - - - - - - - - XXXIX. G. Phillobænus, *Dej.*

EE. *Massue antennaire*, serriforme.

F. *Derniers articles des palpes labiaux*, applatis et en triangles renversés. — *Ailes inférieures*, n'atteignant pas l'extrémité de l'abdomen quand elles sont repliées sous les élytres.

G. *Articles intermédiaires des antennes*, cylindriques ou obconiques. - - - - - XL. G. Epiphlæus, *Dej.*

GG. *Articles intermédiaires des antennes*, beaucoup plus petits, mais de la même forme que ceux de la massue. XLI. G. Plociamocera, *M.*

FF. *Derniers articles des palpes labiaux*, non applatis et terminés en pointe. — *Ailes inférieures*, dépassant l'anus, quand elles sont repliées sous les élytres. - - - - - - - - - XLII. G. Ichnea, *Lap.*

DD. *Yeux*, sans échancrure visible à l'œil nu.

E. *Antennes*, de onze articles distincts et librement articulés.

F. *Antennes*, grossissant insensiblement vers leur extrémité. - - - - - - XLIII. G. Evenus, *Lap.*

FF. *Antennes*, brusquement terminées par une massue tri-articulée. - - - - - XLIV. G. Lemidia, *M.*

EE. *Antennes*, ayant moins de onze articles distincts et librement articulés.

8*

    F. *Massue antennaire*, de trois articles intimement soudés ensemble. - - - - - - - - - XLV.   G. Ellipotoma, *M.*

    FF. *Massue antennaire*, d'un seul article, ou tout-au-plus de deux, le dernier étant alors très petit et intimement soudé avec l'avant-dernier. - - - - - - - - - - - - - - XLVI.   G. Hydnocera, *M.*

BB. *Elytres*, dilatées latéralement, leur bords extérieurs plus ou moins distants des côtés de l'abdomen. — 3.ᵉ *Sous-famille.* — CLÉRITES PLATYNOPTÉROÏDES.

    C. *Pattes antérieures*, pouvant saisir, retenir et transporter une proie. - - - - - - - XLVII.   G. Erymanthus, *Klug.*

    CC. *Pattes antérieures*, n'étant propres qu'à la marche.

       D. *Antennes*, de onze articles distincts. - - - - - - - - - - - - - - XLVIII.   G. Platynoptera, *Lap.*

       DD. *Antennes*, ayant moins de onze articles distincts. - - - - - - - - - - - - XLIX.   G. Pyticera, *Dup.*

AA. *Prothorax*, composé de quatre pièces distinctes, dont une supérieure ou *Tergum*, et trois inférieures, savoir, deux *Episternums* latéraux et un *Prosternum* médian. — 4.ᵉ *Sous-famille.* — CLÉRITES CORYNÉTOÏDES.

B. *Face inférieure des fémurs*, canaliculée et pouvant accueillir les tibias adjacents. - - - - - - - L.   G. Ryparus, *M.*

BB. *Face inférieure des fémurs*, n'étant pas canaliculée et ne pouvant pas accueillir les tibias adjacents.

    C. *Massue antennaire*, serriforme ou pectiniforme.

       D. *Tarses*, à-peu-près de la longueur des tibias, leur dernier article étant à peine un peu plus long que le précédent. LI.   G. Lebasiella, *M.*

       DD. *Tarses*, larges et courts, leur dernier article étant à-peu-près aussi long que les trois autres pris ensemble.

          E. *Corps*, étroit : élytres, parallèles. - - - - - - - - - - - - - - LII.   G. Orthopleura, *M.*

          EE. *Corps*, large : élytres, ovales.- - - - - - - - - - - - - - - LIII.   G. Chariessa, *Perty.*

    CC. *Massue antennaire*, perfoliée.

       D. *Tarses*, presqu'aussi longs que les tibias, leur dernier article étant à peine un peu plus long que le précédent. - LIV.   G. Notostenus, *Dej.*

       DD. *Tarses*, larges et courts, leur dernier article étant au moins aussi long que les 2.ᵈ et 3.ᵐᵉ pris ensemble.

          E. *Derniers articles des quatre palpes*, plus longs que larges.

             F. *Les mêmes*, applatis, sub-triangulaires et tronqués. - - - - - - - - LV.   G. Corynetes, *Paykull.*

             FF. *Les mêmes*, sub-cylindriques et tronqués. - - - - - - - - - LVI.   G. Necrobia, *Latr.*

             FFF. *Les mêmes*, coniques et terminés en aleines. - - - - - - - - LVII.   G. Opetiopalpus, *M.*

          EE. *Derniers articles des quatre palpes*, notablement plus larges que longs, en triangles renversés. - - - LVIII.   G. Paratenetus, *M.*

- - - - XLV.   G. Ellipotoma , *M.*

rès petit et inti-

- - - - XLVI.   G. Hydnocera , *M.*

BB. *E* 3.e *Sous-famille.*

C. - - - - XLVII.   G. Erymanthus , *Klug.*

CC

- - - - XLVIII.   G. Platynoptera , *Lap.*

- - - - XLIX.   G. Pyticera , *Dup.*

AA. *Proth*deux *Episternums*

latéra

B. *Fa* - - - L.   G. Ryparus , *M.*

BB. *F*

C.

que le précédent. LI.   G. Lebasiella , *M.*

·is ensemble.

- - - - LII.   G. Orthopleura , *M.*

- - - - LIII.   G. Chariessa , *Perty.*

CC

·e le précédent. - LIV.   G. Notostenus , *Dej.*

·s ensemble.

- - - - LV.   G. Corynetes , *Paykull.*

- - - - LVI.   G. Necrobia , *Latr.*

- - - - LVII.   G. Opetiopalpus , *M.*

·s. - - - LVIII.   G. Paratenetus , *M.*

duc à la sagesse des parents dans les précautions nécessaires pour la sûreté et pour le développement de leur progéniture. Ce qu'il y a de plus intéressant, dans l'histoire de tant d'autres insectes, nous est ici tout-à-fait inconnu. Nous ignorons le lieu de la ponte des œufs, les circonstances de leur éclosion, les conditions de l'habitation préparée pour la larve nouvellement éclose et la nature des approvisionnements destinés à sa nourriture.

Nous prendrons les *Clérites* à l'état de larves parceque c'est le premier état dans lequel ils sont connus. Mais sur deux cents et quelques espèces de cette famille que nous possédons en cadavres du dernier état, il n'y en a que quatre dont les larves ayent été bien observées, et dont on ait de bonnes descriptions, trois indigènes et une exotique.

La première est la larve du *Thanasimus formicarius Latr.* qui a été amplement décrite par le *D.r Ratzebourg, Die forst. Insekt., t.* 1, *pag.* 35 *et suiv. pl.* 1, *fig.* 7. et par *M.r Erichson, Arch. fur die Naturgesch.* 1841 *p.* 96. Voici cette seconde description copiée d'après une traduction italienne que je crois exacte.

» *Tête* cornée, prolongée horizontalment, plane en dessous, » faiblement convexe en dessus.

» *Ocelles*, ronds, cinq de chaque côté de la tête, divisés » en deux séries transversales très rapprochées, l'antérieure » de trois, la postérieure de deux.

» *Antennes*, naissant au-dessous d'un rebord avancé de la » tête immédiatement au-dessus des mandibules, très courtes, » biarticulées.

» *Front*, se confondant avec le chaperon, membraneux et » rétréci en avant.

» *Labre*, apparent, plus large que long, penché en avant.

» *Mandibules*, simples et courtes, mais fortes et aigües : » extrémité, en forme de faux.

» *Machoires*, courtes, épaisses, collées contre la langue
» (*Labium*), sans articulations distinctes, en grande partie
» molles et charnues, lobe terminal peu apparent.

» *Palpes maxillaires*, assez courts, triarticulés.

» *Menton*, carré, peu consistant et caché à sa base, plus
» dur et corné à l'origine des palpes.

» *Palpes labiaux*, biarticulés.

» *Langue* (Labium), molle, rudimentaire.

» *Pattes*, de moyenne longueur : hanches courtes et distan-
» tes ; trochanters, cachés sous les fémurs ; fémurs et tibias,
» subcylindriques, à-peu-près égaux en longueur ; tarses, ne
» consistant qu'en de simples crochets.

» *Anneaux du corps*, non comprise la tête, au nombre de
» douze. Le premier ou le prothorax, ayant un bouclier corné
» en dessus et une longue bande également cornée en dessous.
» Les second et troisième équivalents au mésothorax et au
» métathorax, ayant chacun deux espaces cornés sur le dos.
» Les huit suivants abdominaux, entièrement mols et charnus.
» Le dernier, muni d'un bouclier corné en dessus et de deux
» en dessous.

» *Anus* proéminent, conique et pouvant servir d'aiguillon.

» *Stigmates*, neuf paires : l'antérieure, à la face inférienre
» de l'anneau métathoracique, près de son bord antérieur :
» les huit autres, sur les flancs des huit anneaux abdominaux.»

Ajoutons qu'il n'y a que trois paires de pattes et que chaque
paire s'articule à la face inférieure de l'un des anneaux thoraciques. La couleur générale du corps est le rouge un peu
rosé. La tête et les plaques du dos sont brunes, les ocelles
noirs.

La seconde larve décrite est celle du *Trichodes alvearius*.
Schaeffer a été le premier à en parler. Je n'ai pas l'ouvrage
dans lequel il en a donné la figure et la description. Réaumur
l'a observée après lui dans le nid de son Abeille maçonne,

Megachile muraria Latr., et il en a donné une description qui me semble bien vague. » Tout son corps, dit il, est d'un fort » beau rouge d'une nuance plus forte que la couleur de rose. » Il est ras, quelques poils seulement y sont sémés par-ci » par-là. Sa tête est noire, écailleuse et armée de bonnes » dents capables, comme celles des maçonnes, d'agir avec succès » contre le mortier des nids. Il a six jambes écailleuses, et » son anus peût lui servir d'une septième. Près du derrière, » il porte deux crochets écailleux : la concavité de l'un est » tournée vers celle de l'autre. » Cette larve est figurée, grossièrement, *tome* 6, 5.ᵉ *mém. pl.* 8 *fig.* 9. La figure 10 de la même planche est censée celle du Scarabé dans lequel se transforme le ver de la figure 9. Mais je présume qu'il y a une méprise. Cette figure convient au *Trichodes apiarius* et non à *l'Alvearius*. Or il est certain que la larve de l'*Apiarius* habite de préférence les ruches des abeilles mellifiques et il est peu probable qu'elle aille dans le nid d'une maçonne sans y être contrainte par une force majeure, car il y a trop de distance entre la substance d'un gâteau de cire et celle d'un mortier de maçonnerie, pour supposer, dans l'animal, l'indifférence du choix.

La troisième larve décrite est celle du *Notoxus mollis Fab.* ou *Opilo mollis Latr.* M.ʳ Waterhouse dont le langage scientifique est plus satisfaisant que celui de Réaumur, nous en a donné des renseignements assez positifs dans les *Trans. of the Ent. Soc. t.* 1.ᵉʳ *p.* 30. Voici ce qu'il en dit.

» Corps, blanc-jaunâtre : dos d'une teinte uniforme; tête et » dernier anneau, couleur de poix. — Corps de douze an- » neaux. — Longueur, de six à sept lignes.

» Tête, cornée, arrondie, légèrement déprimée, rugueuse. » Antennes, courtes, de quatre articles: le premier, fort et » court ; le second, plus allongé, grossissant vers l'extrémité ; » le troisième, cylindrique ; le dernier, plus long et plus

» mince, terminé par un petit appendice. » L'Auteur remarque, dans une note, qu'on pourrait prendre cet appendice pour un cinquième article. » Labre, en ovale transversal. Mandi-» bules, courtes et fortes, arête interne unidentée. Labium » (la dernière pièce de l'appareil buccal) allongé, quadrila-» téral. Palpigère (l'avant-dernière pièce du même appareil), » transversal. Palpes labiaux, de deux articles, le premier » cylindrique et transversal, le second allongé. Menton, » allongé. Machoires, courtes; tige, molle et flexible; bord » interne, velu. » L'Auteur ne parle pas des palpes maxillaires. » Corps, allongé, dilaté au milieu, couvert de poils » longs et roussâtres. Prothorax, ayant une pièce triangulaire » cornée sur le dos. Telum (la dernière plaque dorsale), » ayant deux protubérances cornées, rugueuses et divergentes.» Les dessins très détaillés qui accompagnent cette description suppléent en partie à ce qu'elle passe sous silence. Ils mettent en évidence l'existence des palpes maxillaires qui ont au moins trois articles, et dont le dernier est le plus allongé et semble finir en pointe. On y voit aussi, aux machoires, quelques traces d'articulations et le rudiment d'un lobe terminal. Il y a de plus un dessin de la patte antérieure. Elle rentre dans le type de celle du *Than. formicarius*, mais il faut que le trochanter y soit ou très petit ou bien caché, puisqu'il a été entièrement oublié. Le fémur et le tibia, proportionnellement plus minces et plus longs. Le tarse ne consiste également qu'en un crochet simple.

Geoffroi qui a vu, dans des charognes et sur des peaux d'animaux desséchés, la larve de la *Necrobia violacea*, se contente de nous dire qu'elle est semblable à celle du *Thanasimus formicarius* et qu'elle est seulement plus petite. Les autres naturalistes qui ont vu d'autres larves de la même famille, se sont exprimés en termes encore plus vagues et leurs annonces insignifiantes ne méritent pas le nom de descriptions.

Mais les descriptions même que nous venons de transcrire, laissent encore beaucoup à désirer. Elles soulèvent plusieurs questions et elles n'y répondent pas.

Cet anus proéminent, conique et pouvant servir d'aiguillon, tel que M.ᵣ Erichson l'a vu dans la larve du *Than. formicarius*, est-il l'analogue de cet autre anus membraneux, pouvant servir de septième patte et que Réaumur a attribué à la larve du *Trichodes alvearius?*

L'un et l'autre ne sont-ils pas appellés très improprement des anus? Est-il certain que celui du *Trichode* soit un prolongement du tube intestinal, et celui du *Thanasime* ne serait-il pas l'extrémité postérieure et médiane de la plaque inférieure du dernier anneau?

La petite pointe représentée par M.ᵣ Waterhouse *loc. cit. fig. 1.* est-elle aussi, dans le *Notoxe*, l'analogue de l'aiguillon du *Thanasime?*

Les deux petits crochets écailleux que Réaumur a encore vu à l'extrémité postérieure de sa larve de *Trichode*, sont-ils mobiles et font-ils ensemble l'office d'une pince? S'ils ne le sont pas, correspondent-ils aux deux protubérances rugueuses et divergentes que M.ᵣ Waterhouse a trouvées dans la larve du *Notoxe?*

L'analogie fournira sans doute plusieurs inductions d'après lesquelles on répondra à nos questions par des assertions qui ne seront pas dénuées de vraisemblance. Mais c'est à l'expérience, c'est à l'observation, à prononcer les jugements décisifs, et elles n'ont pas encore parlé.

Les difficultés augmentent, en passant à l'examen de la dernière larve qui ait été traitée avec quelque détail. C'est celle du *Thaneroclerus Buquetii*. Elle est exotique. M.ᵣ Lefebure l'a amplement décrite et figurée sur une grande échelle, dans les *Ann. de la Soc. Ent. tome* IV, *pag.* 577, *pl.* XVI, *fig.* 1, A, B, C, D et E, d'après des individus morts et desséchés depuis longtemps.

La tête est proportionnellement plus longue et plus étroite que dans les trois larves précédentes. Les yeux sont placés à ses angles antérieurs. Le labre est arrondi. Les mandibules sont simples, et falciformes. L'Auteur ne dit rien, ni de la composition des yeux, ni des différentes pièces du véritable appareil buccal. Le corps est composé de douze anneaux, sans y compter la tête. Le premier ou le prothorax a une plaque écailleuse sur le dos. Le second ou le mésothorax en a deux et le troisième ou le métathorax n'en a aucune. Les huit segments suivants ou abdominaux, sont mols et charnus: les sept premiers, à-peu-près égaux entr'eux; le huitième, de la même consistance, mais excessivement court. Le dernier anneau ou le segment anal est corné: sa plaque dorsale est entière, arrondie postérieurement, sans prolongements et sans protubérances. L'Auteur ne parle pas de la plaque ventrale correspondante. La surface du corps et le duvet qui le couvre sont d'un roux fauve bien prononcé. La tête et la plaque du prothorax sont d'une teinte plus obscure. Les plaques du mésothorax et du segment anal sont presque noires.

Jusqu'ici il n'y a rien qu'on ne puisse amener au type de la famille. Mais il n'en serait pas de même des pattes, si leur conformation était réellement aussi anormale qu'elle a paru à l'auteur.

» *Pattes*, dit il, *écailleuses, arrondies, très courtes, creuses* » *en dehors, dans leur dernière moitié portées sur un mame-* » *lon membraneux.* — Les antérieures, autant que j'en ai pu » juger, par la seule qui est entière, présente en plus un » prolongement écailleux un peu bombé en dessus, creusé en » cuillère en dessous et jouant sur une articulation. Cette » patte est portée par un bouton écailleux, non creusé, bien » entendu, mais absolument semblable, pour la forme, aux » autres pattes, et posé comme elles sur un mamelon. » L'auteur trouve cette disposition des pattes en cuilleron très propre à aider la larve à pratiquer, dans le bois, ces longues galeries où elle habite, file sa coque et subit ses deux métamorphoses. Avant d'adopter ces ingénieux apperçus, nous nous proposerons quelques doutes à resoudre.

Est-il bien démontré que ces prétendus cuillerons ayent été les vrais analogues des tarses en crochets simples? Est-il bien sûr que les pattes décrites fussent entières? Si elles avaient perdu leurs derniers articles, ceux qui seraient restés, n'auraient-ils pas conservé les formes et les contours de leur articulation avec la pièce perdue? Cette cavité du prétendu cuilleron ne serait-elle tout simplement qu'une fosse articulaire? Le nombre inégal des pièces, dans les pattes où il devrait être constant, ne prouve-t-il pas qu'elles ont été les victimes de quelques accidents? Dans cette supposition, après avoir regardé le mamelon charnu comme l'analogue de la hanche, ne pourrait-on pas dire que la patte I. D. est reduite à un premier trochanter, et que la patte I. E. n'a plus que les deux trochanters et le fémur? Cette manière de voir ne nous expliquerait-elle pas mieux pourquoi les pattes d'une larve destinée à parcourir de longs espaces paraissent terminées par des pièces aussi impropres à la marche? Je propose mes doutes, sans rien affirmer. L'analogie les a provoqués. C'est à l'expérience à les resoudre.

Passons maintenant en revue les caractères typiques de nos larves et voyons si nous pouvons en tirer quelques lumières sur leurs habitudes.

Les larves ont trois paires de pattes marcheuses, donc elles ne sont pas destinées à rester en place. Ces pattes sont simples, c. à. d. qu'elles n'ont subi aucune déformation embarassante pour la progression, donc elles n'ont aucune mission étrangère à la marche et à la pause. Ces conséquences sont rigoureuses. Mais veut-on savoir quel est le point de départ de la larve, quel est celui où elle veut se rendre, quelle est la route qu'elle a à suivre, quel est le motif qui l'excite à se transporter d'un lieu à un autre? L'existence et la structure des pattes n'en disent rien.

Le premier état des insectes est un état de croissance incessante, et cette croissance suppose naturellement le secours des aliments. Mais nos larves de *Clérites* ont des pièces propres à la prise, à l'élaboration et à la déglutition de la substance alimentaire, et ces pièces sont toutes comprises dans un appareil qui fait partie de la bouche, donc elles se nourrissent et elles se nourrissent avec leur bouche. Cette conséquence est encore rigoureuse. Mais veut-on savoir en quoi consiste cette nourriture? Les formes de l'appareil buccal ne l'apprennent pas.

Nos larves sont pourvues de deux appareils également offensifs, quoique d'une force inégale, les mandibules et les derniers articles des pattes. Donc elles peuvent entamer des corps d'une certaine consistance. Mais à quoi leur servent ces moyens? Est-ce à s'ouvrir une route? Est-ce à se patiquer une retraite? Est-ce à saisir une proie? Est-ce à élaborer la substance alimentaire? Consultez les formes des mandibules et des pattes. Elles ne répondent rien.

Les formes extérieures de nos larves nous laissent donc dans l'ignorance des principaux faits de leur histoire. Passons maintenant aux données de l'expérience et de l'observation. Voyons si elles nous fournissent assez de matériaux pour construire un système.

On a trouvé les larves des *Thanasimes* et des *Notoxes* dans l'intérieur des substances ligneuses, celle du *Trichodes apiarius* dans les gâteaux de cire de l'Abeille domestique, celles du *Trich. alvearius* dans le nid de l'Abeille maçonne, celles de quelques *Nécrobies* dans des substances animales, et celles du *Corynetes violaceus* dans des substances végétales. Mais personne ne sait comment elles y sont entrées, car personne n'a vu ni la ponte ni l'éclosion des oeufs.

On a suivi la marche des larves des *Thanasimes*, des *Notoxes*

et des *Trichodes*, et on a reconnu qu'elles faisaient elles-mêmes
une partie de leur route. Mais les recherches n'ont pas été
poussées aussi loin dans les *Corynétoïdes*, comme on le verra
dans ce que nous aurons à ajouter ci-après.

On a reconnu aussi que celles qui vivaient dans les substances
ligneuses, pouvaient y profiter des routes percées par d'autres insectes, et que celles qui pénétraient dans les nids des Apiaires
pouvaient séjourner quelque temps dans l'intérieur des alvéoles.
On en a conclu qu'elles pouvaient se passer, pour leur nourriture, de la substance qu'elles entamaient seulement pour s'y
ouvrir un passage et que leur marche devait avoir un autre but.
Cette conséquence était rigoureuse.

On s'est enfin assuré que les larves des *Trichodes* ne séjour-
naient pas visiblement dans le creux des alvéoles et qu'elles
y dévoraient l'habitante propriétaire. On a vérifié qu'elles
étaient exclusivement carnassières et on en a conclu, par
analogie, qu'il en était de même pour toutes les larves de
la même famille. Je suis bien loin de repousser une conséquence que je trouve d'autant plus rationnelle que je ne
connais aucun fait à lui opposer et que je n'ai même aucune
donnée qui puisse en atténuer l'imposante vraisemblance. Mais
quoique je partage sincèrement cette croyance, je ne saurais dissi-
muler que les preuves nous manquent jusqu'à présent et que les
exemples connus s'éclipsent en face de la multitude innom-
brable des cas qui nous sont encore inconnus.

Que savons-nous des mœurs des *Platynoptéroïdes* et des
Ichnées dans leur premier état, eux qui à l'état parfait sont si
bien conformés pour voler plus longtems et plus haut que nos
Cleroïdes indigènes et qui le sont si mal pour pénétrer
dans les conduits où ceux-ci sont à leur aise? Sommes-nous
sûrs que les *Tilles* et les *Cylidres* dont les mandibules sont si
fortes à leur dernier degré de développement et si différentes de
celles des *Enoplies* et des *Pélonies* qui sont alors si faibles, offrent

10

le même contraste dans leur premier état, et pouvons nous entrevoir les conséquences possibles ou probables de cette différence de moyens par rapport au choix de l'habitation et à celui de la nourriture?

Mais après avoir admis, sans aucune exception, que les larves de cette famille sont toutes carnassières, il y a encore bien des choses à savoir. Les animaux, destinés à être dévorés, doivent-ils être morts ou vivants? S'ils sont morts, doivent-ils être desséchés ou en décomposition humide? S'ils sont vivants, doivent-ils être d'une seule ou de différentes espèces? Peuvent-ils être indifféremment de tout âge ou doivent-ils se trouver dans un état déterminé? A part les *Trichodes* qui pénètrent dans une habitation où il n'y a qu'une seule espèce et qui n'entrent que dans les loges des larves de cette espèce unique, on n'a que des conjectures à proposer à la place des faits décisifs dont on aurait besoin.

Les bois, verts ou secs, où vivent les larves des *Thanasimes* et des *Notoxes*, logent en même temps d'autres hôtes vivants, les uns réellement lignivores, les autres encore carnivores et vivants aux dépens des premiers. Puisque le rapace *Clérite* va chercher sa proie dans un lieu où plusieurs espèces différentes sont rassemblées, il n'y a aucune raison de penser qu'il en veuille à une seule à l'exclusion de toutes les autres. Puisqu'il a assez de force pour s'ouvrir un chemin dans la substance ligneuse, il est certain qu'il en a assez pour entamer les téguments d'un insecte quelconque, car une enveloppe membraneuse et cornée est toujours moins dure que le bois. Mais comme il est dans les lois de la nature que chaque animal tende à éviter les obstacles qui s'opposent à son but, il est de la plus grande probabilité que notre larve attaquera de préférence les individus qui lui opposeront la plus faible resistance. Il préférera donc la larve à l'insecte parfait qui est mieux cuirassé et mieux armé, la larve apode et sédentaire à la larve agile et pourvue de six pattes marcheuses, la larve lignivore et pacifique à la larve carnivore et militante. On peut encore croire, sans craindre de trop s'écarter de la vérité, que les *Clérites* qui passent leur premier état dans les bois verds ou secs, y vivent principalement d'autres larves apodes et xylophages quels que soient leur espèce, leur genre et leur ordre. La différence de la taille ne saurait être comptée au nombre des obstacles. Un proverbe italien dit, *pesce grosso mangia piccolo.* Il faudrait en imaginer un tout opposé, pour l'ordre des insectes. Parmi eux, ce sont les petits qui se nourrissent aux dépens des grands. Opposons par exemple, la larve encore jeune d'un petit *Thanasime* à celle d'un gros *Cérambycite* qui s'approche du dernier terme de son accroissement. Que le nain fatal arrive innaperçu, qu'il attaque le géant par les flancs ou sur le derrière, il faira aisément une trouée dans des téguments membraneux qui ne resistent pas à la puissance de ses mandibules, il se mettra à son aise dans un corps mol et charnu dont les parties internes seront essentiellement passives, et plus ce corps lui offrira de l'espace, plus il y trouvera des aliments à consommer.

Nous en savons encore moins sur les larves des *Corynétoïdes.* Les premières qui tombèrent sous les yeux des observateurs, furent trouvées dans des charognes, et on se pressa d'en conclure qu'elles les dévoraient, de-là le nom de *Nécrobie* qui leur fut imposé par Latreille. Cette conclusion n'était pas rigoureuse et l'analogie aurait pu même suggérer un autre induction également plausible.

D'abord il est faux que ces larves ne vivent que dans les charognes. Geoffroi les a vues dans des peaux desséchées c. à. d. dans des substances sauvées de la dissolution qui est la conséquence ordinaire de la mort. Rossi les a trouvées rassemblées dans des champignons mangéables, *Rossi Fn. Etr. t.* 2, *p.* 548. Il faudrait supposer que ces larves fussent omnivores pour admettre que ces petits animaux eussent été condamnés à

dévorer les murs de leur habitation. Cette supposition n'est pas
vraisemblable. Elle a besoin d'une preuve, et la preuve n'a pas
été donnée. Hypothèse pour hypothèse, il est bien plus naturel
de penser que ces substances si distantes servent de dépôt ou
de retraite à une autre dont la nature est indépendante de
celle du lieu ou elle se trouve, et que c'est elle que nos larves recherchent exclusivement et qu'elles acceptent partout où
elles la rencontrent. Cette probabilité une fois établie, l'analogie
nous autorisera à penser que les *Corynétoïdes* cherchent des
larves vivantes comme les autre *Clérites*, et qu'elles vivent
aux dépens des *Nécrophages* et des *Phytophages*, comme celles
des *Notoxes* et des *Thanasimes* vivent aux dépens des *Xylophages.*

Bien plus, une espèce de *Corynétoïde* très voisine des *Nécrobies*, le *Corynetes violaceus Payk*, se rapproche encore davantage des *Thanasimes* et surtout des *Notoxes* en ce qu'on ne
l'a trouvé jusqu'à présent que sur les vieux bois et dans l'intérieur des maisons. M.ʳ J. Curtis nous a donné des détails
curieux sur ses habitudes, *V. Brit. Ent. tom.* viii, *n.* 551.
Voici le passage qui la concerne.

» Les observations importantes qui suivent m'ont été com-
» muniquées avec les exemplaires de l'espèce, par M.ʳ le Major
» Général Hardwicke. — Étant à Wirbeak, l'automne dernier,
» mes regards se portèrent sur les dégats commis, sur une
» planche d'une boîte de sapin, par la larve d'une petit Coléop-
» tere, le *Corynetes violaceus*, que j'ai vue embarassée au
» milieu de débris pulvérulents qui sont l'œuvre de ses
» mandibules entre la face supérieure et l'inférieure de la
» planche. J'ai trouvé aussi au milieu de ces débris, un cocon
» de la même larve consistant en une pellicule flexible et
» transparente, assez ressemblant à celui qui sert à la *Teigne*
» *des habits* quand celle-ci passe de l'état de larve à celui de
» chrysalide. Le cocon était divisé en trois cellules dont deux

» vuidées et la troisième habitée. J'ai aussitôt transporté ce
» cocon, avec un morceau de la planche, dans une autre
» boîte, pour m'assurer de l'insecte, lorsqu'il serait arrivé à
» l'état parfait, et je l'ai obtenu au bout de six jours. »

Arrêtons-nous sur une des circonstances de cet exposé, nous
reviendrons plus tard sur les autres. Mr Hardwicke a trouvé
la larve embarrassée dans les débris du bois qu'elle avait endommagé, donc elle ne les avait pas mangés. Mais alors qu'est-
elle venue faire en cet endroit et comment s'y est-elle nourrie?
Il n'y a pas de milieu, si elle n'a pas consommé l'habitation,
il a fallu qu'elle en ait attaqué les habitants. Nous voici donc
revenus à une existence animale qui a lieu aux dépens d'autres
animaux vivants et à des mœurs pareilles à celles des *Thanasimes* et des *Notoxes*. Ce résultat serait constaté, si l'on
savait que la larve qui est venue subir ses métamorphoses dans
la planche de sapin, y a séjourné auparavant. Pour moi je suis
très enclin à le croire. Mais comme je me suis proposé de ne
pas confondre ici ce qui est douteux avec ce qui est certain,
je dois remarquer que l'exposé du Major Hardwicke ne nous
dit rien de positif sur la vie antérieure de cette larve.

L'insuffisance des données sera également sentie, si on suit
le *Clérite* dans les préparatifs de son passage du premier au
second état. On sait que les quatre ou cinq espèces qu'on a
observées à l'état de chrysalide s'enferment dans une espèce
de coque. Mais on a encore à se demander.

1.° Quelle est la matière de cette coque? Est-elle homogène
ou hétérogène?

2.° D'où vient-elle?

5.° De quelle manière la larve en dispose-t-elle, pour la con-
struction de sa coque?

Il est triste de l'avouer, mais nous n'aurons que des doutes
à exposer en réponse à la première question et rien à dire
absolument sur les deux autres.

La grande ressemblance qui existe évidemment entre les coques de nos *Clérites* et les cocons mieux observés d'autres insectes, entr'autres, ceux de la plupart des Lépidoptères, nous autorise à penser que la matière en est à-peu-près la même et qu'elle est une substance gommeuse, liquide à son origine, solidifiée par le desséchement et prenant les apparences d'une membrane mince et transparente lorsqu'elle a été étendue par couches ou celles de la soie lorsqu'elle a été tirée en fils à brins allongés. Cette induction de l'analogie me semble suffisante pour nous, car l'analyse chimique qui découvrirait des différences dans les proportions des principes communs, serait tout-à-fait en dehors de notre sujet.

Mais cette substance est-elle homogène? Le fait ne paraît pas douteux pour la coque du *Corynetes violaceus*, si j'ai bien compris la phrase anglaise de l'auteur, *the cocoon ... of a soft silky leathery structure.* L'auteur ne nous dit cependant pas si cette pellicule est faite d'une ou de plusieurs couches.

Réaumur a vu la coque du *Trichodes alvearius*, mais comme il avait bien moins de talent pour décrire que pour observer, sa description est à l'ordinaire vague et incomplète. » Lorsque » le ver rouge, dit-il, se dispose à se métamorphoser, il fait » un retranchement dans une cellule au moyen d'une *toile* » plate bien tendue qui a l'épaisseur et la consistance du » parchemin et dont la couleur est d'un brun plus clair que le » café. Il tapisse de soie de même couleur les parois du lo- » gement auquel il s'est restreint. » *V. Réaum. Mém. tom.* VI. *pag.* 82. Cette *toile* est-elle une pellicule homogène? Il n'est pas facile de comprendre comment une substance liquide peut former, en se séchant, une cloison plane et tendue, si elle n'a pas été collée contre une surface assez solide pour lui servir de modèle et d'appui. Cette toile n'aurait-elle pas commencé par être un assemblage de fils croisés en divers sens? Cet assemblage n'aurait-il pris les apparences d'un parchemin qu'au moyen d'un enduit sur-ajouté? Les soies qui tapissent les parois ne conservent-elles leur apparence soyeuse que parcequ'elles y sont dégagées de cet enduit? Est-il probable que les liquides qui se solidifient, l'un en couches planes et l'autre en fils allongés, soient originairement les mêmes? Y a-t-il, dans ce cocon, une véritable hétérogénéité des substances ou une simple hétéromorphie? Les observations se taisent, et comme nous l'avons annoncé, nous n'avons que des doutes à proposer.

Le D.r Ratzebourg a connu le *Thanasimus formicarius*, dans ses trois états successifs, et il en a donné deux bonnes figures. Cependant il ne dit pas un mot du cocon de la chrysalide. Faut-il en conclure qu'il n'y en a pas? Cette conclusion me semblerait bien hazardée.

M.r Waterhouse qui a gardé, pendant deux ans, des larves du *Notoxus mollis*, qui les a vues sortir du bois sec à l'état parfait, n'a pas été témoin des changements intermédiaires et il ne nous a parlé, ni du cocon, ni de la chrysalide.

M.r Lefebvre au contraire a décrit en termes très positifs le cocon de son *Thaneroclerus Buquetii*. » Long environ cinq » millimètres, dit-il, oblong, rond, arrondi à ses deux extrémités » et d'un tissu compacte et solide: en dedans et en dehors » d'une couleur jaune de paille. » Cette coque est un *tissu*, elle est donc un assemblage de fils et il n'y est plus question d'un enduit.

Resumons maintenant le peu que nous savons sur la coque des *Clérites*. Nous n'en connaissons que trois d'espèces différentes, et même nous les connaissons assez mal. Dans la première, *G. Corynetes*, l'existence d'un enduit formé par un liquide solidifié est évidente et celle d'un tissu de fils n'est pas probable. Dans la seconde, *G. Thanasimus*, la présence de l'enduit et celle du tissu paraissent également démontrées. Dans la troisième, *G. Thaneroclerus*, le tissu est attesté et l'enduit est douteux. Mais ces contrastes ne seraient-ils pas plutôt apparents que réels? N'y aurait-il pas en général concours du tissu foncier et de l'enduit collant? Les différences ne se réduiraient-elles pas à celles des proportions relatives? Je le soupçonne. Rien ne m'empêche de le croire. Mais encore une fois, nous n'en savons rien.

D'où vient la matière du cocon? On n'a trouvé aucune substance étrangère qui lui soit identique, donc elle sort du corps même de l'animal. Cette conséquence est juste. Mais est-elle excrétée ou sécrétée? Dans le premier cas est-elle dégorgée par la bouche ou vuidée par l'anus? Dans le second, a-t-elle un orifice particulier? Les deux substances, l'une extensible et l'autre filable, ont-elles la même origine et la même issue? Si ces conditions ne sont pas les mêmes, en quoi consistent leurs différences? S'il y a identité, d'où proviennent les différences des résultats? Dépendent-elles de l'organisation ou de l'instinct de la larve? Si elles dépendent de son instinct, comment s'y prend-t-elle pour arriver a son but? On n'en sait rien, on n'en sait rien, et pour la troisième fois, on n'en sait rien.

Les larves des *Clérites* subiraient-elles quelque changement de peau, avant de passer à l'état de *Chrysalides*? On est bien le maître d'en penser ce qu'on voudra. Personne n'a le droit de l'affirmer ni de le nier. Il aurait fallu avoir suivi quelques-uns de ces animaux pendant la durée de leur première période, avoir lutté continuellement contre leur instinct qui tend à les soustraire aux yeux de l'observateur et à les ensevelir dans des réduits impénétrables à la lumière, et enfin s'être exposé à avoir perdu le fruit de cette lutte par la mort prématurée de l'animal contrarié dans ses habitudes. M.ʳ Waterhouse a conservé, pendant deux ans, des larves de *Notoxes*. Mais il les a gardées et non observées. Comment aurait-il pu être le témoin de leurs changements de peau, lui qui n'a pas même vu leur double métamorphose?

Tel est à-peu-près l'état de nos connaissances sur l'histoire des larves des *Clérites*. J'ai insisté sur l'insuffisance de ces données parceque j'avais intérêt à prouver combien j'aurais été peu avancé, dans l'étude de cette famille, si à l'exemple de plusieurs entomologistes qui ont traité d'autres ordres dont les premiers états sont mieux connus, j'eusse suivi le système anti-philosophique qu'ils ont nommé *Méthode naturelle*, système dont le principe fondamental peut être formulé en ces termes, *pour reconnaître un animal dont les formes extérieures n'ont plus à subir aucun changement, il faudra s'informer préalablement des accidents passagers d'un état qui aura disparu pour ne plus reparaître.*

Étudions maintenant le second état de nos *Clérites*. La quantité des matériaux est ici encore moindre, car nous n'avons plus que deux espèces dont les nymphes aient été publiées d'une manière satisfaisante, le *Thanasimus formicarius* par Mr Ratzebourg et le *Thaneroclerus Buquetii* par Mr Lefebvre.

Le premier fait qui frappe notre attention, à la vue des deux dessins, est l'accroissement inégal des différents anneaux. Il est beaucoup plus avancé dans la moitié antérieure que dans la moitié postérieure du corps.

Le second est l'inégalité du développement des différentes pièces qui entrent dans les mêmes anneaux de l'avant-corps. Il est bien plus considérable, dans celles du dos. Elles sont poussées en avant au point que les trois segments thoraciques, de perpendiculaires à l'axe du corps, tels qu'ils étaient avant la métamorphose, se trouvent après visiblement penchés de haut en bas et d'avant en arrière. Il s'ensuit, pour le *Thanasimus formicarius*, que sa tête s'éloigne beaucoup de celle de la larve et qu'elle ressemble à celle de l'image lorsque celle-ci la tient renversée en dessous, que les antennes, s'allongent et atteignent le métasternum en s'étendant le long de la poitrine entre les deux premières paires de pattes, que

leurs articles que je n'ai pas pu compter parcequ'ils sont cachés en partie dans le dessin sont plus nombreux et que les
derniers dépassent même les extrémités contractées des tarses
intermédiaires, que les deux premières paires de pattes sont mieux
développées que la troisième, et que celle-ci est rudimentaire
et cachée par les moignons des ailes et des élytres renversées
à l'ordinaire sur les flancs et au-dessous du corps. Il s'ensuit
à-peu-près de même, pour le *Thaneroclerus Buquetii*. Mais
d'après le dessin de M.ʳ Lefebvre, les antennes, aussi longues
que dans l'image, n'ont aucune articulation distincte. Elles sont
libres et seulement un peu courbées en bas. Les tarses sont
encore inarticulés. Les rudiments des ailes et des élytres étant
plus écartés, les pattes postérieures sont à découvert. Elles
sont si courtes qu'elles ne dépassent pas en arrière le premier
anneau de l'abdomen, également inarticulées et semblables à
deux appendices applatis, larges à la base, arqués au milieu
et retrécis à l'extrémité.

Le troisième fait frappant est l'aggrandissement rapide du
metapectus. Il est tel que les distances, entre les origines des
deux paires de pattes postérieures, sont aussi grandes dans la
nymphe que dans l'insecte parfait et bien plus que dans la
larve. Cet accroissement partiel a lieu aux dépens de la plaque
ventrale du premier ségment abdominal dont le développement est si gêné, sur la ligne médiane, qu'il semble s'y briser
et se diviser en deux pièces latérales qui s'ouvrent pour donner
passage à la plaque ventrale suivante et la laisser arriver jusqu'au *metasternum*. Il s'ensuit qu'il est très difficile de vérifier
le nombre réel des anneaux de l'arrière-corps et surtout de
mettre d'accord les descriptions avec les dessins. Le D.ʳ Ratzebourg en a attribué dix à la nymphe du *Thanasime*. Je n'en
ai compté que six au ventre, dans la figure qu'il en a donnée.
M.ʳ Lefebvre *loc. cit.* a donné la nymphe de son *Thanéroclere*
vue en dessus *fig.* 2 et vue en dessous *fig.* 2, *A*. Mais les bords

postérieurs des mêmes anneaux sont plus en avant dans le premier que dans le second dessin. Pour faire ressortir leurs connexions, il aurait fallu en ajouter un troisième qui aurait réprésenté la nymphe de côté. On compte dans l'un, huit plaques ventrales. Mais dans l'autre, le nombre des plaques dorsales est incertain parcequ'on ne sait pas si les traits transversaux qui n'atteignent pas les deux bords latéraux, représentent des inégalités de surface ou expriment de véritables articulations.

Le quatrième fait également remarquable consiste dans l'apparition de certaines pièces à l'extrémité postérieure de la nymphe, pièces qui n'existaient pas dans la larve et qui disparaissent dans l'insecte parfait. Ces pièces sont deux filets mobiles qui sortent du segment anal. Dans la nymphe du *Thanasime*, ils ont pour base commune un petit tubercule charnu et ils sont bi-articulés, le premier article plus court et plus épais, le second terminé en pointe. Dans celle du *Thanéroclere* qui a été observée et dessinée longtemps après sa mort, leur origine est cachée, leur articulation inapparente et leur direction accidentelle. M.ʳ Lefebvre a du se borner à les désigner comme deux *petits appendices, oblongs, ronds, contigus et dirigés un peu en avant.* Mais si on réfléchit que les nymphes de nos *Clérites* ont presque tous leurs membres perclus, qu'elles n'ont aucun moyen d'exploration à la portée de leur extrémité postérieure, qu'elles conservent un intérêt à connaître ce qui les entoure quoiqu'elles aient perdu la faculté d'aller d'un lieu à l'autre, que cet intérêt augmente aux approches de leur dernière métamorphose, on se persuadera aisément que ces filets pourraient bien être le siège de quelque sensation, et qu'ils sont des remplaçants, si non des antennes et des palpes, du moins de ces appendices tarsiens qui se développeront plus tard dans l'insecte parfait.

Des deux plaques du segment anal, la dorsale est celle qui

acquiert le plus, en passant du premier au second état. Dans le
Thanasime, elle est terminée par deux pointes arquées et divergentes. Chez le *Thanéroclere*, elle est dans la nymphe deux
fois plus grande que la ventrale opposée, tandis qu'elle était plus
petite qu'elle dans la larve du *Thanasime*, et elle finit en
croissant à cornes aigues. Il est probable que l'accroissement
remarquable de cette pièce n'est pas sans quelques rapports avec
les mouvements violents sans lesquels le *Thanéroclere* ne réus-
sirait pas à changer de peau pour la dernière fois.

Les formes des *Clérites*, parvenus à leur dernier état, seront
décrites dans la seconde partie de cette monographie. Je n'ai
à parler actuellement que de leurs habitudes, du peu que nous
en savons et de leurs rapports probables avec les formes générales de la famille.

Le dernier état des insectes est aussi l'époque de leur reproduction. Les parties génitales, rudimentaires jusqu' alors,
prennent tout-à-coup un volume extraordinaire et finissent
par occuper un vaste espace dans la cavité abdominale.
Cette portion de leur appareil que l'on nomme *extérieure* parcequ'elle est en action dans les actes de la vie de relation,
par opposition à celle où se préparent les principes actifs et
passifs de la fécondation, ne mérite ce nom que pendant la
durée des actes reproductifs. Pendant le repos, elle est retirée
dans la cavité abdominale et elle y est aussi inaccessible à la
vue que les véritables organes internes. J'ai déjà remarqué
que ces actes n'ont pas encore eu des témoins éclairés. Nous
n'aurions en conséquence rien à en dire, si le hazard ne
nous avait offert quelques cadavres morts sans doute peu après
l'action et dont l'appareil génital n'était pas entièrement
rentré dans le corps. Mais l'examen des pièces restées en dehors
ne nous a pas conduit bien loin. Des formes qui différaient
dans des individus de la même espèce nous avons pu conclure
la pluralité des sexes, et de la pluralité des sexes nous avons

pu conclure la nécessité d'un accouplement, de même que de l'existence d'un oviducte nous avons conclu à un part ovipare. Parvenus à ce terme auquel nous aurions pu arriver aisément par d'autres routes, les raisonnements nous ont abandonnés. Pour aller plus loin, il aurait fallu attendre, observer et surprendre la nature sur le fait.

Cependant ces formes muettes quant aux phénomènes de la génération, nous parleront peut-être plus clairement des autres circonstances de la vie.

Posons d'abord deux principes qui me semblent démontrés.

1.° Lorsqu'un organe s'élève en atteignant un plus haut développement, ce n'est pas pour descendre plus bas en perdant une partie de sa force et de son activité.

2.° Lorsque le développement a lieu sans altération de formes, l'organe peut conserver tous les emplois qu'il avait auparavant.

Cela posé, remarquons que les parties de la bouche ont acquis précisément ce surcroit de développement, dans le troisième état de nos *Clérites*. Concluons-en que ces animaux peuvent renouveler leurs forces au moyen de la nourriture et qu'ils ne sont pas de ceux qui expirent immédiatement après avoir consommé les richesses de leur premier état. Mais de ce qu'ils continuent à se nourrir, il ne s'ensuit pas qu'ils continuent à rechercher les mêmes aliments. La fausseté de cette induction est prouvée par une observation incontestée. Ces *Trichodes* dont les larves sont si funestes à celles des *Apiaires*, passent une grande partie de la dernière période de leur vie, paisiblement posées sur des fleurs dont elles sucent le nectar. Ainsi ces animaux, autrefois féroces et carnassiers, deviennent des tranquilles et simples florisuges. Ainsi ces insectes mandibulés sont de ceux qui n'attaquent pas les corps resistants et qui se contentent de substances liquides. Nous n'avons pas d'observations aussi bonnes, pour les autres espèces de la même famille. Mais une révolution pareille dans les mœurs, est probable pour le plus grand nombre et elle est possible pour toutes.

Gardons-nous encore de conclure du renouvellement des forces à la durée de la vie. Ici le rapport de la cause à l'effet est hors de notre portée. Les faits avérés devraient être notre seule autorité, et cette autorité exclusive n'a rien décidé jusqu'à présent. Combien de fois le même individu peut-il s'approcher de l'autre sexe? Quel est le temps de repos nécessaire entre deux approches successives? Les dernières approches sont-elles aussi productives que les premières? A quel terme, deviennent-elles stériles? Les amours ont-ils une saison fixe? Se renouvellent-ils périodiquement pour les mêmes individus? Comment vivent ceux-ci, dans les saisons où les amours se taisent? Comment se nourrissent-ils, lorsqu'il n'y a plus de fleurs dans les campagnes? Passent-ils tout ce temps sans nourriture, et dans ce cas, quelles sont leur existence et leur retraite? Nous n'en savons rien.

Il en est des organes du mouvement comme des parties de la bouche. Ils sont plus avancés dans l'insecte parfait que dans la larve. Les pattes sont plus longues, plus fortes, composées d'un plus grand nombre d'articles. Donc l'insecte peut marcher aussi bien et mieux que sa larve. Cette conséquence est incontestable. Mais cet accroissement de faculté n'aurait aucun but si l'animal devait rester dans les retraites obscures où il a séjourné jusqu'alors, donc il est destiné à en sortir et à se promener dans des endroits plus spacieux. Cette induction a encore une grande probabilité. Or cette probabilité se change en certitude, si on fait attention aux organes du vol. Les élytres et les ailes, nulles dans la larve, rudimentaires dans la nymphe, sont complètement développées dans l'insecte parfait. Mais ce surcroît de moyens nouvellement acquis serait inutile, si l'animal n'avait pas d'espace pour étendre ses ailes et pour prendre son essor. Donc il est appelé à sortir et à passer en partie le reste de sa vie dans des lieux découverts.

Il y a un rapport évident entre la mutation du lieu et celle de la

nourriture. Il est clair que les ailes du *Clérite* lui serviront à
aller d'une fleur à l'autre. Mais le besoin des aliments est-il le
seul mobile de ces animaux? N'ont-ils pas à se mouvoir, pour
la sûreté de l'individu et pour la multiplication de l'espèce?
Quels sont, dans l'une quelconque de ces fins, leurs mouvements
volontaires ou obligés? Nous n'en savons rien.

L'accroissement progressif des anciens organes des sens, des
yeux, des antennes, des palpes et de la langue, l'acquisition d'un
nouvel organe par le développement des appendices tarsiens,
sont encore des faits qui prouvent un progrès dans la vie de
relation, et ce progrès est en rapport avec le nouveau milieu
où le *Clérite* doit entrer après sa dernière métamorphose. Mais
dans quelles circonstances, sous quelles conditions, ces moyens
nouveaux se prêtent-ils aux besoins de l'instinct? Nous n'en
savons rien.

Enfin le renforcement des mandibules et l'acquisition des crochets tarsiens prouvent encore que l'animal a plus de prise sur les
corps étrangers. Mais ces pièces sont-elles des armes ou des instruments de travail? Si elles sont des armes, sont-elles offensives ou défensives? Si elles sont des instruments, à quoi servent-
elles? Que devient par exemple l'emploi des mandibules, lorsqu'elles
sont étrangères à la manducation parcequ'elles ne prennent
aucune part à la succion des fleurs? On n'en sait rien.

Quelques faits isolés qu'on nous a transmis, n'ont pas les
conséquences qu'on a voulu en tirer.

On a dit que les *Tilles* et les *Thanasimes* mordent avec
tant de force que leur tête se détache plutôt que de lâcher
prise, et on en a conclu qu'ils voulaient sévir contre leur propre proie. Mais cette excessive colère, cette rage aveugle, dont
les effets peuvent être si nuisibles à l'animal, me semble sortir
des bornes d'un attaque combinée d'après le sentiment intime
qui peut apprécier les forces et les besoins. J'y vois plutôt le
délire de la peur qui l'emporte sur les habitudes de l'instinct
conservateur.

On a surpris quelques *Clérites* ayant poussé leurs mandibules derrière la tête d'autres insectes et on en a conclu qu'ils retenaient leurs victimes pour les dévorer et qu'ils étaient carnivores comme leurs larves l'avaient été. Mais si je ne me trompe, on n'a vu qu'une des circonstances finales de la bataille et elle ne prouve pas que le vainqueur ait été l'assaillant. Pour en juger avec connaissance de cause, il aurait fallu avoir assisté à l'ouverture du combat et en avoir attendu les derniers resultats.

Finissons le peu que nous avons à dire sur les mœurs des *Clérites*, en nous proposant une quéstion qui restera, comme les autres, sans réponse générale et positive. Quel est le degré de l'instinct social, dans les espèces de cette famille? Nous savons bien qu'il n'y en a aucune qui ait besoin de se constituer en république permanente ou passagère, pour se reproduire. Nous savons aussi que la reproduction serait inconcevable, s'il n'y avait pas de société possible entre les individus des différents sexes. Mais entre ces deux extrêmes, n'existe-t-il aucun milieu? Serait-il vrai que touts les insectes que l'on nomme *solitaires* n'aient besoin de se connaître que lorsqu'ils ont envie de s'accoupler? Cette opinion est assez accréditée et cependant j'ai bien de la peine à la partager. Une des observations du major Hardwicke justifiera peut-être mon hésitation, en ce qui concerne nos *Clérites*. » Le cocon, dit-il, en parlant » du *Corynetes violaceus*, était divisé en trois loges, dont deux » vuidées et la troisième close et habitée. » Comment se fait-il que trois larves carnivores aient travaillé dans une espace resserré, sans se gêner, sans se contrarier et en s'aidant chacune du travail de sa voisine? Pourquoi ne se sont-elles pas battues ensemble, si elles avaient encore le besoin de se nourrir? Pourquoi n'ont-elles pas craint d'être attaquées, si elles n'éprouvaient plus ce besoin? On ne saurait concevoir l'intervention d'une force étrangère qui ait pu les contraindre à faire trève à leurs craintes ou à leurs appetits. Il faut donc qu'elles se soient décidées d'elles-mêmes à la paix et à la cohabitation du moment. Elles ont donc vécu, pendant tout cet intervalle, sous l'empire d'un principe social.

L'existence de ce principe une fois reconnue, nous comprendrons aisément pourquoi les auteurs de l'article *Thanasime Dict. de l'enc. méth. ins. t.* x, *p.* 614, ont vu huit ou dix *Thanasimes formicaires* sortir du bois à la file les uns des autres. Ces estimables savants ont imaginé que les *Clérites* avaient dévoré la larve de quelque gros *Longicorne*. Cette condition n'était pas nécessaire. Chaque larve de *Thanasime* aurait pu dépêcher, à elle seule, celle du *Longicorne*, malgré la supériorité de sa taille. Les débris du corps de celle-ci, qu'on ne cite pas d'ailleurs, auraient été inutiles ou embarassants. Les huit ou dix larves qui devaient se métamorphoser, n'avaient besoin que d'un espace suffisant. Cet espace ne pouvait leur servir qu'après avoir été vuidé, et il valait mieux, pour elles, qu'il l'eut été, avant leur approche, par le départ volontaire de l'habitant primitif. Chaque larve de *Clérite* pouvait y être arrivée par la route qu'elle se serait faite après s'y être nourrie des victimes qu'elle aurait rencontré sous ses pas, et il aurait suffi à toutes de se livrer aux sympathies qui resultent du principe social pour travailler paisiblement, l'une à côté de l'autre, et pour ne plus se séparer jusqu'à leur sortie du bois. Mais si toutes les *Clérites* ne sont pas tout-à-fait insociables, quel est le degré de leur sociabilité? Est-il le même, pour toutes les espèces? Est-il le même, pour leurs différents états? Est-il le même, dans les circonstances différentes du même état? Nous n'en savons rien.

L'histoire des *Clérites* comprend aussi la description de leur organisme interne. Mais je n'aurai que peu de mot à en dire.

Je ne connais aucune description anatomique d'une larve ou d'une nymphe de cette nombreuse famille.

M.ʳ Leon Dufour est le seul qui ait disséqué des insectes parfaits. Ces travaux se bornent à deux espèces du *G. Tricho-*

des, l'*Apiarius* et l'*Alvearius* qu'il a menées de front, dans sa
savante description. Son travail est trop connu, pour le transcrire. Je me contenterai d'en indiquer les particularités les
plus importantes, en sautant les généralités communes à tout
l'ordre des Coléoptères.

Le *Tube alimentaire* est tout au plus deux fois plus long que
le corps, et il est composé de cinq parties : 1.° d'un *Jabot*
excessivement court, caché dans la tête et séparé de la partie
suivante par une contraction annulaire ; 2.° d'un *Ventricule chilifique*, allongé, cylindroïde et dépourvu de papilles ; 3.° d'un
Intestin grêle, fort court ; 4.° d'un *Cœcum*, oblong et dilatable ;
5.° d'un *Rectum*, bien distinct, droit et filiforme.

Les *Vaisseaux hépatiques*, au nombre de six, offrent des particularités qui mériteront toute notre attention, et sur lesquelles
nous aurons à revenir dans le § suivant.

L'*Appareil génital interne* consiste, dans le mâle, 1.° en deux
Testicules ovoïdes qui renferment de quinze à vingt capsules
spermatiques, en forme de gaines, ayant pour enveloppe une
tunique d'une extrême finesse : 2.° en un *Canal déférent* pour chaque testicule, grêle, plus long que lui et le perçant par son gros
bout ; 3.° en quatre paires de *Vésicules séminales*, dont deux
ovato-oblongues et obtuses, et deux allongées et filiformes ; 4.°
en un *Conduit éjaculateur*, pareillement filiforme.

Le même appareil, consiste dans la fémelle, en deux ovaires
dont chaque est un faisceau conoïde-oblong composé d'une
trentaine de gaines ovigères simples ou tout-au-plus bi-loculées,
disposées à-peu-près comme les folioles convergentes d'une
feuille pinnée, et d'un oviducte cylindroïde qui s'engage, avec
le rectum, dans un conduit scarioso-membraneux.

Les organes internes de la respiration se reduisent à des
tranchées tubulaires, et enfin M.ʳ Dufour n'a trouvé, dans les
deux espèces, aucune trace de quelque organe particulier
excrémentiel.

§. 4.ᵉ AFFINITÉS DES CLÉRITES.

L'examen des affinités latérales d'une famille est un excellent correctif du tableau synoptique qui n'en fixe la place que d'après la considération du caractère principal. En faisant ressortir des analogies secondaires, les affinités diminuent les divergences. Elles rapprochent les plus distantes, et elles rétablissent, par des fils transversaux, les liaisons naturelles que la méthode avait du omettre et qu'elle n'avait pas pu détruire.

Entre toutes les affinités, celles qui proviennent du *Facies* ou de l'ensemble des formes extérieures, sont les moins importantes, parcequ'elles tiennent à des traits qui n'ont pas ou qui sont censés ne pas avoir d'influence sur les conditions de la vie. Nous ne saurions cependant les passer sous silence. Elles sont les premières à frapper les yeux des commençants et des observateurs superficiels. Il faudrait leur en parler, ne fut-ce que pour les détromper.

Les espèces de *Clérites* qui ont la taille plus svelte, les pattes plus minces, les antennes n'étant ni en scie ni en massue, les mâles surtout où leur grossissement apical est moins sensible, ressemblent beaucoup à des *Longicornes à corcelet mutique.* Les petites espèces du même type ont encore plus de rapports avec les *Criocérites* ou *Eupodes* qui sont eux-mêmes bien plus voisins des *Longicornes* que des *Chrysomélines*, quand ils sont parvenus à l'état parfait.

D'autres ont les élytres si peu consistantes qu'elles devraient entrer de plein droit dans les *Malacodermes*, si cette famille ne devait pas subir plusieurs démembrements et si elle pouvait même subsister en ne s'appuyant que sur un aussi mauvais caractère. Le nom du *G. Tenerus* est un barbarisme par lequel son auteur a cru exprimer la mollesse des élytres. Les *Colyphes* ont le facies des *Théléphores Latr.* ou des *Cantharides Fab.* Les *Platynoptéroides* à élytres larges et à bords latéraux détachés des bords de l'abdomen, les *Ichnées* à élytres dépassant de beaucoup l'extrémité postérieure du corps, ressemblent sur-tout à des *Lycus*.

Les mêmes espèces qui ressemblent à des *Malacodermes* ou à des *Longicornes*, ont aussi une analogie frappante avec certains *Hétéromères*, tels que des *Lagries* et des *Sparèdres*. Le G. *Eurypus K.*[by] qui n'est pas même *Appendicitarse* et qui est évidemment un *Hétéromère*, a été mis dans les *Clérites* par son illustre fondateur.

Les *Cylidres* et les *Dénops*, dont la tête est carrée, les mandibules très fortes et le corps plus rigoureusement cylindrique, se lient aux *Némozomes* et aux *Colydies* qu'on avait confondus dans la masse indigeste nommée la *Famille des Xylophages*. Le G. *Dupontiella* que j'ai rejetté dans le supplément, parcequ'il n'est pas *Appendicitarse*, resserre encore mieux les liens de la parenté.

Plusieurs *Corynétoïdes* ont au contraire, moins de hauteur, plus de largeur et un contour plus ovalaire. Leurs jambes sont plus courtes. Ils ont plus de facilité, pour plier leur corps en dessous et pour en rapprocher les deux extrémités. Ces traits leurs sont communs avec plusieurs *Clavicornes*. Nos deux *Paraténétes*, par exemple, ont évidemment le facies des *Cryptophages*.

Si on voulait tenir compte de toutes ces particularités, il serait fort aisé de disposer des cadres où nos *Clérites* seraient placés au centre de cinq ou de sept autres familles, selon le système quinaire ou septenaire qu'on aurait adopté. Ces jeux de l'esprit n'auraient pas couté de grands efforts. Mais vues la fausseté du principe et l'inutilité de la fin, j'ai pensé qu'il valait mieux s'en abstenir.

Les affinités des larves sont plus importantes. Mais leur intérêt est purement historique. Sous ce point, de vue, leur connaissance est indispensable, car il est également vrai que l'étude des larves est le seul moyen d'en apprendre l'histoire et qu'elle est tout-à-fait étrangère à la réconnaissance de l'insecte parfait. Nous aurons à y étudier les affinités des mœurs et les affinités de l'organisme.

Les affinités morales placent nos larves de *Clérites* à côté de toutes les larves de *Coléoptères* qui sont carnivores et qui vont à la chasse d'une proie sédentaire, dans les retraites où celle-ci consomme petit-à-petit les provisions qui s'y trouvent. Ainsi les chasseuses de l'intérieur des bois ont leurs voisines dans les larves des *Dasytes* et des autres *Mélyrites*, famille naturelle détachée de l'ancien groupe des *Malacodermes*, tandis que celles qui vivent dans les charognes, auraient plus d'analogie avec les *Nécrophorites*, (5) si elles s'en nourrissaient réellement.

Quant aux affinités organiques, nous n'aurons à traiter que de celles qui dépendent des formes extérieures, puisqu'aucune de nos larves n'a été soumise jusqu'à présent au scalpel de l'anatomiste. Mais dans l'examen de ces formes extérieures, il ne peut pas être question des pièces qui n'existent pas et qui n'apparaissent que lorsque l'insecte a changé d'état. Voilà pourquoi, nous ne devons pas exiger une ressemblance rigoureuse, entre nos larves et celles des autres *Appendicitarses*. Les appendices caractéristiques n'existent, ni dans les unes, ni dans les autres.

En effet, les affinités extérieures du premier état rapprochent les *Clérites* de diverses familles d'autres tribus. Ne soyons donc pas surpris que le D.ʳ Erichson, après avoir prouvé que les

(5) Il est possible que la larve du *Pyrochre*, dont M.ʳ Dufour a écrit l'histoire, ait aussi de grandes affinités morales avec les larves des *Notoxes* et des *Thanasimes*. Elle vit dans le bois. Mais ses mandibules, si bien conformées pour en entamer la substance, peuvent aussi bien lui servir à se frayer une route qu'à hacher des aliments solides, tandis que des pattes, aussi fortes et aussi bien développées, excellentes pour courir après une proie, seraient oisives et inutiles dans le but borné d'une consommation paisible et sédentaire.

larves des *Nitidulites* sont très distantes de celles des *Silphes*, ait affirmé qu'elles ont au contraire une grande analogie avec celles des *Clérites*, analogie qu'il étend avec raison à celles des *Cryptophages* et même à celles de touts les *Xylophages* du *Cat. Dej.* à partir du *G. Cis* jusqu'au *G. Trogosita* inclusivement. D'autre part, si on consulte les *Trans. of ent. soc. tom.* 1.e *pl.* 2.e *fig.* 1 et 2., on sera frappé de l'étonnante ressemblance qu'on reconnaîtra entre la larve du *Notoxe* représenté à la *fig.* 1. et celle du *Mélyrite* de la *fig.* 2. (*Elicopis impressus Marsh.*) La larve du *Thelephorus rufus*, (*Cantharis*) *Fab.* représentée *loc. cit. pl.* 5, *fig.* 5, semble aussi rentrer dans le même type. Du moins les dissemblances qu'on y observe ne semblent-elles pas sortir du cercle des modifications spécifiques probables. La plus frappante est dans le nombre des yeux, deux dans la larve du *Théléphore* et cinq de chaque côté dans celle du *Thanasime*. Mais ce nombre de dix ocelles n'est certainement pas absolu et normal, pour toute la famille des *Clérites*.

Comparons maintenant nos mêmes larves à celles des *Lymexylons*, des *Anobies*, des *Ptines* et en général de tout les genres dont Mr Duméril avait composé sa famille des *Térédiles*. Nous verrons qu'elles en diffèrent, aussi bien par leurs formes que par leurs moeurs. La séparation tracée, d'après les caractères extérieurs du dernier état, est ici pleinement justifiée par l'étude du premier, et on n'en est que plus surpris que Mr Dejean ait confondu, dans un catalogue postérieur, ce que ses dévanciers avaient judicieusement distingué.

Les données que l'anatomie comparée nous a fournies sur l'organisation interne de l'insecte, confirment ou du moins ne démentent pas la plupart de nos conclusions. Restreintes jusqu'à présent à deux espèces du même genre, elles nous offrent peu de termes de comparaison et de bien faibles secours pour la recherche des affinités organiques. Il y a cependant une particularité qui mérite un peu de discussion. Il s'agit de ces vaisseaux hépatiques sur lesquels j'avais promis de revenir.

Mr Leon Dufour qui avait publié le resultat de ses disséctions des *Trich. alvearius* et *apiarius* dans le *T. 2.^d des Ann. des sc. nat. 1.re série*, n'ayant pas épuisé le sujet, y est revenu dernièrement, dans un mémoire très intéressant inséré dans le *N.^o Mars* 1843 des mêmes *Ann. 2.e série*. Son but a été d'établir : 1.º que l'ensemble des *Vaisseaux hépatiques* est chez les insectes, l'analogue du *Foie* des animaux supérieurs; 2.º que les débouchés de cet organe complexe aboutissent, sans exception, au ventricule chilifique; 3.º que cet organe est toujours de première formation, c'est-à-dire, qu'il existe dès la sortie de l'œuf et qu'il ne se forme pas après coup pendant une des crises des métamorphoses subséquentes. Je ne recuse aucun de ces resultats, quoique le dernier ne soit pas prouvé directement pour les espèces dont nous nous occupons.

L'auteur confirme ce qu'il nous avait appris sur les deux *Trichodes*, en l'étendant de plus à une *Nécrobie* dont il ne nomme pas l'espèce. Le foie de ces trois *Clérites* est un agrégat de six vaisseaux hépatiques qui débouchent dans le ventricule chilifique par six oréfices distincts. Les vaisseaux se replient en arrière, se réunissent ensuite trois à trois, et forment ainsi deux troncs qui s'insèrent sur le rectum. Les deux insertions postérieures que l'auteur a nommées *rectales*, pour les distinguer des six antérieures qu'il a nommées *ventriculaires*, sont constamment fermées, par opposition aux autres qui sont toujours ouvertes. Les deux troncs viennent se coller contre le rectum, sans le pénétrer et sans le perforer.

Les *Malacodermes*, les *Pliniores* et en général la plupart des *Pentamérés* que l'auteur a disséqués, n'ont aucune insertion rectale. Leur foie se divise ordinairement en quatre branches, plus rarement en deux ou six. Une des deux extrémités de chaque branche est libre et flottante, l'autre s'ouvre constamment dans le ventricule chilifique. Ces contrastes typiques justifient pleinement les conclusions négatives de ce savant naturaliste. Il a eu bien raison de soutenir que les *Clérites* ont été mésalliés, lorsqu'ils ont été réunis à des *Mélyrites* ou à des *Ptiniores*. Les secrets de l'organisme interne qu'il nous a appris, ont confirmé tout ce que nous savions sur les changements successifs des mœurs et des formes, et ils sont venus indirectement à l'appui de ce que nous avons affirmé sur l'importance des appendices tarsiens.

Les conclusions positives de ce respectable savant ne me semblent pas aussi satisfaisantes. Il propose de transporter les *Clérites*, dans la section des *Hétéromérés*. Mais avant tout, cette section peut-elle être maintenue? Je ne le crois pas, et en ceci, je ne suis que l'écho de la masse des entomologistes qui se récrient continuellement contre ce système tarsaire, système en effet bien peu rationnel, puisqu'il se fonde sur le nombre et non sur la forme des articles. Puis les *Clérites* sont-ils tous des Hétéromérés? J'ai déjà remarqué le contraire dans le § 2.ᵈ de cette première partie, et j'espère prouver, dans la seconde, que si cette famille en contient peut-être quelques uns, ils y sont en grande minorité et qu'on peut les y regarder comme des exceptions.

Après la suppression de la section artificielle et peu rationelle des *Hétéromérés*, ne pourrait-on pas associer les *Clérites* à d'autres genres qui appartenaient à la section supprimée, et former, par leur réunion, une famille ou une tribu dont le caractère serait déduit de la structure du foie? Cette combinaison serait plus plausible. Cependant elle aurait encore tous les inconvénients que nous attachons aux méthodes fondées sur des caractères internes qui ne sont pas mis en évidence par un signe extérieur. Or ce signe indispensable n'existe pas ici, et à coup sûr, ce défaut n'est racheté, ni par l'influence de l'organe sur la vie de relation, ni par l'importance appréciable des particularités de sa conformation.

Si le foie est en rapport avec quelques actes de la vie exté-

rieure, il faut que ceux-ci tiennent aux phénomènes de la nutrition, car son influence sur les autres fonctions de cette vie
est tout-à-fait inconcevable. Mais les actes extérieurs, relatifs à
la nutrition, se bornent au choix et à la manducation de la nourriture. Or il est évident que l'organisation du foie ne change
rien à celle de la bouche où la manducation commence et où elle
s'achève, et d'autre part M.ʳ Dufour, en nous apprenant que le
foie est un organe de première formation chez les insectes, nous a
aussi appris qu'il n'exerce aucune influence sur le choix de la
nourriture de nos *Clérites*. Le même organe qui existait dans
la larve carnassière et qui y était fatale à d'autres larves faibles
et inoffensives, se retrouve dans l'insecte parfait qui voltige
et qui pose sur les fleurs dont il suce le nectar.

Une autre découverte du même savant nous démontre encore
la moindre importance appréciable des modifications secondaires
du foie. En nous faisant connaître que les insertions rectales
sont fermées, il a prouvé qu'il n'y a qu'un seul fluide sécrété
et un seul foyer d'élaboration. Toutes les modifications de détail, dans le nombre des branches et dans celui de leurs uniques
débouchés, sont comprises dans cette loi générale. Elles nous
laissent dans l'ignorance la plus complète de leur influence
sur les fonctions de l'organe. Les caractères qu'on voudrait en
tirer, seraient donc *provisoirement artificiels*. Or internes ou
externes, des *Caractères provisoirement artificiels* sont toujours
inférieurs de quelques degrés à des caractères évidemment naturels tels que les *Appendices tarsiens*. On me pardonnera donc
d'avoir mis ceux-ci en première ligne et d'avoir composé ma
tribu des *Appendicitarses*, de trois familles qui contrastent autant
par leur organisation interne que par les formes et par les habitudes de leur premier état.

Puisse l'Anatomie comparée extraire la lumière des recoins
ténébreux où elle est enfouie et la reporter à la surface des
corps ! Elle deviendra par-là et de plein droit, la devancière
de la Zoologie.   13

SECONDE PARTIE.

MONOGRAPHIE PROPREMENT DITE.

Première sous-famille.

CLÉRITES CLÉROÏDES.

Prothorax, formé de deux pièces seulement, une supérieure ou *Tergum*, l'autre inférieure ou *Prosternum*.

Élytres, ayant leurs bords extérieurs sub-parallèles et collés contre les côtés de l'abdomen, pendant le repos.

Yeux à réseau, échancrés en avant.

Antennes, insérées au-devant des yeux.

I. G. CYLIDRUS, *Latr.*

Antennes, insérées au-dessous des yeux, vis-à-vis du sommet de l'échancrure oculaire, de onze articles : 1.er art. épais, obconique, n'atteignant pas le bord supérieur des yeux ; art. 2—4 et plus rarement 2—5, encore obconiques, mais minces et effilés ; les suivants, applatis, dilatés et formant ensemble une espèce de massue souvent dentelée ; le 11.e et dernier, ovalaire et obtus.

Yeux, petits, arrondis, inférieurement échancrés, très distants entr'eux et très éloignés du bord postérieur de la tête.

Tête, *en rectangle allongé*. *Vertex*, très grand et se confondant insensiblement avec le *Front*. Celui-ci, distinct de l'*Épistome*, par une impression transversale peu marquée, incision suturale effacée.

Labre, *couvert par l'épistome*, court, large et faiblement échancré.

Mandibules, longues, arquées, aiguës: bord interne unidenté, dent unique assez forte et placée près de la base des mandibules.

Ouverture de la bouche, grande, un peu transversale. *Menton*, corné, court, plus large que long, largement et faiblement échancré. *Languette*, membraneuse, un peu plus longue que le menton, de la même largeur: bord antérieur, entier et cilié. *Machoires*, libres à leur origine, embrassant la base du menton, terminées par deux lobes membraneux, l'interne court et arrondi, l'externe étroit et allongé.

Palpes maxillaires, filiformes, de quatre articles: le premier, court, épais, cylindrique: les second et troisième, minces, allongés, sub-cylindriques ou très faiblement obconiques, à-peu-près égaux entr'eux; le quatrième et dernier, aussi mince, mais un peu plus large et plus cylindrique que chacun des deux précédents, extrémité tronquée.

Palpes labiaux, aussi longs que les maxillaires, de trois articles: le premier, court, épais et obconique; les deux autres, un peu applatis, mais non dilatés, quatre fois au moins plus longs que larges, grossissant insensiblement vers l'extrémité, le second un peu plus court que le troisième.

Prothorax, de la longueur de la tête, cylindrique: extrémités postérieures de ses bords latéraux, doucement arrondies; bord postérieur, plus étroit que l'antérieur.

Elytres, d'une consistance moins forte que dans les autres *Clérites*, hors le *G. Tenerus*, à-peu-près de la largeur de la tête et du prothorax, plus courtes que l'abdomen, mais dépassant ou au moins atteignant le bord postérieur du quatrième segment abdominal : côtés, parallèles ; bord postérieur, arrondi.

Propectus, plane ou très faiblement convexe : bord antérieur, droit. *Ouvertures des hanches*, rondes, ouvertes en arrière, très rapprochées et séparées par une carène prostérnale droite, peu saillante et trè smince.

Mésopectus, déprimé et très court : origine des pattes intermédiaires, rapprochée de celle des pattes antérieures.

Métapectus, grand et peu renflé : bord postérieur, plus ou moins échancré ; origine des pattes postérieures, très distante de celle des pattes intermédiares.

Abdomen, dépassant les élytres : cinquième plaque ventrale, entière dans les *Femelles*. — Je n'ai vu aucun mâle de ce genre.

Toutes les *Pattes*, courtes, fortes, également rapprochées par paires à leur origine et censées sur deux lignes longitudinales parallèles à l'axe du corps. Hanches postérieures, très petites. Fémurs, épais : ceux de la troisième paire, plus renflés que les autres et beaucoup plus courts que l'abdomen. Trochanters, triangulaires, appuyés obliquement sur les faces internes des fémurs. Tibias, courts, droits et cylindriques.

Tarses, allongés, comprimés, de cinq articles complètement développés et également visibles sous tout les aspects : les quatre premiers, munis en dessous d'une appendice membraneux entier ou faiblement échancré, celui du premier moins apparent que les autres ; 1.er et 2.d art., échancrés, à-peu-près égaux, chacun d'eux étant égal en longueur aux deux suivants pris ensemble, le premier plus ou moins fortement arqué ; 3.e et 4.e, courts et nettement bifides en dessus ; 5.e et dernier, aussi long que la premier, arqué, grossissant insensiblement vers l'extrémité et terminé par deux crochets assez forts, larges près de la base, plus minces près de l'extrémité, finissant en pointe courbe et aiguë, à bord interne tranchant et armé d'une dent aiguë et spiniforme.

Ce genre a été établi par Latreille, d'après une espèce de l'Isle de France, *Trichodes cyaneus*, *Fabr.* Il a un *facies* trop nettement tranché pour que les impitoyables *Sabreurs de genres* aient osé lui porter leurs atteintes téméraires. Il l'ont respecté, quoique ses caractères n'aient aucun rapport démontré avec ses habitudes qui nous sont tout-à-fait inconnues jusqu'à présent, et quoiqu'ils aient rejetté, dans d'autres cas, des genres établis sur des caractères de la même valeur, c. à. d., aussi tranchés, aussi constants et aussi apparents, apparemment parceque le nom d'auteur leur en a moins imposé.

Nous ne connaissons encore que trois espèces de ce genre. Elles appartiennent à l'ancien continent ou aux isles d'Afrique. Les formes de leurs épistomes ou chaperons m'ont offert des différences assez remarquables pour les distinguer, *sans tenir compte de leurs couleurs*. On en jugera, par le tableau suivant.

A. *Chaperon*, trilobé.
   B. *Lobe médian*, tridenté. - - - - I. CYL. CYANEUS, *Latr.*
   BB. *Lobe médian*, crénelé. - - - - II. » BUQUETII, *Guér.*
AA. Chaperon, arrondi et finement crénelé. III. » FASCIATUS, *Lap.*

1. G. CYLIDRUS CYANEUS, *Latr.*

1. CYL. epistomate bi-emarginato, lobo medio tridentato. — *Tab.* 1, *fig.* 5.
Cylidrus cyaneus, *Latr. Regn. Anim.*, tom. 4, *pag.* 476.
. . . . . cœruleus, *Dej. Cat.* 5.ᵉ ed., *pag.* 125.
Clerus cyaneus, *Fab. Ent. syst.* 2, 209, 6.
Trichodes cyaneus, *id. Syst. Eleuth.* 1, 285, 8.
PATRIE. — Isle de France.
DIMENSIONS. — Longueur du corps, prise à partir du bord antérieur de l'épistome jusqu'au bout des élytres, 4 lign. — id. de la

tête, 1 lign. — id. du prothorax, 1 lign. — id. des élytres,
2. lign. — Larg. du corps, prise sur la ligne transversale qui est
censée passer par les centres des deux yeux, ⅜ lign. — id. prise
à la base des élytres, ¼ ligne.

FORMES. — Massue antennaire, de sept articles : bord interne, dentelé. Front et vertex, parsemés de petits tubercules
granuliformes perforés et uni-piligères, ligne médiane lisse.
Epistome, séparé du front par une impression assez profonde :
bord antérieur, fortement échancré des deux côtés ; échancrures, arrondies ; lobe médian, nettement tridenté. Côtés de
la tête en arrière des yeux, ridés transversalement. Prothorax,
élytres, dessous de la tête et du corps, lisses, luisants et finement pubescents : pubescence, rare et soyeuse. Une légère dépression, sur le dos du prothorax, près de son bord antérieur :
celui-ci, sans rebord, mais avec quelques tubercules, semblables
à ceux du front, plus petits et plus serrés ; bord postérieur,
fortement rebordé. Extrémités des élytres, séparément arrondies ; angle sutural postérieur, ouvert. Épine interne des crochets des tarses, forte et placée aux trois quarts de la longueur des crochets.

COULEURS. — Massue antennaire, noire. Quatre premiers
articles des antennes, palpes maxillaires et labiaux, testacés
rougeâtres. Tête et dessus du corps, bleu-violets. Pattes et
dessous du corps, jaunes. Crochets des tarses, bruns. Ailes,
cendrées. Poils, blanchâtres.

SEXE. — Deux femelles. Une, de la collection Dupont. L'autre,
de l'ancienne collection Dejean et actuellement de la mienne.

2. CYLIDRUS BUQUETII, *Guérin.*

2. CYL. epistomate bi-emarginato, lobo medio confusim denti-
culato. — *Tab.* 1 *fig.* 1.
Cylidrus Buquetii, *Guér. Regn. Anim. pl.* 15, *fig.* 12.
. . . . *Lap.*te *Rev. de Silb.* 4, 38, 2.

Patrie. — Haut Sénégal, découvert par Mr Leprieur phar-
macien de la Marine Royale de France.

Dimensions. — Proportions de longueur relative, les mêmes que
dans l'espèce précedente. — Taille, plus grande. Long. du corps,
mesurée ut supra, 5 lignes. — Larg. de la tête, prise sur
la ligne transversale des yeux, 1 ligne. — id. de la base des
élytres, la même.

Formes. — Elles sont assez voisines de celles du *Cyaneus* pour
que nous puissions nous borner à signaler leurs différences caractéristiques. Cinquième article des antennes, plus épais que le
quatrième, mais n'étant ni applati ni dilaté. Massue antennaire, sans dentelures internes sensibles et n'étant composée
que de six articles : le dernier, deux fois plus long que l'avant-
dernier et finissant en pointe obtuse. Tubercules du front et du
vertex, plus serrés et répandus sur la ligne médiane. Épistome,
limité postérieurement par une impression suturiforme bi-sinueuse :
échancrures antérieures, étroites et distinctes ; lobe intermédiaire, large, arrondi et finement dentelé ; col et dessous de
la tête, également ridés en travers. Dos du prothorax, mat et
sans tubercules : côtés, un peu granuleux et piligères. Épine interne
des crochets tarsiens, très fine et placée vers le milieu de la
longueur des crochets.

Couleurs. — Massue antennaire, tête, prothorax et poitrine,
noirs. Palpes et cinq premiers articles des antennes, ferrugineux.
Élytres, jaunes : trois taches noires sur le dos de chaque,
l'antérieure au-dessus de l'angle huméral un peu allongée, les
deux autres au de-là du milieu, l'extérieure linéaire marginale
et apicale, l'interne suturale rétrécie en arrière et n'atteignant
pas le bord postérieur. Ventre, rouge. Pattes antérieures et
intermédiares, noires : tibias et tarses ferrugineux, une grande
tache jaune à la face interne des fémurs. Pattes de la troisième paire, noires : genoux et extrémités tarsiennes des tibias,
noirs. Poils, blanchâtres.

SEXE. — Une femelle de la collection Buquet, exemplaire type.

5. CYLIDRUS FASCIATUS, *Lap.*[te]

5. CYL. epistomate integro, rotundato, confusim denticulato.
— *Tab.* 1, *fig.* 2.

Cylidrus fasciatus, *Lap.*[te] *Rev. de Silb.* 4, 47, 2.

. . . . . succinctus, *Dej. coll.* (Il y était entré après la publication du catalogue et il y était côté, *nouv. esp.*)

VAR. A. Cylidrus megacephalus, *Buq.*[t] *coll.*

VAR. B. . . . . . bimaculatus, *Dup.*[t] *coll.*

PATRIE. Madagascar et le Haut-Sénégal. — Ce double *habitat* n'a en soi rien de contradictoire. Notre *Cylidre* n'est pas la seule espèce connue qu'on ait rencontrée à la fois dans le continent et dans les isles de l'Afrique. Elle doit être plus commune à Madagascar où Mr Goudot l'a trouvée et où il en a pris plusieurs exemplaires. Mais l'individu de la collection Buquet avait été pris dans le Haut-Sénégal par M.[r] Le Prieur, et on verra qu'il diffère trop peu des individus Madecasses pour en faire le type d'une quatrième espèce distincte.

DIMENSIONS — Proportions relatives de longueur et de largeur, comme dans le *Buquetii*. --- Grandeur du *Cyaneus*: long. du corps, 4 lignes.

FORMES. — Les traits qui distinguent cette espèce de la précédente, se bornent aux suivants. Massue antennaire de sept articles, comme dans le *Cyaneus*: cinquième article des antennes, triangulaire, dilaté et applati. Epistome, peu distinctement séparé du front; son bord antérieur, finement dentelé, en arc à faible courbure et sans échancrures latérales. Epine interne des crochets tarsiens, forte comme dans le *Cyaneus*, naissant près du milieu comme dans le *Buquetii*, mais dirigée plus en avant et finissant en pointe vers les trois quarts de la longueur des crochets.

COULEURS. — Corps, antennes et pattes, noirs. Palpes, les quatre premiers articles des antennes, les extrémités des tibias et les tarses des deux premières paires, ferrugineux. Abdomen et pattes postérieures, jaunes. Vers le milieu des élytres, une large bande ondulée n'atteignant pas le bord extérieur, jaune-blanchâtre. Ailes, obscures.

SEXE. — Touts les individus que j'ai eus sous les yeux, m'ont paru du sexe féminin. Les dernières plaques ventrales y sont entières, et quoique les trois derniers anneaux s'y prolongent plus ou moins en arrière des élytres, les pièces qui auraient décélé le sexe masculin n'y sont pas en évidence, comme elles auraient du y être, en conséquence de cette tension abdominale. J'ai remarqué au contraire, dans quelques individus, les bouts de ces filets minces et faibles que l'on voit seulement dans les femelles de certains Coléoptères et que l'on peut regarder comme des dépendances du tact passées au service auxiliaire des parties génitales.

VARIÉTÉS. — Elles se bornent à de légères différences dans la taille et dans les couleurs: les formes sont identiques.

VAR. A. — Plus petite que le type. Une tache blanchâtre, à la face interne des fémurs intermédiaires. Pattes postérieures, d'une teinte aussi claire que la bande transversale des élytres. Premiers anneaux de l'abdomen, de la couleur de la poitrine. — Une femelle du Haut-Sénégal, *Buq. coll.*

VAR. B. — Taille du type dont elle ne diffère qu'en ce que la bande claire des élytres est interrompue près de la suture et divisée en deux taches peu distantes. Une femelle de Madagascar, *Dup. coll.*

II. G. DENOPS, *Steven.*

Ce genre ne diffère du précédent que par les caractères suivants.

Épistome, tri-échancré antérieurement : échancrure médiane, plus large que les deux latérales et *laissant le labre à découvert.*

Labre, occupant tout l'espace laissé à découvert par l'échancrure de l'épistome, d'ailleurs court et *à bord antérieur largement échancré.*

Mandibules, fortes, arquées et aiguës : bord interne, armé de deux dents ; dent antérieure, plus grande que l'autre, dirigée en avant et assez voisine de la pointe apicale pour que la mandibule, retirée sous le labre, semble encore bifide.

Élytres, molles et flexibles, pouvant atteindre le troisième anneau de l'abdomen, mais ne paraissant pas dépasser ordinairement la moitié antérieure de cette partie du corps, et cela en raison de la grande extensibilité des 4.e et 5.e anneaux postérieurs.

Pattes, proportionnellement plus longues et plus minces que dans les *Cylidres. Tarses*, moins comprimés : premier article des postérieurs, moins arqué. *Crochets*, épais, terminés en pointe aiguë ; bord interne, bidenté, dents égales et obtuses, l'interne placée très près de la base, l'externe aux deux tiers de la longueur du crochet.

Espèce unique. — Denops personatus.

4 Denops — *Tab.* i., *fig.* 4. A et B.

Tillus personatus, *Gené. ap. Zendr. de quibusd. coléopt. p.* 14. *n.* 10.

» albofasciatus, *Charp.r hor. ent. t.* 1, *p.* 198, *tab.* vi, *fig.* 3.

» tenuicollis, *Dup. coll.*

Denops longicollis, *Stev. bull. de Mosc. tom.* 1, *p.* 67.

Patrie. — Sicile, M.rs Grohmann et Ghiliani. — Pavie ; M.r Gené. — Oneglia, M.r Zanella. — Bord du Rhin, M.r de Charpentier. — Crimée, M.r Stéven. — Lévant, M.r Dupont.

Dimensions. — Long. du corps, prise du devant de la tête

(6) jusqu'à l'extrémité des élytres, 2 lig. — Larg. de la tête, ⅗ lig. — id. du bord postérieur du prothorax, ⅗ lig. — id. de la base des élytres, ⅓ ligne.

Formes. — Massue antennaire, de sept articles: bord interne, dentelé. Front et vertex, également parsémés de petits tubercules granuliformes et piligères. Côtés et dessous de la tête, sans rides transversales. Prothorax, insensiblement rétréci en arrière : dos, convexe et ridé transversalment, quelques grains piligères près du bord antérieur; celui-ci, sans rebord: bord postérieur, rebordé et précédé d'un sillon transversal; rebord, saillant, mais ne s'élévant pas à la hauteur du milieu du dos; sillon sous-marginal, étroit et profond. Élytres, lisses et luisantes.

Couleurs. — Corps, antennes et pattes, noirs. Quatre premiers articles des antennes, labre, mandibules, palpes, prothorax et tarses, rouges. Élytres, noires, fasciées de blanc : bande blanche, unique, transversale, droite et continue. — Oneglia et Pavie, M.ʳˢ Zanella et Géné.

Variétés. — Var. A. semblable au type: vertex et haut du front, rouges. — Bord du Rhin, M.ʳ de Charpentier.

Var. B. semblable à la Var. A., tête entièrement rouge : pattes antérieures, genoux des deux autres paires, base des élytres, de la même couleur. — Sicile, M.ʳˢ Grohmann et Ghiliani.

Var. C. semblable à la Var B., tibias intermédiaires rouges. — Lévant, collection de M.ʳ Dupont.

Sexe. — Incertain.

(6) Dans les *Tilles* et dans la plupart des genres suivants, le vertex est très court, et le front est penché plus ou moins en avant. La longueur propre de la tête ne saurait faire partie de la longueur du corps, avec laquelle elle ferait un angle droit ou obtus, à moins de la supposer redressée et dans une situation forcée. Cette position n'est pas celle des individus de la plupart des collections, et je n'aurais pu y soumettre ceux que j'ai eus sous les yeux, sans m'exposer à les gâter. Aussi toutes les fois qu'on trouvera désormais l'expression abrégée, *long. du corps*, elle sera censée prise du haut du front à l'extrémité postérieure. Lorsqu'il en sera autrement, j'aurai soin d'en avertir.

III. G. TILLUS, *Fabr.*

Antennes, insérées au-dessous des yeux, en face du sommet de l'échancrure oculaire, de onze articles, terminées par une massue en scie de quatre à neuf articles, selon les espèces et même selon les sexes.

Tête, ovalaire : vertex plus court que le front.

Yeux, moyens, distants, transversaux, réniformes, échancrés en dessous.

Labre, découvert, *entier*.

Ouverture de la bouche, grande comme dans tous les genres de cette sous-famille. *Menton*, corné, en rectangle transversal : bord antérieur, largement échancré. *Machoires*, embrassant la base du menton : tige, dilatée extérieurement en angle plus ou moins saillant ; lobes terminaux, arrondis, membraneux et ciliés. *Languette*, membraneuse, bilobée.

Palpes maxillaires, de quatre articles : les trois premiers, obconiques, le premier, très court : le second, plus long et moins épais que le 3.e ; *l'art. 4.e, plus grand que les autres, très faiblement renflé vers le milieu, tronqué à son extrémité.*

Palpes labiaux, de trois articles : 1.er, court obconique ; 2.^{d}, mince et allongé, quelquefois notablement dilaté vers son extrémité, alors applati et coupé obliquement d'arrière en avant et de dehors en dedans ; 5.e, *très grand et très applati, en triangle renversé, tel que le côté externe est le plus long et que l'interne est le plus court.*

Mandibules, fortes, trièdres, arquées et terminées en pointe aiguë : face externe, étroite et convexe ; arête interne, tranchante, tri-échancrée ou plutôt bi-dentée un peu au de-là du milieu ; première dent, plus faible et souvent effacée ; seconde dent, aiguë et assez distante de la pointe apicale.

Prothorax, cylindrique, brusquement rétréci très près du bord postérieur.

Propectus, largement échancré en avant. Ouvertures des hanches antérieures, fermées et placées vers le milieu de la longueur. Poitrine, uniformement convexe et sans renflement remarquable du métasternum.

Abdomen, plus court que les élytres. Ventre, faiblement convexe: bords postérieurs des cinq premiers segments, droits et entiers dans les deux sexes; sixième, arrondi.

Élytres, plus larges que le prothorax: côtés, parallèles; angle sutural postérieur, fermé; bord postérieur, en arc de courbe continue, couvrant l'extrémité de l'abdomen.

Pattes, moyennes. Fémurs n'étant, ni renflés, ni en massue: les postérieurs, ne dépassant pas le troisième anneau. Tibias, droits, à-peu-près de la longueur de fémurs.

Tarses, de cinq articles apparents sous touts les aspects: le premier, aussi bien développé que les suivants, souvent même un peu plus long, plus faiblement échancré en dessus et muni en dessous d'un appendice qui est, tantôt pareil aux autres, tantôt très petit et rudimentaire; 2.^{d}, 5.e et 4.e, à-peu-près égaux entr'eux, larges, déprimés, bifides en dessus et munis en dessous d'appendices membraneux amples et échancrés; 5.e, sans appendice, términé par deux crochets épais, arqués, aigus et armés de deux petites dents outre la pointe apicale.

M.^{r} le Comte de Castelnau a mis à part quelques espèces du *G. Tillus*, pour en former son nouveau *G. Tilloïdes*. Personne ne sent, plus que moi, la nécessité des nouvelles coupes génériques. Mais celle-ci ne m'a rien offert d'assez tranché et j'ai été forcé de la laisser de côté. Le nombre des articles de la scie antennaire ne m'a pas paru aussi constant que Mr de Castelnau a voulu le croire. Les descriptions suivantes en fairont foi. Les différences du corselet et des élytres sont encore moins tranchées, et d'ailleurs leur importance est tout-à-fait secondaire. La longueur du dernier article des palpes maxillaires diffère d'une espèce à l'autre, et elle n'est pas la même dans celles que Mr de Castelnau a laissées dans les mêmes genres.

Cependant plusieurs des caractères génériques de cet auteur m'ont paru très bons, comme caractères spécifiques, et je m'en suis prévalu pour dresser le tableau suivant, dans lequel, mes six espèces connues ont été déterminées d'après leurs formes et *indépendamment de leurs couleurs*.

A. *Scie antennaire*, de neuf articles. I. Til. ELONGATUS, *Fab.*
AA. *Scie antennaire*, de huit articles. II. » UNIFASCIATUS, *Lat.*
AAA. *Scie antennaire*, de sept articles.
    B. *Art.* 6 — 10, plus longs que
       larges. - - - - - - III. » » COLLARIS, *Dej.*
    BB. *Art.* 6 — 10, plus larges que
       longs.
       C. *Elytres*, Striées: stries, for-
          mées de gros points en-
          foncés qui partent de la
          base et qui atteignent les
          trois quarts de la lon-
          gueur. - - - - - - IV. » » PUBESCENS, *Lap.*
       CC. *Elytres*, finement ponc-
          tuées et n'ayant que cinq
          stries dorsales de gros
          points enfoncés, lesquels
          ne dépassent pas le pre-
          mier quart de la longueur.
          D. *Ecusson*, couvert d'une
             épaisse fourrure. - - V. » » SUCCINCTUS, *Dej.*
          DD. *Ecusson* luisant et pre-
             sque nu. - - - - VI. » TRANSVERSALIS, *Cha.*

1. TILLUS ELONGATUS, *Fabr.*

5. Till. antennarum serrà decem-articulatà. — *Tab.* II, *fig.* 2.
Tillus elongatus, *Fab. ent. syst.* 1, 78, 2.

Tillus elongatus, *Fab. syst. eleuth.* 1, 281, 1.

» » *Oliv. ent.* 2, 4, 1, *tab.* 1, *fig.* 1.

» » *Panz. fn. germ.* 43, 16.

» » *Curt. brit. ent.* 6. 267. 1.

Var. A. — *Tab.* iii, *fig.* 1.

» Tillus ambulans, *Fab. ent. syst.* 1, 78, 2.

» » *id. syst. eleuth.* 1, 281, 8.

» » *Curtis, brit. ent.* 6, 267, 2.

Var. B. Tillus hyalinus, *Sturm, deutsch. fn. tab.* ii, *fig.* 3.

Patrie. — Europe et préférablement ses régions septentrionales ou alpines, assez commun en Allemagne et en Hongrie, très rare en Italie.

Dimensions. — Long. du corps, 3 et $\frac{1}{2}$ lig. — Larg. de la tête, $\frac{1}{2}$ lig. — id. des élytres, mesurée au travers des angles huméraux, 1 ligne.

Formes. — Scie antennaire, de neuf articles dans les deux sexes: les huit premiers, triangulaires, plus allongés dans les mâles que dans les femelles; le dernier, ovalaire, à bord interne sinueux et à extrémité pointue. Yeux, moyens et un peu saillants en dehors du prothorax. Celui-ci, paraissant presque cylindrique et ayant néanmoins deux rétrécissements assez apparents: le premier, moindre, placé près du bord antérieur; le second, plus rentrant, un peu en avant du bord postérieur qui est un peu plus étroit que le bord opposé et qui a un rebord élevé presque aussi haut que le milieu du dos. Tête et prothorax, ponctués et pubescents : points, petits et clair-semés; pubescence, rare. Quelques rides transversales un peu ondulées, au milieu du disque du prothorax : souvent une petite fossette triangulaire, près du bord postérieur. Base des élytres, coupée carrément. Angles huméraux, obtus. Dix stries longitudinales et parallèles de petits points peu apparents, partant de la base et s'effaçant à peu de distance de l'extrémité : espaces intermédiaires, planes, lisses et plus larges que les stries. Tarses postérieurs, étant proportionnellement plus allongés que dans les cinq espèces suivantes : le premier article, quasi deux fois plus long que le second, fortement comprimé et faiblement échancré.

Couleurs. — Antennes, corps et pattes, noirs : pélage, de même. Dos du prothorax, rouge.

Variétés. — Var. A, semblable au type, prothorax noir comme le reste du corps.

Var. B, semblable à la Var. A. Sur le dos de chaque élytres, une bande transversale un peu au-delà du milieu et une barre longitudinale partant de l'angle huméral et atteignant la bande transversale, blanches. — Hongrie, collection de M.ʳ Sturm.

Sexe. — Lorsque l'appareil génital n'est pas en évidence, on ne reconnait les mâles qu'à la longueur de leur scie antennaire dont les articles sont moins serrés et dont les dents sont plus distantes entr'elles. Quelques auteurs ont regardé la Var. A, comme le mâle du type. Le fait n'est pas exact, je possède les deux sexes de cette variété. Il faut cependant avouer que les individus du sexe féminin sont plus rares, tandis que ceux à dos du prothorax noir sont ordinairement des femelles.

2. Tillus unifasciatus, *Latr.*

6. Till. antennarum serrâ octo-articulatâ. — *Tab.* ii, *fig. 4.*
Tillus unifasciatus, *Latr. Gen. Crust. et jnsect.* 1, 269, 2.
»   »   *Sturm. Dt. fn.* 11, 8, 4, *tab.* ccxxvii, *fig.* 6 B. (Figure très bonne.)
»   »   *Dej. loc. cit.* 125.
Clerus unifasciatus, *Fab. syst. eleuth.* 1, 281, 9.
»   »   *Roem. gen. jns.* 45. 43. *tab.* 4. *fig.* 13.
»   »   *Hoppe, en. jns* 33.
Var. A. Tillus tricolor *Dej. loc. cit.* 125, *tab.* ii, *fig.* 5.
Patrie. — Europe centrale, France, Allemagne, Italie septentrionale.

Dimensions. — Long. du corps, 5 lig. — Larg. de la tête,
½ lig. — id. du bord postérieur du prothorax, ⅓ lig. — id. des
élytres, prise aux angles huméraux, 1 ligne.

Formes. — Scie antennaire, de huit articles dans les deux
sexes : les sept premiers, très dilatés du côté interne, triangulaires, aussi larges que longs dans les mâles et plus larges que
longs dans les femelles, dents de la scie plus serrées que
dans l'*Elongatus* ; dernier article, ovalaire et terminé en pointe,
bord interne non sinueux. Corps, finement ponctué et pubescent : pélage, court et rare. Tête, comme dans l'*Elongatus* :
yeux, moins saillants en dehors du prothorax. Celui-ci, proportionnellement plus court, sans rétrécissement près du bord
antérieur ; côtés, d'abord à-peu-près parallèles, se rapprochant
ensuite brusquement un peu en arrière du milieu ; bord postérieur, d'un tiers plus étroit que le bord opposé, faiblement
rebordé. Élytres réunies, deux fois plus larges que le bord
postérieur du prothorax, proportionnellement un peu plus courtes : dix stries longitudinales et parallèles de très gros points
enfoncés, partant de la base et disparaissant brusquement à
peine au-delà du milieu ; cloisons transversales et intervalles
longitudinaux, luisants, un peu convexes, plus étroits que les
diamètres des points enfoncés. Tarses postérieurs, comprimés :
les quatre premiers articles, un peu moins dilatés que dans
le précédent et en conséquence un peu moins distincts ; le
premier, deux fois plus long que le troisième.

Couleurs. — Antennes, corps et pattes, noirs : pélage, de
la même couleur. Tiers antérieur des élytres, rouge : une
bande jaunâtre, de moyenne largeur, en arc de courbe dont
la convexité est tournée en avant, sur la portion noire un
peu au-delà du milieu et précisément derrière la limite postérieure des stries ponctuées.

Variétés. — Var. A, semblable au type, la couleur rouge
s'étendant, sur le dos des élytres, jusqu'à la lisière de la

15

bande transversale jaunâtre. — Un exemplaire de l'ancienne collection Dejean. — France septentrionale, Amiens.

Sexe. — Très difficile à vérifier, quand les parties génitales sont retirées. Cependant toutes choses étant égales d'ailleurs, les mâles sont en général de plus petite taille, leurs antennes sont proportionnellement plus allongées et les dents de la scie antennaire sont moins serrées.

5. Tillus collaris, *Dej.*

7. *Till.* elytrorum serrâ 7-articulatâ, articulis plus longioribus quam latioribus. — *Tab.* ɪɪ, *fig.* 6.
Tillus collaris, *Dej. loc. cit. p.* 125.

Patrie. — L'Amérique septentrionale où il a été recueilli par M.ʳ Leconte.

Dimensions. — Long. du corps, 2. lig. — Larg. de la tête, ½ lig. — id. des élytres mésurées aux angles huméraux, ½ ligne.

Formes. — Taille plus svelte que celle de touts ses congénères, puisque le maximum de largeur n'est que le quart de la longueur. Corps, luisant: pubescence, très rare; ponctuation, inapparente à l'œil nu. Antennes, beaucoup plus longues que la tête et le prothorax pris ensemble: scie antennaire, de sept articles; les six premiers, triangulaires et deux fois au moins plus longs que larges; le dernier, en ovale étroit, terminé en pointe acuminée. Yeux, très saillants en dehors du prothorax. Celui-ci, proportionnellement aussi long que dans l'*Elongatus*, mais plus étranglé en avant et en arrière: côtés, rentrants aux deux extrémités et renflés au milieu. Élytres, de la même forme que dans l'*Unifasciatus*: dix stries de gros points enfoncés, partant de la base et atteignant presque le bord postérieur: une onzième strie semblable, longeant le bord extérieur et s'effaçant un peu au-delà du milieu; intervalles longitudinaux, convexes, à-peu-près de la largeur des stries, mais d'autant plus étroits qu'ils sont plus distants de la suture. Tarses postérieurs, proportionnellement plus courts que dans l'*Elongatus* et moins comprimés que dans l'*Unifasciatus* : le premier article, n'étant pas deux fois plus long que le troisième.

Couleurs. — Yeux, antennes, mandibules et palpes, noirs. Corps et pattes, bruns noirâtres. Tête, d'une teinte moins foncée. Sur le dos du prothorax, une grande tache rouge, dilatée antérieurement et embrassant les côtés, insensiblement rétrécie et arrondie en arrière, n'atteignant aucun des deux bords opposés.

Sexe. — Incertain, un exemplaire de l'ancienne collection Dejean.

4. Tillus pubescens.

8. *Till.* antennarum serrâ 7-articulatâ, articulis plus latioribus quam longioribus, élytris in totâ longitudine striato-punctatis. — *Tab.* iii, *fig.* 5.

Tilloidea pubescens, *Lap. rev de silb.* 4, *p.* 57.

Clerus unicinctus, *Dup. coll.*

Notoxus Hanetii, *Dej. loc. cit. pag.* 126.

Patrie. — Le Sénégal, d'où il a été rapporté par M.ʳˢ Petit et Hanet-Cléry.

Dimensions. — Long. du corps, 5 lign. — Larg. de la tête, 1 lig. — id. du bord postérieur du prothorax, $\frac{3}{61}$ lig. — id. de la base des élytres, $\frac{1}{2}$ ligne.

Formes. — Corps, pubescent et fortement ponctué : pélage hérissé, plus épais que dans les trois espèces précédentes. Antennes, visiblement plus courtes que la tête et le prothorax pris ensemble. Scie antennaire, de sept articles : les six premiers, en triangles renversés plus larges que longs, arête interne arquée, dents de la scie très aiguës ; dernier article, deux fois plus long que l'avant-dernier, oblong et ter-

miné en pointe, son bord interne un peu rentrant. Yeux, de
moyenne grandeur, peu saillants en dehors. Dos du prothorax, plus fortement ponctué : ponctuation, confluente et
rugueuse ; dépression antérieure, nulle ; côtés, s'élargissant immédiatement en partant du bord antérieur, atteignant le maximum
avant le milieu, décrivant ensuite une courbe rentrante qui
atteint le bord postérieur ; celui-ci, à peine un peu plus étroit
que le bord opposé, arrondi et finement rebordé. Élytres réunies, largement échancrées à leur base: angles huméraux, émoussés; côtés, parallèles d'abord, comme dans touts les *Tilles*, mais
commençant à converger et à décrire un arc d'ellipse un peu
au-delà du milieu: une vingtaine de stries de gros points enfoncés, dont le diamètre est plus grand que celui des cloisons
transversales et au moins égal à celui des intervalles longitudinaux, partant de la base et atteignant presque l'extrémité. Les
quatre premiers articles des tarses postérieurs, à-peu-près égaux
en longueur, également larges, bifides en dessus et munis en
dessous d'appendices également apparents.

Couleurs. — Antennes, labre, palpes, prothorax, poitrine
et dernier article des tarses, rouges-bruns. Tête, élytres,
pattes hors l'extrémité des tarses, noirs. Vers le milieu des
élytres, une large bande transversale atteignant les deux bords,
irrégulièrement ondulée en avant, arrondie en arrière, jaune
au bord postérieur, insensiblement plus chargée en couleur en
avant et presque orangée à son bord antérieur. Poils, cendrés.

Sexe. — Incertain. Les quatre exemplaires que j'ai eus sous
les yeux, ne m'ont offert aucune différence appréciable. Celui
de l'ancienne collection Dejean était le seul dont les parties
génitales fussent en évidence: elles étaient du sexe féminin.

5. Tillus succinctus , *Dup.*[t]

9. Till. Antennarum serrà 7-articulatà, articulis plus latio-

ribus quam longioribus, élytris anticé striatim et posticé confusim punctulatis, scutello hirsutie sericeâ obtecto. — *Tab.* iii,
fig. 4.

Notoxus succinctus, *Dup. Coll.*

PATRIE. — Indes orientales.

FORMES et DIMENSIONS. — Elles sont assez ressemblantes à
celles du *Pubescens* pour que je m'arrête aux traits caractéristiques de l'espèce. Ces traits sont peu nombreux, mais ils sont
bien tranchés. Ils consistent dans la différente ponctuation de
la surface des élytres. Dans le *Succinctus*, cette surface est
parsémée de petits points enfoncés qui sont d'abord assez apparents et disposés en stries près de la base, qui deviement
plus petits et plus confusément épars à mésure qu'ils s'en
éloignent, qui n'ont plus vers le milieu aucune apparence de
disposition régulière et qui par leur petitesse deviennent même
impérceptibles à peu de distance de l'extrémité. Il y a de plus, sur
chaque élytre, entre la suture et les angles huméraux, de la
base au premier quart de la longueur, cinq autres stries de
très gros points enfoncés dont le diamètre est égal à celui des
intervalles longitudinaux et supérieur à celui des cloisons transversales. L'Écusson est complétement caché sous une touffe
épaisse de poils allongés et soyeux.

COULEURS. — Antennes hors l'extrémité du premier article,
tête, élytres, poitrine, ventre et pattes hors les hanches
antérieures, noirs. Prothorax et hanches antérieures, ferrugineux.
Sur chaque élytre, une bande claire et jaunâtre plus large
que celle du *Pubescens*, ayant ses deux bords ondulés à ondu-
lation non parallèles, et située, avant le milieu, à tel endroit
que les stries des plus gros points ne l'atteignent pas et que les
rangées des plus petits l'entament ou la dépassent. Bout des
antennes, brun.

SEXE. — Incertain, un exemplaire la collection Dupont.

6. Tillus transversalis.

10. *Till.* antennarum serrâ 7-articulatâ, articulis plus latioribus quam longioribus, élytris anticé striatim et posticé confusim punctulatis, scutello detecto vix pubescente. — *Tab.* 11, *fig.* 1.

Clerus transversalis, *Charp. hor. ent.* 1, 199, 2, *tab.* vi. *fig.* 2. (Bonne figure.)

»   myrmecodes, *Hoffm. apud Dej. cat. pag.* 127.

»   »   *Rossi fn. etr.* 1, 158, 382.

»   »   *Oliv. ent.* iv, 76, 17. *tab.* 2. *fig.* 21.

»   »   *Pettagna specim. insect. fig.* 10.

PATRIE. — Le bassin entier de la Méditerrannée, l'Espagne, l'Italie, la Grèce, le Lévant, les côtes de la Barbarie: commune, en Sicile et en Sardaigne.

DIMENSIONS. — Long. 5 lig. — larg. de la tête, 1. lig. — id. du bord postérieur du prothorax $\frac{2}{3}$ lig. — id. des élytres mésurées aux angles huméraux, 1 et $\frac{1}{7}$ lig. Cette grandeur est très variable. J'ai vu des exemplaires moitié plus petits. Mais leurs proportions relatives m'ont paru les mêmes.

FORMES. — Antennes, plus courtes que la tête et le prothorax pris ensemble : scie antennaire, de sept articles: les six premiers, en triangles renversés, plus larges que longs, augmentant progressivement en largeur sans augmenter en longueur; dilatation triangulaire du premier article de la scie, quelquefois assez peu sensible pour que la scie ne semble que de six articles; dents, très aiguës; dernier article, ovalaire, terminé en pointe mousse, côté interne sans sinuosité et à très faible courbure. Facies, ressemblant à celui de *l'Unifasciatus:* corps, plus mat; ponctuation, plus serrée; pélage, moins rare. Côtés du prothorax, s'élargissant immédiatement en partant du bord antérieur, comme dans le *Pubescens*, et atteignant de même le maximum de largeur vers le premier tiers de leur longueur.

Ecusson, découvert et légèrement pubescent. Surface des élytres, comme dans le *Succinctus*: stries dorsales, prolongées davantage en arrière et dépassant le milieu. Tarses postérieurs, comme dans les deux espèces précédentes.

Couleurs. — Antennes, corps et pattes, noirs. Moitié antérieure des élytres, rouge : sur la portion noire, une grande tache blanche en ovale transversal.

Sexe. — Les mâles ne diffèrent des femelles que par une taille plus petite et par des antennes plus effilées.

Plusieurs auteurs, Rossi, Pettagna, Olivier, avaient confondu cette espèce avec l'*Unifasciatus*. Fabricius avait lui-même convalidé cette errenr, en rapportant à celui-ci, une figure d'Olivier qui appartient au *Transversalis*. M.^r le comte de Castelnau n'a pas connu l'*Unifasciatus*. Ce sont, des exemplaires du *Transversalis* qui ont le premier article de leur scie antennaire moins developpé, qu'il à donnés pour types de son *G. Tilloidea*. Mr de Charpentier est le premier auteur, à ma connaissance, qui ait duement distingué les deux espèces. Mais cet excellent observateur n'a pas fait assez d'attention au nombre des articles des tarses. Il y en a cinq à toutes les pattes, et ils sont assez apparents pour qu'on puisse ne pas s'y tromper. D'après ce caractère, cette espèce ne pouvait plus rester dans le *G. Clerus* où Mrs de Charpentier et Dejean l'avaient placée. Quand nous en serons à ce dernier genre, nous aurons à faire connaître un autre *Clérite* d'Europe qui a au contraire beaucoup de ressemblance avec nos deux *Tilles* et qui est cependant un *Clérus*.

IV. G. PERILYPUS, *Spinola*.

Antennes, placées au devant des yeux, comme dans les genres précédents, terminées en scie de huit articles: les sept premiers, applatis et dilatés à dents obtuses; le dernier, encore applati, ovalaire et obtus.

Yeux, tête et parties de la bouche, comme dans le *G. Tillus.*
Labre, échancré.

Prothorax, presque carré, avec une dépression visible près de chacun des deux bords opposés : côtés, faiblement arqués, atteignant le maximum de largeur vers le milieu de leur longueur; bord postérieur, rebordé, aussi large et aussi élevé que l'antérieur.

Elytres, trois fois au moins plus longues que le prothorax : côtés, parallèles; bord postérieur, arrondi et couvrant l'extrémité de l'abdomen ; angle sutural, fermé.

Propectus, profondément échancré en avant. Ouvertures des hanches postérieures, fermées et placées un peu en arrière du milieu.

Poitrine, renflée.

Ventre, faiblement convexe.

Pattes, minces et de moyenne longueur : *fémurs postérieurs, atteignant l'anus, dépassant l'extrémité des élytres;* tibias, droits.

Tarses, de cinq articles visibles sous touts les aspects: les quatre premiers articles des pattes antérieures et intermédiaires, à-peu-près égaux entr'eux, bifides en dessus, munis en dessous d'appendices membraneux bien apparents, fortement échancrés ou plutôt même bilobés : 1.er et 2.d des pattes postérieures, plus minces que les suivants, obliquement tronqués en dessus, munis en dessous d'appendices très courts et très faiblement échancrés ; 3.e et 4.e, comme leurs analogues dans les deux autres paires de pattes; cinquième article de touts les tarses, terminé par deux crochets courts et néanmoins assez forts; arête inférieure, droite, tranchante, profondément échancrée près de son extrémité, échancrure étroite et anguleuse ensorte que le crochet semble bifide quoique sa pointe apicale soit réellement simple et entière.

Espèce unique. — Perilypus carbonarius , *M.*

11. Peryl. — *Tab.* v, *fig.* 4.

Tillus carbonarius, *Dup. coll.*

Patrie. — Haut-Mexique et Californie.

Dimensions. — Long. du corps, 3. lig. — Larg. de la tête, $\frac{1}{7}$ lig. — id. du prothorax à son maximum, $\frac{1}{3}$ lig. — id. de la base des élytres, $\frac{1}{3}$ ligne.

Formes. — Antennes, velues. Yeux, peu proéminents. Front, très large, presque carré, inégal, ayant deux petites fossettes médianes peu profondes, séparé de la face par une impression suturiforme en arc de cercle dont la convexité est tournée en avant. Corps, luisant, très finement pointillé, peu pubescent. Élytres, mattes, plus fortement ponctuées: pélage, moins rare.

Couleurs. — Antennes, corps et pattes, noirs: pélage, de la même couleur.

Sexe. — Un mâle, de la collection Dupont. Il a une échancrure au bord postérieur de la cinquième plaque ventrale. Femelle , inconnue.

L'ordre du tableau synoptique m'a fait placer le *G. Perilypus* entre le *G. Tillus* et le *G. Callithères.* Mais sous le rapport du *Facies*, il a plus d'analogie avec le *G. Colyphus* composé également d'espèces du Haut-Mexique. Au premier abord, les *Colyphes* ne paraissent différer que par des antennes filiformes ou moniliformes.

V. G. CALLITHERES , *Dejean.*

Antennes , insérées au-dessous des yeux, à quelque distance du contour des échancrures oculaires et un peu plus rapprochées entr'elles que les sommets de celles-ci, de onze articles: le premier, renflé au milieu tronqué à l'extrémité: le second, notablement plus court et plus mince, obconique; les huit suivants, applatis, plus courts, moins dilatés, en triangles renversés tels que leur bord interne est arqué et que leur extrémité est échancrée, augmentant progressivement en largeur et diminuant en longueur; le dernier, applati, ovalaire, deux fois plus long que l'avant-dernier.

Yeux, moyens, peu saillants, latéraux, dirigés obliquement de dehors en dedans et d'avant en arrière, distants et presque en contact avec le bord postérieur de la tête, largement échancrés en avant : échancrure, arrondie.

Vertex, presque nul. *Front*, spacieux et visiblement plus long que large. *Epistome*, large, court, nettement séparé du front par un petit sillon transversal : bord antérieur, droit.

Labre, découvert, en rectangle transversal ; *bord antérieur échancré et cilié*, dépassant l'extrémité des mandibules croisées. Celles-ci, très fortes: face externe, convexe et velue : extrémité bidentée, dents aiguës. *Menton*, en rectangle transversal; bord antérieur, largement et faiblement échancré. *Machoires*, embrassant le menton près de la base, non coudées; tige, cornée ; extrémité bilobée, lobes membraneux arrondis et ciliés, l'externe deux fois plus grand que l'interne. *Languette*, membraneuse, courte, un peu échancrée et ciliée? (7)

Palpes maxillaires, *de quatre articles*: le premier, cylindrique, très petit et très difficile à apercevoir, parcequ'il est souvent enfoncé dans le creux de l'insertion; le 2.ᵈ, très long, dépassant à lui seul la moitié de la longueur totale du palpe, mince et obconique : le 3.ᵉ, court, épais, fortement obconique : *le quatrième n'étant pas de la même forme que le dernier des labiaux*, en forme de gland oblong.

Palpes labiaux, *de trois articles*: le premier, aussi petit et aussi difficile à apercevoir que le premier des maxillaires; le second

(7) Il n'est pas aisé de bien juger des pièces membraneuses, lorsque l'individu est desséché. Elles y sont souvent dans un état de rétraction qui peut induire en erreur. Toutes mes observations ont été faites sur un seul individu de l'ancienne collection Dejean et actuellement de la mienne.

mince, allongé, mais ne faisant pas la moitié de la longueur totale, sub-cylindrique ou très faiblement obconique ; *le troisième*, très grand, applati et fortement *sécuriforme.*

Prothorax, beaucoup plus long que la tête, plus ou moins rétréci en arrière. *Propectus*, plane, largement échancré en avant : fosses coxales, rondes et fermées, placées un peu en arrière du milieu et séparées entr'elles par le prolongement postérieur du prosternum qui est mince et presque tranchant. *Poitrine*, comme dans les *Tilles*: métasternum, un peu plus renflé. *Ventre*, plane ou très faiblement convexe.

Élytres, parallèles, dépassant l'extrémité de l'abdomen, tantôt arrondies postérieurement, tantôt acuminées.

Pattes, moyennes. *Fémurs*, non renflés, peu allongés, les *postérieurs ne dépassant pas le bord postérieur de la troisième plaque ventrale. Tibias*, droits, minces, un peu plus longs que les fémurs.

Tarses, *de cinq articles* également visibles sous touts les aspects : 1.er et 2.d articles des postérieurs, allongés, souvent comprimés, tronqués obliquement en dessus et munis en dessous d'un appendice membraneux plus court et entier: 3.e et 4.e, déprimés, dilatés et plus larges que longs, bifides en dessus et munis en dessous d'appendices bien apparents et largement échancrés ; 5.e art., *à-peu-près de la longueur du premier*, terminé par deux crochets longs arqués et terminés en pointe, à bord interne tranchant et brusquement échancré vers le milieu de la longueur; sommet interne de cette échancrure, anguleux et aigu.

Les formes constantes des trois espèces connues jusqu'à présent, m'ont aidé à les distinguer *indépendamment des couleurs*, comme je l'ai fait dans le tableau suivant.

A. *Extrémités des élytres*, acuminées. I.   Call. acutipennis, *Dej.*

AA. *Extrémités des élytres*, arrondies.

   B. *Stries ponctuées des mêmes*, plus
     étroites que les espaces intermé-
     diaires. - - - - - - - - II.   »   tricolor ,   *Lap.*

  BB. *Stries ponctuées des mêmes*,
     plus larges que les espaces inter-
     médiaires. - - - - - - III.   »   louvelii ,   *M.*

1. Callitheres acutipennis.

12. Callith. élytris posticè productis, apice attenuato mutico.
— *Tab.* iv, *fig.* 1.

Callitheres Joannisii, *Dej. loc. cit. p.* 126.

Jodamus acutipennis, *Lap. rev. de silb.* 4, 3, 39.

Patrie. — Madagascar.

Dimensions. — Long. du corps, prise du la tête jusqu'au bout
des élytres, 9 lig: — la même, en partant du même point et
en s'arrêtant à l'extrémité de l'abdomen, 8 lig. — Larg. de la
tête, 1. et $\frac{1}{4}$ lig. — id. du bord postérieur du prothorax, 1 lig.
— id. de la base des élytres, 1 et $\frac{1}{4}$ ligne.

Formes. — Corps, ponctué et pubescent: pubescence, rare,
fine et allongée ; ponctuation du devant de la tête, confluente et
rugueuse. Impression suturiforme qui limite l'épistome en arrière,
droite en face du front, un peu échancrée des deux côtés en
face des joues. Labre, faiblement échancré. Prothorax, trois fois
plus long que large : côtés , d'abord parallèles, s'élargissant à
peu de distance du bord antérieur et atteignant le maximum
de largeur un peu en avant du milieu, convergeant ensuite
rapidement vers le bord postérieur ; celui-ci, droit, visiblement
plus étroit que l'antérieur, moins élevé que le dos, fortement
rebordé et précédé d'un sillon transversal assez profond. Elytres,
à base droite: angles huméraux, arrondis ; côtés, parallèles; extré-

mités, déprimées, atténuées et obtuses : angle sutural postérieur, ouvert ; points, rapprochés, mais distincts ; six stries longitudinales et parallèles de points enfoncés plus gros et équidistants, dont quatre dorsales et deux latérales, allant de la base jusqu'au premier quart de la longueur. Ponctuation du dessous du corps, plus rare que celle du dos, presque nulle sous le métasternum : un espace lisse et postérieurement arrondi, au bord postérieur des cinq premières plaques ventrales. Écusson, côtés de la poitrine et des quatre premières plaques ventrales, couverts d'un duvet ras et couché en arrière.

COULEURS. — Antennes, corps et pattes, bleus ; teinte du dos, plus matte et plus foncée. Deux premiers articles des antennes, parties de la bouche, prothorax et hanches antérieures, rouges. Poils hérissés, noirâtres. Duvet de l'écusson, de la poitrine et du ventre, blanc de neige. Sur chaque élytre, quatre petits espaces ronds, couverts d'un duvet pareil et de la même couleur, rangés deux-à-deux sur deux lignes longitudinales et parallèles : le premier de la ligne extérieure à peu de distance en arrière des angles huméraux, le second vers la moitié de la longueur ; le premier de la ligne intérieure vers le premier tiers, l'autre au second tier. Ailes, obscures.

SEXE. — Dans les femelles, les bords postérieurs des plaques ventrales sont entiers et droits, la scie antennaire est plus serrée. Deux exemplaires, l'un de ma propre collection fourni par M.ʳ Dupont, l'autre de l'ancienne collection Dejean. Les parties génitales n'y sont pas en évidence.

Dans les mâles, les cinq premiers anneaux sont semblables à ceux de la femelle. Mais il y en a un sixième formé de deux plaques bilobées, à lobes arrondis, telles que la plaque supérieure se prolonge en arrière bien plus loin que l'inférieure. On voit aussi poindre, entre ces deux plaques, l'apex d'une autre pièce droite et perforée qui est sans doute l'étui de la verge. Deux individus, des collections Buquet et Dupont.

2. Callitheres tricolor.

13. Callith. élytris posticè conjunctim rotundatis supra striato-punctatis, striarum singulo interstitio longitudinali striis contiguis latiore. — *Tab.* iii, *fig.* 6.

Pallenis tricolor, *Lap. rcv. de silb.* 4, 40.

Patrie. — Madagascar.

Dimensions. — Long. du corps, 8 lig. — Larg. de la tête 1 et $\frac{2}{3}$ lig. — id. du bord postérieur du prothorax, 1 et $\frac{1}{4}$ lig. — id. de la base des élytres, 2 lignes.

Formes. — Analogues à celles de l'espèce précédente et telles qu'il est difficile de comprendre comment on a pu songer à les mettre dans des genres différents. Corps, proportionnellement plus large. Prothorax, plus court, n'étant guères que deux fois plus long que large : côtés, s'élargissant immédiatement en partant du bord antérieur, atteignant le maximum de la largeur plus près du milieu, et ne décrivant pas de courbe rentrante en approchant du bord postérieur. Celui-ci, proportionnellement moins étroit et à rebord moins saillant. Élytres, uniformément convexes, dépassant à peine l'extrémité de l'abdomen : côtés, parallèles : bord postérieur, arrondi ; angle sutural, fermé ; surface, ponctuée ; points épars et distincts, plus serrés près de l'extrémité ; neuf stries longitudinales et parallèles de points enfoncés plus gros et plus distants, allant de la base jusqu'aux trois quarts de la longueur ; cloisons transversales, planes : intervalles longitudinaux, planes et visiblement plus larges que les stries adjacentes. Ponctuation du dessous du corps, fine et égale : point de duvet, aux côtés du ventre.

Couleurs. — Antennes, noires : 1.er et 2.d articles, rouges. Tête et prothorax, testacés roussâtres. Duvet de l'écusson, blanc de neige. Élytres, violettes : sur chaque, cinq espaces également couverts d'un duvet ras et blanc ; le 1.er, avant le premier

quart de la longueur, entre la seconde et la troisième strie ; le
second , à-peu-près sur la même ligne transversale, à la neuvième : le 3.e , vers le milieu, plus grand que les autres,
allant de la seconde à la quatième ; le 4.e vers le trois quart
de la longueur , entre la septième et la huitième ; le 5.e ,
un peu plus en arrière, le long de la suture. Poitrine et ventre, bleus: duvet latéral de la poitrine, blanc. Pattes, noires:
hanches, trochanters et fémurs, rougeâtres. Poils hérissés , de
la couleur du fond sur le dos, blanchâtres aux pattes et au-
dessous du corps.

Sexe. — Incertain, un bel exemplaire de la collection Gory.

3. Callitheres louvelii.

14. Callith. élytris posticè conjunctim rotundatis supra
striato-punctatis , striarum singulo interstitio longitudinali striis
contiguis minus lato. — *Tab.* iii, *fig.* 5.

Tillus Louvelii, *Dej. loc. cit. pag.* 125.

Patrie. — Le Sénégal, M.r Petit.

Dimensions. — Long. du corps , 7 lig. — larg. de la tête,
1 et ½ lig. — id. du bord postérieur du prothorax , 1 lig. —
id. des élytres aux angles huméraux, 1 et ⅔ ligne.

Formes. — Elles présentent plusieurs traits qui semblent éloigner cette espèce des deux précédentes, et en effet, je pense
qu'elle pourrait former une sous-division du genre , si des nouvelles découvertes augmentaient considérablement le nombre des
espèces. Celle-ci semble faire le passage des *Callitheres* aux *Tilles*,
et notamment aux *T. succinctus* et *pubescens*. Dents de la scie
antennaire, aussi aiguës que dans le *Tricolor*. Labre , très profondément échancré et bilobé: lobes, arrondis. Yeux, de moyenne grandeur , mais visiblement saillants en dehors du prothorax. Épistome, très court. Prothorax, au moins deux fois plus
long que large: dépression antérieure , nulle ; côtés, parallèles

dans les deux premiers tiers de la longueur, rentrants ensuite comme dans le *Joannisii*: bord postérieur et sillon sous-marginal, comme dans le même. Ponctuation du devant de la tête, fine et distincte. Dos du prothorax, plus fortement ponctué: points du milieu du disque, confluents et rugiformes. Élytres, coupées carrément à leur base: angles huméraux, droits; côtés, parallèles; extrémités, dépassant à peine l'abdomen et conjointement arrondies, comme dans le *Tricolor*: dos, uniformément convexe; sur chaque, dix stries de très gros points enfoncés partant de la base; l'extérieure, plus courte, s'effaçant vers le milieu; les autres, atteignant au moins les trois quarts de la longueur. Touts ces points sont très gros et très profonds, ensorte que leur diamètre est plus grand que celui des intervalles longitudinaux et transversaux qui les séparent. Ceux-ci sont planes, lisses et luisants. Au-delà des stries, la surface des élytres n'a plus que des petits points, d'abord oblongs et très serrés, puis graduellement plus arrondis et plus clairsémés jusqu'à l'extrémité qui paraît presque lisse. Tous les poils sont hérissés: il y en a, deux touffes plus épaisses sur le disque du prothorax et une troisième sur l'écusson. Mais le dessous du corps n'est que très légèrement pubescent. Les deux premiers articles des tarses postérieurs sont encore plus longs que le deux suivants, mais moins comprimés, plus larges à leurs extrémités et munis en dessous d'appendices plu apparents.

CouLEURS. — Antennes, tête, moitié postérieure des élytres, pattes et ventre, noirs. Prothorax, poitrine et moitié antérieure des élytres, rouges. Sur chaque élytre, une grande tache transversale et réniforme, postérieurement échancrée, touchant le bord extérieur et n'atteignant pas la suture, située près du milieu, vers la lisière antérieure de la portion noire, d'un blanc sale ou jaunâtre. Pélage, cendré: touffes de poils de l'écusson et du prothorax, blanches.

SEXE. — Deux femelles, l'une de la collection Buquet, l'au-

tre de l'ancienne collection Dejean. Les teintes offrent quelques
différences légères. Le rouge semble pouvoir passer au brun
ou au noir et viceversa. Ainsi dans la première, il y a, sur
le dos du prothorax, un espace noirâtre qui n'est pas nettement
circonscrit, et dans la seconde, la teinte de la tête est rouge-
brune comme celle du prothorax. (8)

VI. G. PRIOCERA, *Kirby.*

Antennes, insérées au dessous des yeux, dans l'espace de l'é-
chancrure oculaire, en face et très près de son sommet, de onze
articles: le premier, grand, épais, sub-cylindrique: le second,
très court, en grain de chapelet; le 3.e, aussi mince et deux
fois plus long que le précédent, faiblement obconique; art. 4 —
10, un peu applatis, plus longs ou au moins aussi longs que
larges, triangulaires, dilatés du côté interne, et formant, avec
le onzième, une espèce de scie: dernier article, un peu plus
grand que l'avant-dernier, ovalaire, à pointe mousse.

Yeux, très grands et néanmoins peu saillants en dehors du
prothorax, largement échancrés en dessous: échancrure, arrondie.

Tête, ronde. *Vertex*, très court. *Front*, étroit, allongé, s'élargissant brusquement au dessous des yeux et s'y confondant insensiblement avec la *Face* et avec l'*Epistome*; bord antérieur de
celui-ci, droit.

(8) M.r le Conte de Castelnau a nommé *Jodamus* et *Pallenis*, les deux genres
qu'il a proposés pour mes deux premières espèces du *G. Callitheres.* Ayant à les réunir,
il me fallait choisir l'un des deux noms et rejeter l'autre. Ce choix aurait été bien
embarrassant, le signalement des deux genres étant d'ailleurs également incomplet et
erroné. Le nom de *Callitheres* avait été publié antérieurement, dans le catalogue de
M.r Dejean. Plusieurs naturalistes se sont mis à leur aise, en décidant que des noms de
catalogue devaient être considérés comme non avenus. Je ne saurais être de leur
avis. Ces noms sont au moins des annonces. Les annonces n'équivalent certainement
pas à des publications, mais elles n'en sont pas moins *Quelque chose.* Or ce
Quelque chose ne saurait être sans valeur, pour celui qui en connaît le sujet, et moi
acquéreur des *Térédiles* de M.r Dejean, possesseur du type de son *G. Callitheres*, aurais-
je été admissible à affecter une incroyable ignorance sur le sens de cette dénomination?

Labre, court, transversal, uni-échancré ou bilobé : lobes, larges et arrondis.

Mandibules, fortes et ramassées, trièdres: face externe, convexe: sommet, aigu ; arête interne, profondément échancrée un peu au-delà du milieu ; sommet interne de l'échancrure, distant de son sommet externe qui est aussi celui de la mandibule.

Menton, corné à sa base, membraneux en avant, en rectangle transversal: bord antérieur, largement et faiblement échancré. *Languette*, entièrement membraneuse et fortement échancrée. (9)

Machoires, embrassant le menton à son origine: tige, cornée, large et coudée d'abord, diminuant ensuite de largeur jusqu'à la naissance des palpes, terminée par deux lobes membraneux et ciliés : lobe interne, rond et court; lobe externe, étroit, allongé et dépassant ordinairement l'arête inféro-externe des mandibules.

Palpes maxillaires, de quatre articles: le premier, très petit, comme dans la plupart des *Clérites*, n'est pas représenté dans *Kirb. cent. jns. ed. de Lequien, pl.* 1, *fig.* **7** *a.*, quoique cet excellent observateur en ait fait mention dans le texte de son ouvrage; le second, long, obconique; le troisième, court, épais, sub-cylindrique ; *le dernier, n'étant pas de la forme du dernier des labiaux*, le plus grand de touts, encore sub-cylindrique, mais un peu renflé au milieu, extrémité tronquée.

Palpes labiaux, plus longs que les maxillaires, *de trois articles:* le premier mince et court; le 2.ᵈ aussi mince que le 1.ᵉʳ, mais beaucoup plus long, un peu obconique; *le troisième*, très grand et très applati, triangulaire et *sécuriforme.*

Prothorax, coupé antérieurement de haut en bas et d'avant en arrière, ensorte que la pièce dorsale ou *Tergum* est beau-

<hr>

(9) M.ʳ **Kirby** dit qu'elle est bifide, ce qui prouve que l'échancrure lui a paru plus longue et plus étroite, circonstance qui tient probablement à l'état différent de l'exsiccation des exemplaires que nous avons observés.

coup plus longue que la pectorale ou *Prosternum*: côtés, parallèles d'abord, convergents ensuite jusqu'au bord postérieur; celui-ci, toujours plus étroit que le bord opposé et moins élevé que le milieu du dos. Fossettes des hanches antérieures, très grandes, placées près du bord postérieur et ouvertes en arrière. Prolongement intermédiaire du prosternum, sub-linéaire, sillonné, rebordé et terminé en palette plane.

Bord antérieur du *Mésosternum*, bien échancré en avant: échancrures, larges, arrondies, fermant postérieurement les ouvertures prosternales des hanches antérieures.

Métasternum, plus ou moins renflé, selon les différentes espèces.

Élytres, parallèles, dépassant l'extrémité de l'abdomen. Toutes les plaques ventrales, entières dans les femelles : la cinquième seulement, échancrée dans les mâles.

Pattes, moyennes. *Fémurs*, en massue: les *postérieurs, ne dépassant pas l'extrémité des élytres.* Touts les *Tibias* ayant, à leur face externe et à leur extrémité tarsienne, une fossette longitudinale qui est évidemment faite pour recevoir les premiers articles des tarses, lorsque ceux-ci sont un peu relevés. Ce caractère n'est point indifférent, car il met en évidence un moyen de contraction et une habitude de repos qui doivent être particulières aux *Priocères*, et que nous n'avons observées jusqu'à présent dans aucun autre *Clérite*.

Tarses, de cinq articles visibles sous touts les aspects : les quatre premiers, à-peu-près égaux entr'eux, courts, larges, bifides en dessus et munis en dessous d'appendices membraneux grands et entiers: *cinquième article,* mince, sans appendice membraneux, *aussi long que les quatre autres pris ensemble*, et terminé par deux crochets aigus et éperonnés, ou pour mieux dire, armés au bord interne d'une petite dent placée très près de la base.

Les cinq espèces qui composent actuellement ce genre bien

distinct et dont quatre me semblent nouvelles, ont des formes assez tranchées pour que j'aie pu disposer le tableau synoptique suivant, dans lequel je les ai signalées *indépendamment de leurs couleurs.*

A. *Extrémités des élytres*, entières et
    conjointement arrondies.
    B. *Élytres*, n'ayant plus de traces
        de stries longitudinales au-
        delà du premier tiers de leur
        longueur. - - - - - - - I. Prioc. variegata, $K.^{by}$
    BB. *Élytres*, striato-ponctuées de
        la base jusques au-delà du
        milieu.
        C. *Stries latérales,* moins fortes
            que les dorsales. - - - II. » pustulata, *Dup.*
        CC. *Stries latérales*, aussi for-
            tes que les dorsales. - III. » rufescens, *Dej.*
AA. *Extrémités postérieures des ély-*
    tres, tronquées et faiblement
    échancrées. - - - - - - IV. » decorata, *Dup.*
AAA. *Extrémités postérieures des ély-*
    tres, bi-épineuses et profondé-
    ment échancrées. - - - - - V. » Reichei, *Spin.*

1. Priocera variegata, *Kirby.*

15. Prioc. élytris integris sub-lævibus, basi tantüm punctis magnis et distantibus irroratà. — *Tab.* iv, *fig.* 2.
    Priocera variegata, $K.^{by}$ *tr. linn. soc.* 12, 479, *pl.* 1, *fig.* 7.
        »   » *centur d'ins. ed. de Lequien. p.* 16,
                    n. 20, *pl.* 1, *fig.* 6.
        »   *Guérin, reg. anim. ins. fig.* 10.

PATRIE. — Brésil.

DIMENSIONS. — Long. du corps, 8 lig. — largeur de la tête, 1. et ½ lig. — id. du bord postérieur du prothorax, 1 lig. — id. de la base des élytres, 2 lignes.

FORMES. — Corps, luisant, finement pointillé et peu pubescent: poils hérissés, un peu plus abondants sur les côtés du prothorax. Sept premiers articles de la scie antennaire, plus longs que larges: dents de la scie, anguleuses, angles n'ayant pas moins de 45.° Front, très étroit. Dos du prothorax, inégal, déprimé en avant, excavé au milieu et sillonné transversalement en arrière: dépression antérieure, se confondant insensiblement avec la fossette médiane; sillon postérieur sous-marginal, étroit et profond, rebordé en arrière un peu en avant du bord postérieur; celui-ci, notablement plus étroit que le bord opposé, faiblement rebordé; côtés, commençant à s'élargir en partant du bord antérieur, n'atteignant le maximum de la largeur qu'au-delà du milieu, convergents en arrière en courbes rentrantes. Écusson, convexe, en ovale transversal; contour postérieur, déprimé et cilié. Surface des élytres, lisse; quelques points enfoncés très gros et inéquidistants, disposés en stries, de la base jusqu'au premier tiers de la longueur: stries longeant la suture et le bord antérieur, plus régulières que les autres et atteignant le milieu; extrémités, conjointement arrondies.

COULEURS. — Antennes, noires: bord antérieur de chaque dent de la scie antennaire, brun. Tête, prothorax, dessous du corps hors les deux derniers anneaux de l'abdomen, pattes hors les tarses, noirs. Élytres, rouge-brunes: vers le milieu de chaque, une grande tache irrégulière, s'étendant jusqu'au bord extérieur et n'atteignant pas la suture, jaune; derrière la tache jaune, un autre grand espace irrégulier, noir; quelques autres taches jaunes, plus petites et moins constantes, éparses en avant de la grande; extrémité postérieure, rouge-brune, unicolore. Quatrième et cinquième plaques ventrales, rousses. Tarses, testacés rougeâtres. Poils, cendrés.

Variétés. — Dans l'exemplaire que j'ai eu sous les yeux, on voit deux grandes taches jaunes, près des angles huméraux. Dans celui qui a été décrit et figuré par le D.ᵣ Kirby, chacune de ces taches est représentée par deux autres plus petites et peu distantes.

Sexe. — Une femelle, de la collection Buquet. Mâle, inconnu.

2. Priocera pustulata, M.

16. Prioc. élytris integris a basi ultra medium striato-punctatis, striis exterioribus ferè obsoletis. — *Tab.* iv, *fig.* 4.

Tillus pustulatus, *Dup. coll.*

Patrie. — Mexique.

Dimensions. — Long. du corps, 4 lig. — Larg. de la tête ½ lig. — id. du bord postérieur du prothorax ½ lig. — id. de la base des élytres, 1 lig.

Formes. — Antennes, comme dans l'espèce précédente. Front, proportionnellement plus large, ponctuation moins forte et pubescence plus rare. Dos du prothorax, plus convexe: dépression antérieure, moins sensible; fossettes médianes, nulles. Surface des élytres, striée de la base jusqu'au-delà du milieu: stries, faites de points enfoncés petits et un peu oblongs; les trois extérieures, presque oblitérées et ne consistant qu'en trois ou quatre points clairsémés et inéquidistants. Espaces longitudinaux intermédiaires, plus larges que les stries.

Couleurs. — Antennes, brunes. Corps et pattes, noirs: quatre taches jaunes, sur chaque élytre; la première, petite, ponctiforme, près du milieu de la base; la seconde, plus grande, difforme, sur les flancs de l'élytre, occupant tout l'espace compris entre la quatrième et la huitième strie: la troisième, un peu au de-là du milieu, entre la seconde et la quatrième, au

point où celles-ci commencent à disparaître ; la quatrième, très
grande, près du bord postérieur.

Sexe. — Une femelle, de la collection Dupont : exemplaire,
en mauvais état, le prothorax et les élytres avaient été recollés
et l'écusson avait disparu.

5. Priocera rufescens.

17. Prioc. élytris integris punctato-striatis, striis etiam exterioribus a basi ad apicem propè productis. — *Tab.* IV, *fig.* 2.

Notoxus rufescens, *Dej. loc. cit.* **126.**

Notoxus Leprieurii, *Buq. coll.*

Patrie. — L'Amérique Septentrionale, M.ʳ Leconte. Le Brésil, M.ʳ Leprieur.

Dimensions. — Long. du corps, 5 lig. — Larg. de la tête,
⅟ lig. — id. du bord postérieur du prothorax, ⅟₆ lig. — id. de
la base des élytres, ⅟₃ ligne.

Formes. — Semblables à celles de l'espèce précédente. Dos du
prothorax, égal et presque plane : sillon postérieur sous-marginal, placé plus près du bord postérieur et sans rebord propre. Ecusson, luisant, convexe : contour, ridé transversalement
et n'étant, ni déprimé, ni cilié. Sur chaque élytre, dix rangées longitudinales, parallèles et équidistantes, de points enfoncés de moyenne grandeur, commençant plus au moins près
du bord antérieur et finissant à peu de distance de l'extrémité.

Couleurs. — Antennes, corps et pattes, roux ou fauves,
Sur chaque élytre, une grande tache noire allant du premier
tiers aux trois quarts de la longueur, ne touchant, ni la
suture, ni le bord postérieur, fortement échancrée à l'angle
antéro-interne, coupée en ligne droite au bord postérieur : deux
autres taches jaunes, petites et arrondies, la première sur
les flancs de l'élytre en avant de la grande tache noire,
l'autre dans le fond de l'échancrure de la même tache.

SEXE. — Trois femelles et un mâle, de l'ancienne collection Dejean et actuellement de la mienne. Le dernier a ses parties génitales en évidence. Sa cinquième plaque ventrale est largement et faiblement échancrée. Au reste, il est parfaitement semblable aux trois individus de l'autre sexe.

4. PRIOCERA DECORATA.

18. PRIOC. élytris apice truncatis latè emarginatis. — *Tab.* v, *fig.* 1.

Tillus decoratus, *Dej loc. cit.* 125.

    »   »   *Dup. coll.*

    »   sex-punctatus, *Buq. coll.*

PATRIE. — Le Brésil, M.ʳ Dreux.

DIMENSIONS. — Long. du corps, 4 lig. — Larg. de la tête, 1 lig. — id. du bord postérieur du prothorax, $\frac{3}{4}$ lig. — id. de la base des élytres, 1 et $\frac{1}{4}$ ligne.

FORMES. — Antennes, comme dans les espèces précédentes. Taille, plus svelte, comme on peut en juger par les dimensions ci-dessus. Corps, très lisse et très luisant: ponctuation de la tête, n'étant pas plus marquée que celle du prothorax et n'étant également visible qu'à l'aide d'un forte loupe. Dos du prothorax, inégal comme celui de la *Variegata :* inégalités, semblables, mais moins prononcées; sillon sous-marginal, plus éloigné du bord postérieur : espace intermédiaire, sans rides et sans rebord. Écusson, plane, en demi-circonférence de cercle. Élytres, persque carrées à leur base: angles huméraux, obtus ; dos, plane avec cinq stries de gros points enfoncés qui partent de très près de la base et qui parviennent au milieu de l'élytre: flancs, brusquement renversés en dessous, lisses avec une seule strie naissant en arrière de angles huméraux, longeant le bord extérieur et se perdant avant d'atteindre le milieu; bord postérieur, coupé obliquement d'avant en arrière

et de dehors en dedans, échancré en arc de cercle à faible
courbure: angle sutural postérieur, obtus; sommet extérieur de
l'échancrure, proéminent. Pattes, courtes et proportionnellement plus fortes que dans les trois espèces précédentes.

SEXE. — Trois femelles. Mâle, inconnu. Dans un exemplaire
de la collection Buquet, les pattes sont restées en état de contraction et on y voit encore les tarses retirés dans les fossettes
des tibias.

5. PRIOCERA REICHEI, *M*.

19. PRIOC. élytris apice profundius emarginatis uni-spinosis.
— *Tab.* 18, *fig.* 2.

PATRIE. — Colombie.

DIMENSIONS. — Long. du corps, **7** lig. — id. du prothorax
2 lig. — id. des élytres, **4** et $\frac{1}{3}$ lig. — Larg. de la tête, **1**
et $\frac{1}{3}$ lig. — id. du prothorax à son maximum, **1** et $\frac{1}{4}$ lig. —
de la base des élytres, **2** lignes.

FORMES. — Antennes, du genre. Front, fortement ponctué,
mat et pubescent: poils hérissés, peu serrés, flexibles et allongés. Dos du prothorax, plus luisant et plus finement ponctué:
points, plus petits et plus distants; pélage, plus rare; côtés,
parallèles dans les premiers trois quarts de la longueur; dépression
antérieure et rétrécissement postérieur, moindres que dans les
quatre espèces précédentes; une petite fossette oblongue, au
milieu du dos; sillon transversal, large, peu profond, voisin du
bord postérieur; celui-ci, mince, sans rebord, à peine plus
étroit que l'antérieur. Élytres, lisses et très luisantes, inégale-
ment convexes, ayant leur maximum de hauteur vers le milieu
du dos, planes et presque concaves près de la suture: celle-ci,
peu saillante; flancs, lisses à l'œil nu et brusquement renversés en dessous; cinq ou six stries dorsales de gros points enfoncés, d'autant plus régulières et plus continues qu'elles sont plus

18

voisines de la suture, commençant à peu de distance de la base
et disparaissant au-delà du milieu; quelques autres points, également gros et inéquidistants, longeant le bord extérieur; côtés,
parallèles dans les deux premiers tiers de la longueur, convergents au-delà et contournés en arcs d'ellipse; bord postérieur,
profondement échancré d'avant en arrière et de devant en
dehors; échancrure, étroite et arrondie; sommet extérieur de
l'échancrure, prolongé en arrière, aigu et spiniforme.

Couleurs. — Antennes, labre et autres parties de la bouche
hors les mandibules, trois derniers anneaux de l'abdomen,
extrémités tarsiennes des tibias, tarses entiers, roux. Tête, mandibules, prothorax, poitrine, base de l'abdomen, hanches, trochanters, fémurs et bases des tibias, noirs. Élytres, noires:
dos, marbré de jaune de la base jusqu'au-delà du milieu;
une grande tache de la même couleur, ne touchant à aucun
des bords et isolée à peu de distance de l'extrémité. Poils,
jaunes dorés.

Sexe. — Incertain, un exemplaire de la collection Reiche.

VII. G. AXINA, *Kirby.*

Le *G. Axina* est si voisin du *G. Priocera* que j'ai décrit
avec assez de détail, qu'il me suffira d'indiquer ici ses traits
caractéristiques.

1.º *Dernier article des palpes maxillaires, de la même forme
que le dernier des labiaux*, applati, dilaté, en triangle renversé
et sub-sécuriforme. (10)

2.º *Fossettes tibiales*, très courtes, arrondies et *ne pouvant
loger tout au plus que le premier article des tarses.*

(10) Le D.ʳ Kirby n'a attribué que trois articles aux *palpes maxillaires* et la figure
qui accompagne sa description, représente très bien les trois derniers. Il en a toutefois
quatre. Le premier a échappé au savant Anglais. Il est petit, très court, cylindrique,
ordinairement retiré dans le creux de la machoire : il n'est visible, dans les individus
desséchés, qu'au moyen d'une dissection.

5.º *Cinquième article de tous les tarses, moitié moins long que les quatre autres pris ensemble.*

Le Dr Kirby nous a fait connaître la plus grande et la plus belle espèce de ce genre peu nombreux. J'ai eu le bonheur d'en découvrir une seconde, confondue avec les *Tilles* de l'ancienne collection Dejean. La diverse ponctuation nous suffira pour les distinguer, *indépendamment des couleurs.*

1. AXINA ANALIS, *Kirby.*

20. Ax. élytrorum dorso anticè striato-punctato, striarum punctis maximis inæquidistantibus. — *Tab.* v, *fig.* 2.

Axina analis, *Kirby cent. d'ins. ed. de Leq. p.* 17, *n.* 21, pl. 4, *fig.* 6.

Notoxus crassipes, *Dup. coll.*

PATRIE. — Le Brésil.

DIMENSIONS. — Long. du corps, 5 lig. — Larg. de la tête, ⅔ lig. — id. du prothorax à son maximum, ⅗ lig. — id. de la base des élytres, 1 ligne.

FORMES. — Antennes, visiblement plus longues que la tête et le prothorax pris ensemble. Corps, ponctué et pubescent: points, petits et distincts; pélage, hérissé, fin, plus épais aux pattes et sur les flancs. Yeux, moyens et saillants. Front, très rétréci en avant, ayant une petite fossette au milieu. Prothorax, sub-cylindrique, un peu renflé au milieu: bords opposés, également larges et également élevés; côtés, parallèles; dos, inégal comme dans la *Prioc. variegata;* dépression antérieure, se confondant insensiblement avec la fossette médiane ; sillon sous-marginal, peu profond, effacé latéralement. Écusson, transversal. Élytres, à base droite: angles huméraux, obtus; côtés, parallèles; bord postérieur, en arc de cercle; angle sutural postérieur, fermé ; flancs, brusquement renversés en bas; dos, quasi plane, ayant six ou sept rangées longitudinales de gros points enfoncés inéquidistants qui partent de la base et qui dépassent les trois quarts de l'élytre. Métasternum, un peu renflé. Ventre, plane : bord postérieur du cinquième anneau, droit. Pattes, moyennes : fémurs, en massue comme dans les *Priocères*, mais moins renflés que dans ceux-ci.

Couleurs. — Antennes et dessus du corps, fauves : extrémité postérieure des élytres, plus pâle. Deux bandes larges longeant les deux côtés et allant du bord antérieur du prothorax aux trois quarts des élytres, noires. Pattes et dessous du corps, noirs. Extrémités tarsiennes des tibias, tarses et trois derniers anneaux de l'abdomen, jaunes. Pélage, blanchâtre. Ailes, hyalines : nervures, téstacées.

Sexe. — Incertain, un individu de la collection Dupont.

Axina sex-maculata , *M.*

21. Ax. élytrorum dorso anticè striato-punctato, striarum punctis minoribus approximatis æquidistantibus. — *Tab.* v, *fig.* 3.

Tillus sex-maculatus, *Dej. loc. cit. p.* 125.

Patrie. — Le Brésil.

Dimensions. — Long. du corps, 4 lig. — Larg. de la tête, ½ lig. — id. du prothorax à son maximum, ¾ lig. — id. de la base des élytres, 1 ligne.

Formes. — Taille, moins svelte que celle de l'*Analis* et plus ressemblante à celle des *Priocères*. Front, proportionnellement plus large, sans fossette médiane et uniformément convexe. Yeux, moyens et peu proéminents. C'est ce défaut de la saillie latérale des deux yeux qui produit l'égalité de la largeur entre la tête et le prothorax. Sillon postérieur de celui-ci, mieux prononcé, s'étendant davantage sur les côtés et rebordé en arrière : bord postérieur, également rebordé, plus étroit et moins élevé que le bord opposé. Écusson, en ovale transversal, excavé au milieu. Élytres, plus régulièrement convexes, moins applaties près de la suture, moins brusquement renversées sur les côtés : cinq rangées longitudinales de points enfoncés, allant de la base jusqu'au milieu, entre la suture et les angles huméraux ; points, de moyenne grandeur, rapprochés et équidistants ; deux autres rangées moins régulières de points d'inégale grandeur et inéquidistants, près du bord postérieur. Métasternum, notablement renflé. Bord postérieur de la cinquième plaque ventrale, largement échancré ; sixième plaque, apparente, assez grande et arrondie. Pattes, proportionnellement un peu plus fortes que dans l'*Analis.*

Couleurs. — Antennes, corps et pattes, fauves. Tête, une bande transversale au bord antérieur du prothorax, une grande tache aux angles huméraux, une autre plus petite sur le dos des élytres avant le milieu, une bande large et commune en arrière du point où s'effacent les stries ponctuées, enfin une petite tache à la massue de chaque fémur postérieur, noires.

Sexe. — Incertain, un seul individu de l'ancienne collection Dejean. — Mâle ?

Ce ne sera que pour exposer mes doutes que je ferai ici mention d'un *Clérite* très remarquable qui fait partie de la collection de M.ʳ Reiche, et qui y est coté *n.*° 100, *Tillus sanguinicollis.* — *Manille.*

Cet individu est très endommagé. Ses antennes sont mutilées. Cependant on voit qu'elles ont été terminées en scie. Il en est de même des tarses. Tout annonce qu'ils ont été de cinq articles. Ces deux traits, combinés avec une tête ovalaire, nous prouvent que cet insecte appartient à la sousdivision I. B. C. D. E. et FF. de notre tableau synoptique des genres. Mais je ne saurais rien dire de plus sur sa place rationnelle. La conformation du prothorax est frappante. Son bord antérieur est aussi large que le bord postérieur de la tête. Son dos est antérieurement très convexe et quasi gibbeux. Ses côtés se rétrécissent immédiatement d'avant en arrière, ensorte que le maximum de la largeur est au bord antérieur. Vers les deux tiers de la longueur, il y a,

un étranglement très remarquable qui est sans doute l'analogue
du sillon sous-marginal que nous avons observé dans d'autres
Clérites. Mais il a dans l'espèce de Manille, un si petit diamètre transversal, il est si distant du bord postérieur et la pente de
de ses bords est si bien graduée, que le prothorax paraît ré-
sulter de la réunion de deux cones tronqués qui se touchent
par les faces de leur troncature et tels que l'antérieur est
au moins le double du postérieur. Des parties de la bouche, je n'ai pu me rendre compte que des derniers articles
des palpes. Le dernier des labiaux, n'a rien d'anormale. Il est
applati, dilaté et sub-sécuriforme. Le dernier des maxillaires
n'a pas la même forme. Il est très mince, mais non applati.
Son maximum de largeur est à peu de distance de son articulation. Il paraît ensuite terminer en pointe. Mais à l'aide d'une
forte loupe, on peut s'assurer que son extrémité est tronquée.
Très probablement, lorsque cette espèce sera mieux connue,
elle sera le type d'un genre bien distinct. Mais en attendant,
je me garderai bien de le nommer. Les noms ne sont que les
étiquettes des places, et ils ne servent à rien, quand les
places n'ont pas été fixées à l'avance.

Le *Tillus sanguinicollis* a environ une demi ligne de largeur
sur cinq lignes de longueur. Son corps est cylindrique, à part
l'étranglement extraordinaire du prothorax, car la largeur des
élytres est égale à celle de la tête. Celle-ci est un peu enfoncée
sous le corcelet, ensorte que le vertex est nul ou inapparent.
La ponctuation est fine et distincte: le pélage, rare et hérissé.
On voit plusieurs rides longitudinales, sur les côtés de l'étranglement prothoracique. Elles atteignent le bord postérieur qui est
sensiblement rebordé. On compte, sur les élytres, dix stries
longitudinales de très gros points enfoncés qui vont jusqu'aux
trois quarts de la longueur: espaces intermédiaires, étroits et
convexes; extrémité, pubescente et presque inponctuée.

VIII. G. XYLOBIUS , *Guérin.*

Antennes, moniliformes, distantes, naissant au-dessous des yeux, dans l'intérieur de l'échancrure oculaire, à peu de distance de son sommet, de onze articles: le premier, épais, sub-cylindrique ; le second, très court et obconique : *art.* 3 — 10, *en grains de chapelet*, ronds ou oblongs, un peu renflés au-delà du milieu, n'étant ni applatis ni dilatés du côté interne, augmentant progressivement en largeur sans diminuer sensiblement en longueur ; onzième et dernier, deux fois plus long que l'avant-dernier, en olive à pointe obtuse dans les mâles, semblable aux précédents et à extrémité arrondie dans les femelles.

Yeux, distants, latéraux, presque ronds, échancrés en dessous à échancrure étroite et arrondie, de moyenne grandeur, mais très saillants en dehors du prothorax.

Tête, ovalaire. *Vertex*, très court. *Front*, très large, arrondi en avant, se confondant avec la *Face*, séparé de l'épistome par un petit sillon très étroit et peu enfoncé. *Epistome*, court, transversal : bord antérieur, droit.

Labre, presque aussi long que large, assez avancé pour couvrir l'extrémité des mandibules quand elles sont croisées ; bord antérieur, échancré et cilié.

Dernier article des palpes maxillaires, mince, allongé et même un peu acuminé: extrémité, tronquée. *Dernier article des labiaux*, très grand, applati, largement sécuriforme: pénultième, mince et très allongé.

Autres *Parties de la bouche*, inobservées.

Prothorax, long, étroit, cylindrique : côtés, parallèles dans les premiers trois quarts de la longueur, convergents au-de-là ; bord postérieur, un peu plus étroit et moins élevé que l'antérieur.

Prosternum, profondement échancré en avant et beaucoup plus court que le *Tergum :* ouvertures des hanches antérieures, fermées et placées un peu en arrière du milieu.

Mésosternum, un peu avancé en pointe, mais sans échancrures latérales propres à entourer les hanches antérieures.

Métasternum, renflé.

Ventre, plane : les quatre premiers anneaux, entiers dans les deux sexes.

Écusson, petit, à-peu-près aussi long que large.

Elytres, parallèles, dépassant l'extrémité de l'abdomen, coupées carrément à leur base : angles huméraux, arrondis.

Pattes, minces, de moyenne longueur. *Fémurs*, n'étant pas renflés en massue : antérieurs, un peu plus épais ; *postérieurs, ne dépassant pas le quatrième anneau de l'abdomen.*

Tarses, minces, effilés : 1.er et 2.d art., longs, comprimés, tronqués et munis en dessous de très petits appendices rudimentaires ; 3.e et 4.e, courts, larges, déprimés, munis d'appendices apparents et faiblement échancrés : 5.e, aussi long que les 3.e et 4.e pris ensemble, terminé par deux crochets dont l'arète interne m'a paru unidentée.

1. Xylobius azureus, *M.*

22. Xyl. élytris apice integris, — *Tab.* vii, *fig.* 2.
Tillus azureus, *Kl. jns. mad.* **70**, 8, *tab.* 3, *fig.* 6.
Patrie. — Madagascar.
Dimensions. — Long. du corps, 3 lig. — larg. de la tête, ¦ lig. — id. du bord postérieur du prothorax, ⅓ lig. — id. de la base des élytres.
Formes. — Corps, plus rigoureusement cylindrique que dans la plupart des *Clérites*, parceque la base des élytres n'est pas plus large que la tête mesurée à la hauteur des yeux, ponctué et pubescent : points du devant de la tête et du dos du pro-

thorax, plus gros que les autres et assez rapprochés, mais ronds, nettement circonscrits et bien distincts; sur chaque élytre, dix stries régulières de points enfoncés, très gros et équidistants, partant de la base des élytres et dépassant le milieu : espaces intermédiaires, planes et finement pointillés. Bord postérieur du prothorax, rebordé : sillon sous-marginal, étroit et profond. Élytres, étroites et allongées: callus huméraux, saillants; côtés, parallèles dans toute la longueur de l'élytre; bord postérieur, en arc de cercle; angle sutural postérieur, fermé ; trois petits espaces arrondis, le 1.er derrière le callus entre la cinquième et la septième strie à partir de la suture, le 2.d un peu en avant du milieu entre la troisième et la quatrième, le 3.e sur la même ligne que le 1.er au point où finissent les stries, couverts d'un duvet de poils ras et couchés en arrière. Flancs de la poitrine, couverts du même duvet. Dessous du corps, luisant, presque lisse; ponctuation, inapparente. Poils hérissés, courts, fins et clairsemés.

COULEURS. — Antennes, jaunes ♂, jaunes à leur base et brunâtres à leur extrémité ♀. Tête, testacée ♂, bleue avec le labre et l'épistome jaunâtres ♀. Prothorax, poitrine et élytres, bleus. Pattes jaunes et genoux bleus, ♂. Fémurs et tibias bleus avec la base des fémurs et l'extrémité tarsienne des tibias jaunes, ♀. Duvet, ras, blanc de neige; poils hérissés, cendrés.

SEXE. — Une femelle, de la collection Reiche. La cinquième plaque ventrale est entière, comme les autres.

Un mâle de la collection Dupont. La cinquième plaque ventrale est fortement échancrée et laisse voir la sixième qui est courte, tronquée ou très faiblement échancrée.

2. Xylobius elegans, *Guérin.*

25. Xyl. elytris apice acutè productis — *Tab.* vi, *fig.* 1.
Xylobius elegans, *Guér. regn. anim.*

Patrie. — Madagascar.

Dimensions. — Long. du corps, 7 lig. — largeur de la tête,
? lig. — id. du bord postérieur du prothorax, ? lig. — id. de
la base des élytres, ? lignes.

Formes. — L'individu que j'ai eu sous les yeux avait perdu
ses antennes, aussi ai-je été quelque temps dans le doute
sur le genre de l'espèce. Taille, plus svelte que celle de
l'*Azureus:* prothorax, proportionnellement plus long et plus
étroit; sillon postérieur sous-marginal, plus large et plus profond. Ponctuation du dos et poils hérissés, semblables : point
de duvet ras et couché en arrière, aux flancs de la poitrine.
Trois espaces couverts de ce duvet, à chaque élytre et aux
mêmes endroits que dans l'*Azureus.* Stries ponctuées, disparaissant plus près du milieu : celles qui commencent derrière
les angles huméraux, moins régulières et moins bien prononcées que les autres. Côtés, parallèles : bord postérieur, terminé en pointe ; angle sutural postérieur, ouvert.

Couleurs. — Tête, prothorax et pattes, testacés rougeatres.
Élytres, poitrine et abdomen, bleus. Duvet ras, blanc de neige:
poils hérissés, cendrés.

Sexe. — Une femelle, de la collection Guérin. Toutes les
plaques ventrales sont entières.

IX. SYSTENODERES, *M.*

Les espèces connues de ce joli genre réunissent au *Facies* du
G. Clerus, les traits particuliers du *G. Colyphus* qui va suivre et

qui sera décrit avec plus de détail. Je me permettrai en conséquence de renvoyer, à cet article, la description de tout ce qui est commun aux deux genres, et de me borner maintenant aux caractères propres des *Systénodères*. Ce sont :

1.º *Le corps, proportionnellement plus large et plus court* : les élytres, étant tout-au-plus deux fois plus larges que le prothorax.

2.º *Le prothorax, brusquement rétréci en arrière* ; le bord postérieur, étant visiblement plus étroit et moins élevé que l'antérieur.

3.º *Les appendices des deux premiers articles des tarses, petits et rudimentaires.*

4.º *Les crochets des tarses, simples et sans dents à leur arête interne.*

1. SYSTENODERES AMÆNUS, *M.*

24. SYST. pallidè testaceus, elytris nigro bifasciatis. — *Tab.* VII, *fig.* 1 et 2.

Tillus amænus , *Dup. coll.*

PATRIE. — Le Mexique.

DIMENSIONS. — Long. du corps, 2 et $\frac{1}{2}$ lig. — Larg. de la tête $\frac{1}{2}$ lig. — id. du bord postérieur du prothorax $\frac{1}{3}$ lig. — id. de la base des élytres, $\frac{2}{3}$ lig.

FORMES. — Corps, luisant : ponctuation inapparente, et en conséquence, pélage très fin et très rare. Antennes, plus longues que la tête et le prothorax pris ensemble, filiformes du premier au cinquième article inclusivement : art. 6—10, en grains de chapelet, ronds, grossissant insensiblement ; art. 9.e et 10.e, un peu dilatés du côté interne ; le dernier, ovalaire, terminé en pointe, aussi long que les deux précédents réunis. Sillon qui sépare le front et l'épistome, mieux prononcé que dans les *Colyphes*. Prothorax, un peu déprimé en avant, élargi au milieu, brusquement rétréci en arrière, profondément sillonné près du bord postérieur : celui-ci, faiblement rebordé. Elytres, coupées carrément à leur base, plus convexes que dans les *Colyphes* : côtés, moins parallèles, le maximum de la largeur correspondant aux deux tiers de la longueur ; angles huméraux, émoussés ; bord postérieur, arrondi ; angle sutural postérieur, fermé. Pattes, moyennes : fémurs, dépassant l'extrémité de l'abdomen ; tibias, droits ; quatre premiers articles des tarses, à-peu-près égaux en longueur. Ventre, très faiblement convexe ; plaques ventrales, entières.

Couleurs. — Antennes, noires : trois derniers articles, testacés. Tête, prothorax et poitrine, roux ; ventre, d'une teinte un peu plus claire ; deux grandes taches noires, sur le dos du prothorax. Élytres, couleur de paille : deux larges bandes noires interrompues à la suture, la première à la base des élytres, la seconde vers le milieu, celle-ci échancrée en arrière à échancrure irrégulière et denticulée ; une grande tache rousse arrondie en arrière, occupant l'intérieur de cette échancrure. Pattes, jaunes ; tarses et tibias, noirs.

Sexe. — Incertain. Un exemplaire de la collection Dupont, que j'ai fait réprésenter *pl.* viii, *fig.* 1, ne diffère du type *ib. fig.* 2 que par l'absence de la grande tache rousse derrière la seconde bande noire des élytres.

2. Systenoderes viridipennis, *M.*

25. Syst. saturatè testaceus, elytris viridibus. — *Tab.* vii, *fig.* 3.

Clerus viridipennis, *Dup. coll.*

Patrie. — Colombie.

Dimensions et Formes. — Long. du corps, 1 et ½ lig. A part la petitesse de la taille, toutes les formes et notamment toutes les dimensions relatives sont à tel point semblables à celles de l'*Amœnus* que je n'ai rien à ajouter ou à changer à la description que j'ai donnée de celui-ci.

COULEURS. — Antennes, noirâtres: 1.er article, pâle; les deux derniers, rougeâtres. Mandibules, brunes. Tête, corcelet et abdomen, rougeâtres. Palpes, pâles. Élytres, unicolores, d'un beau verd très luisant à reflets bleuâtres. Pattes, testacées: une ligne noirâtre, à la face extérieure des fémurs et des tibias; tarses, noirs. Pélage, blanchâtre.

SEXE. — Incertain, un seul exemplaire de la collection Dupont.

X. G. COLYPHUS, *Dupont.*

Antennes, comme dans le *G. Xylobius*, de onze articles : *articles intermédiaires, en grains de chapelets*, oblongs dans les mâles, presque sphériques dans les femelles.

Yeux, de moyenne grandeur, peu saillants, transversaux, réniformes : échancrure oculaire, antérieure et en arc de cercle.

Tête, ovalaire. *Vertex*, court. *Front*, large, faiblement convexe, se confondant avec la *Face*, séparé distinctement de l'épistome par un sillon droit et transversal. *Épistome*, en rectangle transversal : bord antérieur, droit.

Labre, court, en rectangle transversal comme l'épistome, échancré en avant.

Palpes maxillaires, filiformes, de quatre articles : le premier, très court cylindrique ; 2.^d et 3.e, à-peu-près égaux, faiblement obconiques ; 4.e, plus long que chacun des deux précédents, mince, paraissant finir en pointe, mais réellement tronqué à son extrémité.

Palpes labiaux, plus grands que les maxillaires, de trois articles: premier article, court et cylindrique ; le second, mince, allongé et très-faiblement obconique; le troisième, mince et sub-cylindrique à son origine comme le précédent, applati ensuite, notablement sécuriforme.

Autres *Parties de la bouche*, inobservées.

Dos du *Prothorax*, presque aussi large que long: *bords opposés, égaux en largeur et en hauteur;* dépression antérieure, peu prononcée ; sillon sous-marginal postérieur, large et peu profond; côtés, en arcs de courbe à très faible courbure, ayant leur maximum de largeur vers le milieu de leur longueur.

Prosternum, profondément échancré en avant; fossette des hanches antérieures, placées en arrière du milieu, très rapprochées l'une de l'autre, grandes et ouvertes en arrière.

Mésosternum, un peu acuminé au milieu.

Métasternum, renflé.

Abdomen, plane ou très faiblement convexe : toutes les plaques ventrales entières, la dernière plus étroite et arrondie.

Élytres, plus larges à leur base que l'avant-corps; dos, uniformément convexe ; côtés, parallèles dans presque toute leur longueur ; bord postérieur, en arc de courbe à faible courbure ; angle sutural postérieur, fermé.

Pattes, minces. *Fémurs*, non renflés; les *postérieurs, dépassant l'extrémité de l'abdomen.*

Tarses, de cinq articles apparents : les quatre premiers également bifides en dessus et munis en dessous d'appendices membraneux profondément bilobés, augmentant progressivement en largeur et diminuant en longueur; *cinquième article, terminé par deux crochets épais à leur base à arête interne tranchante et armée d'une dent aiguë qui est dirigée en avant et qui les fait paraître bifides.*

Ce genre est établi d'après cinq individus de la collection de M.ʳ Dupont. Ils m'ont été communiqués sous les noms que je leur ai conservés. Cependant je suis bien éloigné d'y reconnaître autant de types d'espèces différentes. Bien au contraire, la ressemblance des formes me fairait croire qu'il n'y en a qu'une

seule. Les légéres différences des formes que j'ai remarquées ne
sont, à mon avis, que des particularités sexuelles. Néanmoins,
comme les couleurs offrent des traits bien tranchés, j'ai cru
devoir en donner les descriptions et les figures, sauf à attendre
de nouveaux matériaux pour décider définitivement, si ce sont
de bonnes espèces ou de simples variétés.

1. COLYPHUS SIGNATICOLLIS, *Dup.*

26. COL. testaceus, prothoracis dorso nigro trimaculato. —
Tab. v, *fig.* 5.

Colyphus signaticollis, *Dup. coll.*

PATRIE. — Californie.

DIMENSIONS. — Long. du corps, 4 lig. — Larg. de la tête,
½ lig. — id. du prothorax au milieu, ⅓ lig. — id de chacun
des deux bords opposés du prothorax, ⅖ lig. — id. de la base
des élytres, 1 et ¼ ligne.

FORMES. — Corps, ponctué et pubescent; points, ronds et
distincts, plus clairsémés au devant de la tête, plus serrés
sur le dos des élytres, plus petits et moins profonds au-dessous
du corps; pélage, fin, rare et hérissé sur le dos, plus court,
plus épais et penché en arrière au ventre et à la poitrine. Antennes et pattes, pubescentes.

COULEURS. — Antennes, noires. Tête, prothorax et élytres,
testacés. Trois taches noires, sur le vertex: la médiane, plus
grande, descendant au milieu du front. Trois autres taches de
la même couleur, sur le dos du prothorax: les deux latérales,
plus grandes, formant deux larges bandes longitudinales qui
n'atteignent pas les deux bords opposés; la médiane, petite
ponctiforme, à peu de distance du bord postérieur. Poitrine
et ventre, noirs. Pattes, testacées: une tache longitudinale aux
faces extérieures des tarses et des tibias, noire. Poils hérissés
du dos, obscurs: soyes du ventre et de la poitrine, cendrées;
pélage des pattes et des antennes, de la couleur du fond.

Sexe. — Une femelle. Articles intermédiaires des antennes, en grains de chapelet inégaux : art. 1—5, en ellipsoïdes allongés; 6.ᵉ et 7.ᵉ, presque sphériques; 8.ᵉ, 9.ᵉ et 10.ᵉ, en sphéroïdes applatis : onzième, ovalaire, deux fois plus long que le précédent.

2. Colyphus cinctipennis, *Dup.*

27. Col. supra testaceus, capite prothoraceque nigro maculatis, elytrorum disco nigro. — *Tab.* v, *fig.* 6.
Colyphus cinctipennis, *Dup. coll.*
Patrie. — Californie.
Dimensions et Formes. — Comme dans le *Signaticollis.*
Couleurs. — Elles ne diffèrent de celles du *signaticollis* qu'en ce que les élytres ont de plus une large bande longitudinale noire médiane et parallèle à l'axe du corps, partant de la base et n'atteignant pas le bord postérieur. Les taches noires des tibias s'étendent aussi davantage et les postérieurs sont même presque entièrement noirs.
Sexe. — Un mâle dont l'organe génital est en évidence. Les antennes sont plutôt filiformes que moniliformes, les articles 3—8 étant visiblement plus longs que larges et presque obconiques puisque le maximum de leur largeur est très près de l'extrémité. Les art. 9.ᵉ et 10.ᵉ sont plus courts, plus larges et tout-à-fait obconiques. Le dernier est comme dans le *Signaticollis.* — Il me paraît bien difficile de ne pas croire que ces deux insectes ne soient que les deux sexes de la même espèce.

5. Colyphus rutifennis, *Dup.*

28. Col. niger, elytris rufis. — *Tab.* ix, *fig.* 2.
Colyphus rufipennis, *Dup. coll.*

PATRIE. — Californie.

DIMENSIONS et FORMES. — Comme dans le précédent: dernier article des antennes, singulièrement applati. — Est-ce un hazard? Est-ce une circonstance sexuelle? Est-ce un caractère spécifique?

COULEURS. — Antennes, corps et pattes, noirs: élytres, rousses. Palpes, pâles : dernier article, noir. Poils, noirs sur le dos, blanchâtres sous le ventre.

SEXE. — Probablement, un mâle.

4. COLYPHUS TERMINALIS, *Dup.*

29. COL. totus niger, elytris propè apicem albido signatis. — *Tab.* IX, *fig.* 1.

Colyphus terminalis, *Dup. coll.*

PATRIE. — Colombie.

DIMENSIONS et FORMES. — Égales à celles du précédent.

COULEURS. — Encore très ressemblantes à celles du *Rufipennis*. Elles en diffèrent, en ce que l'épistome et le labre sont d'une teinte plus claire que le front et en ce que les élytres ont une petite tache blanchâtre près de leur extrémité. Il me semble encore bien difficile de ne pas y voir une variété du *Rufipennis*.

SEXE. — Incertain.

5. COLYPHUS INTERCEPTUS, *Dup.*

50. COL. rufus, elytrorum limbo maculisque duabus discoidalibus nigris. — *Tab.* IX, *fig.* 5.

Colyphus interceptus, *Dup. coll.*

PATRIE. — Californie.

DIMENSIONS et FORMES. — Semblables à celles du *Signaticollis*, autant qu'on en peut juger d'après le mauvais état de l'individu qui avait été collé et recollé.

20

Couleurs. — Assez tranchées pour faire croire que l'espèce est réellement distincte à touts ceux qui attachent beaucoup d'importance à ce caractère. Antennes, noires. Tête, rouge: yeux, noirs; extrémités des mandibules et des palpes labiaux, brunes. Prothorax, mésopectus et premiers anneaux de l'abdomen, rouges. Métapectus, noir et couvert d'un duvet cendré. Elytres, rouges: contour extérieur et lisière suturale, noirs; au milieu du dos, deux grandes taches noires allongées et formant une espèce de bande longitudinale interrompue. Pattes intermédiaires et postérieures, noires. (11) Trochanters intermédiaires, hanches et trochanters postérieurs, rougeâtres. Ailes, obscures. Pélage du dos, noirâtre.

Sexe. — Inobservé, les derniers anneaux de l'abdomen étant endommagés.

L'absence absolue des stries sur le dos des élytres est une circonstance très rare dans les *Clérites pentamérés*. Ce trait combiné avec l'ensemble du *Facies,* donne aux *Colyphes,* une grande ressemblance avec plusieurs *Malacodermes* et entr'autres avec les espèces du *G. Cantharis, Fab.* Les *Systénodères* ont aussi leurs élytres sans traces de stries. Mais leur *Facies* est différent. On les prendrait plutôt pour des *Gallérucites* de quelque genre voisin du *G. Diabrotica, Chevr.*[1]

XI. G. CYMATODERA , *Hope.*

Il en est du *G. Cymatodera,* comme du *G. Systénodères.* Quoiqu'il ait un *Facies* particulier, la plupart de ses caractères essentiels le rapprochent beaucoup des *Colyphes.* Aussi pourrai-je en abréger la description, et m'en tenir aux différences les plus saillantes.

(11) Les antérieures n'existaient plus.

Antennes, *filiformes*, très peu grossies vers leur extrémité, visiblement plus longues que la tête et le prothorax pris ensemble: *articles 3—10*, *minces*, *allongés*, *sub-cylindriques ou très faiblement obconiques*, *dans les deux sexes*: onzième et dernier, oblong et terminé en pointe.

Tête, moins rentrante sous le corcelet que dans les genres précédents.

Prothorax, étroit, allongé, sub-cylindrique: bord antérieur, droit.

Prosternum, n'étant pas sensiblement échancré en avant, plane: fossettes des hanches antérieures, rondes, de moyenne grandeur, assez rapprochées un peu en arrière du milieu et complètement fermées.

Bord antérieur du *Mésosternum*, droit.

Métasternum, peu renflé.

Elytres, plus ou moins striato-ponctuées.

Abdomen, plane, allongé. Le sixième anneau qui est souvent rudimentaire ou retiré sous le cinquième, dans les *Clérites* et sur-tout dans les femelles, est ici également en évidence dans les deux sexes. Les bords postérieurs des quatre premières plaques ventrales sont constamment droits et entiers: ceux des plaques suivantes diffèrent dans les différents sexes de la même espèce.

Fémurs postérieurs, ne dépassant pas le troisième anneau de l'abdomen.

Tarses, comme dans les *Colyphes*: les deux premiers articles des postérieurs, proportionnellement plus allongés, chacun d'eux étant égal aux 3.ᵉ et 4.ᵉ pris ensemble, tronqués et faiblement échancrés en dessus, munis en dessous d'un appendice membraneux court et entier; crochets, ayant leur arête interne armée de deux dents; la première sub-basilaire, courte, large et obtuse; la seconde, allongée, aiguë, dirigée en avant, au dessous de la pointe apicale, ensorte que les crochets paraissent bifides.

Les *Cymatodères* sont des insectes de l'Amérique Équino-
xiale. On ne sait rien de leur habitudes, et on les suppose,
par analogie, semblables à celles des *Tilles* européens. Nous
en connaissons actuellement huit espèces. Quoiqu'elles se ressemblent beaucoup par l'ensemble de leur *Facies*, leurs formes
m'ont suffi pour en dresser le tableau suivant, *indépendamment des couleurs.*

A. *Élytres* parallèles, de la base aux
    trois quarts de leur longueur.
  B. *Stries ponctuées des élytres*, rap-
     prochées par paires.- - - - 1. Cymat. Hopei, *Lap.*
  BB. *Stries ponctuées des élytres*,
     équidistantes.
    C. *Surface des élytres*, sans cal-
      losités saillantes.
     D. *Stries des élytres*, n'attei-
       gnant pas leur bord po-
       stérieur.
      E. *Points des stries*, clair-
       semés et inéquidistants. 2. » UNDATA.
      EE. *Points des stries*, rap-
       prochés et équidistants.
       F. *Cloisons transversa-
        les*, plus larges que
        les points. - - - 3. » LÆTA.
       FF. *Cloisons transversa-
        les*, moins larges que
        les points. - - - 4. » MODESTA.
    DD. *Stries des élytres*, attei-
      gnant leur extrémité.
     E. *Angle sutural postérieur*,
      ouvert. - - - - - 5. » LONGICOLLIS.

EE. *Angle sutural posté-
   rieur*, fermé. - - - 6. » cylindricollis,*Lap.*
CC. *Surface des élytres*, ayant
   plusieurs callosités lisses et
   saillantes. - - - - - - 7. » Gayi.
AA. *Élytres*, s'élargissant insensiblement de la base aux trois quarts
   de leur longueur. - - - - - 8. » angustata.

1. Cymatodera Hopei, *Lap.*

31 Cymat., elytris parallelis striato-punctatis, striis per paria approximatis ponè medium obliteratis. — *Tab.* ix *fig.* 2.
Cymatodera Hopei, *Lap. rev. de silb.* 4, 37, 1.
Notoxus giganteus, *Dej. loc. cit. p.* 126.
Patrie. — Le Mexique, M.ʳ Hopfner.
Dimensions. — Long. du corps, 8 lign. — Larg. de la tête, 1 et ½ lig. — id. du prothorax à son maximum, 1 lig. — id de la base des élytres, 1 et ⅓ lig.
Formes. — Antennes, proportionnellement un peu moins longues que dans les autres espèces du même genre dont elles conservent néanmoins touts les caractères, grossissant plus sensiblement vers l'extrémité. Tête, luisante, finement ponctuée: ligne qui est censée séparer la face et l'épistome, faiblement tracée en arc de cercle, effacée des deux côtés. Prothorax, luisant et finement ponctué ainsi que le devant de la tête : bords opposés, sans rebords; milieu du dos, sans dépressions; côtés, un peu renflés au milieu, faiblement rentrants en avant et en arrière. Écusson, petit, en demi-ovale transversal. Élytres, coupées carrément à leur base: angles huméraux, arrondis ; côtés, parallèles de la base jusqu'aux trois quarts de leur lon-gueur; extrémités, contournées en arc d'ellipse; angle sutural postérieur, ouvert; dix stries de gros points enfoncés, parallèles

à l'axe du corps, partant de la base et disparaissant insensiblement un peu au-delà du milieu; points, ronds, d'autant
plus rapprochés qu'il sont plus voisins de la base; cloisons
transversales, planes ainsi que les intervalles longitudinaux;
ceux-ci, plus larges que les stries; les 1.ʳ, 3.ᵉ, 5.ᵉ et 7.ᵉ à
partir de la suture, deux fois au moins plus larges que les
autres; moitié postérieure des élytres, très finement pointillée.
Corps, légérement pubescent: pélage, rare, court et hérissé.

COULEURS. — Antennes, brunes ou carmélites: premier article, d'une teinte un peu plus claire. Tête et prothorax,
bruns noirâtres. Bord antérieur de l'épistome, labre, palpes
et autres parties de la bouche, pattes et dessous du corps, de
la teinte des antennes. Élytres, de la même couleur avec deux
taches noires sur le dos: la première, très grande, occupant tout
l'espace compris entre la base et les deux cinquièmes de
l'élytre, ne touchant pas le bord extérieur; la seconde,
plus petite, remontant du bord extérieur à la troisième strie
à partir de la suture, vers les deux tiers de la longueur.
Écusson noirâtre. Pélage, de la couleur du fond.

SEXE. — Une femelle, de l'ancienne collection Dejean.

2. CYMATODERA UNDATA, M.

32. CYMAT. elytris parallelis punctato-striatis, striis æquidistantibus ante apicem obliteratis, striarum punctis inæquidistantibus. — *Tab.* IX, *fig.* 4.

Notoxus undatus, *Dup. coll.*
    »   angustatus, *Buq. coll.*
    »   Miletus, *Lap. teste D.° Buquet.*
PATRIE. — Le Mexique.
DIMENSIONS. — Long. du corps, 5 lig. — Larg. de la tête,
1 lig. — id. du prothorax, ⅔ lig. — id. de la base des élytres
1 et ¼ ligne.

FORMES. — Antennes, plus longues et plus effilées que dans la *Gigantea*, ne grossissant pas sensiblement vers l'extrémité. Ligne de séparation entre la face et l'épistome, mieux tracée, atteignant des deux côtés l'origine des antennes, très faiblement arquée et presque droite. Tête et prothorax, mats: ponctuation, confuse et confluente. Prothorax, sub-cylindrique: dos inégal; dépression antérieure, bien prononcée; une fossette médiane, près du bord postérieur; celui-ci, un peu rebordé; côtés, un peu plus renflés au milieu et plus rentrants près des deux bords opposés. Elytres, parallèles : extrémités, conjointement arrondies en arc de cercle: angle sutural postérieur fermé: dix stries de points enfoncés, équidistantes entr'elles, mais formées par des points d'inégale grandeur et inéquidistants entr'eux, parallèles à l'axe du corps, partant de la base et n'atteignant pas le bord postérieur. Écusson, en demi-cercle.

COULEURS. — Antennes, pattes, labre et autres parties de la bouche hors les mandibules, ferrugineux. Tête, mandibules, prothorax et dessous du corps, noirs. Élytres, d'un jaune sale marbré de noir : points enfoncés des stries, de cette dernière couleur qui tranche nettement avec le jaune du fond. Écusson, brun. Pélage, cendré.

SEXE. — Une femelle, de la collection Dupont. Les deux dernières plaques ventrales sont entières, la sixième arrondie. Deux mâles. Leur sixième plaque ventrale est largement échancrée. Dans celui de la collection Buquet, les parties génitales sont un peu en évidence. Celui de la collection Dupont est plus grand que le type: il a près de sept lignes de longueur.

3. CYMATODERA LÆTA, *M.*

33. CYMAT. elytris parallelis punctato-striatis, striis æquidistantibus ante apicem obliteratis, striarum punctis parvis remotis

æquidistantibus, interstitiis omnibus deplanatis. — *Tab.* x, *fig* 4.

Notoxus lætus, *Dej. loc. cit. p.* **126.**

»   regalis, *Dup. coll.*

PATRIE. — Colombie, M.ʳˢ Lebas et Lemoine.

DIMENSIONS. — Long. du corps, 4 lig. — Larg. de la tête, ¾ lig. — id. du prothorax, ¼ lig. — id. de la base des élytres, **1** ligne.

FORMES. — Antennes, grossissant un peu vers l'extrémité. Tête et dos du Prothorax, aussi lisse et aussi luisant que dans la *Gigantea.* Ponctuation du dos, très rare et très fine. Prothorax, offrant deux rétrécissements placés à peu de distance de chacun des deux bords opposés et deux dépressions dorsales qui répondent aux deux rétrécissements : bord antérieur, aussi large que le maximum du renflément médian ; dépression postérieure, ne consistant qu'en un petit sillon sous-marginal. Stries des élytres, faites de petits points dont le diamètre est moindre que celui des intervalles longitudinaux et même que celui des cloisons transversales, équidistantes comme dans l'*Undata*, mais disparaissant un peu au-delà du milieu comme dans la *Gigantea* ; bord postérieur, en arc de cercle ; angle sutural postérieur, un peu ouvert.

COULEURS. — Antennes, corps et pattes, fauves ou testacés, unicolores. Un peu au-delà du milieu des élytres, une bande noire oblique, partant du bord extérieur, dirigée de dehors en dedans et d'avant en arrière, atteignant la suture.

SEXE. — Trois femelles, des collections Dejean, Dupont et Buquet. — Mâle, inconnu.

4. CYMATODERA MODESTA , *M.*

34. CYMAT. elytris parallelis punctato-striatis, striis ante apicem obliteratis, punctis majoribus appropinquatis æquidistantibus, interstitiis plerisque convexiusculis. — *Tab.* x, *fig.* **2.**

♀ Notoxus modestus, *Dej. loc. cit. p.* 126.

♂ » terebrans, *id. ibid. p.* 126.

Var. A. » ? confusus, *Dup. coll.*

Patrie. — Le Mexique, où elle paraît assez commune.

Dimensions. — Les mêmes que dans la *Læta*.

Formes. — Cette espèce qui paraît avoir beaucoup de ressemblance avec la précédente, en diffère, au premier coup
d'œil, en ce que le maximum de la largeur du prothorax est à
son bord antérieur. A partir de ce point, ses côtés convergent en
ligne droite jusques un peu en avant du milieu, le renflement
médian ordinaire n'étant pas sensible et étant même nul dans
quelques mâles. Il en est de même du rétrécissement postérieur. Le dos est mat ainsi que le devant de la tête. La
ponctuation y est forte, serrée, confuse et formant des petites
rides transversales plus prononcées sur les flancs. Les élytres
diffèrent de celles de la *Læta* par leur angle sutural postérieur
qui est entièrement fermé, par la largeur des stries qui est
égale à celle des intervalles longitudinaux, par leur longueur
qui s'étend de la base aux quatre cinquièmes de l'élytre,
par la grandeur des points dont le diamètre est plus grand
que celui des cloisons transversales et par la convexité des
intervalles longitudinaux qui est d'autant plus forte qu'ils sont
plus éloignés de la suture.

Couleurs. — Tête et prothorax, bruns noirâtres. Autres parties du corps, pièces de la bouche, antennes et pattes, d'une
teinte plus claire, testacés ou roussâtres, plus rarement bruns.

Variétés de couleurs. — A. semblable au type, entièrement
brune.

B. semblable au type: une bande transversale, jaune de
paille, vers le milieu des élytres; extrémités, de la couleur
de la bande médiane.

C. semblable au type : élytres, testacées, deux bandes brunes sur chaque, l'une en avant, l'autre en arrière du milieu.

Les bandes colorées des var. B. et C. sont vaguement circon-
scrites et elles passent insensiblement à la couleur du fond.

VARIÉTÉS DE FORMES. — Un individu de la collection Dupont, recueilli dans la Colombie par M.ʳ Lebas et que M.ʳ
Dupont m'a communiqué avec cette étiquette...? *confusus*, ne
diffère du type qu'en ce que les interstices latéraux sont beaucoup plus convexes que les dorsaux : il s'ensuit que la convexité des élytres est moins uniforme et qu'elles semblent un
peu applaties près de la suture. Ses couleurs sont celles de la
var. C. : les bandes obscures tranchent plus nettement avec la
couleur du fond ; elles sont irrégulières et un peu ondulées.

SEXE. — Plusieurs femelles, des collections Dejean, Dupont
et Buquet. — Un seul mâle, de la collection Dejean. Ce
savant l'a regardée comme une espèce et il lui a imposé le
nom de *Terebrans* qui ne saurait convenir qu'à une femelle.
Ses pièces génitales sont presque toutes en évidence. La figure
en dira plus que la description. — Voyez *pl.* x, *fig.* 2.

a , Extrémité postérieure du corps, vue en dessus. — b ,
la même, vue en dessous. — c , la verge proprement dite
très grossie.

α , Extrémité postérieure des élytres. — β , portion d'un
aile inférieure. — γ , dernière plaque dorsale de l'abdomen.
— δ , dernière plaque ventrale. — ε, étui de la verge. Quoique bivalve en apparence , il est réellement fait d'une seule
pièce tubuleuse à son origine, échancrée et fendue longitudinalement en arrière. L'échancrure et la fente longitudinale
prennent au moins les trois quarts de la longueur. — φ, tige
cornée de la verge. Elle a latéralement une frange de poils qui
paraissent avoir quelque rigidité et elle est terminée par une cou-
ronne d'appendices linéaires , membraneux et flexibles. — μ,
la verge proprement dite. Ses parties molles sont desséchées.
Le gland, s'il a existé, a disparu. On voit qu'elle est creusée
ou canaliculée en dessus (fig. 2.) et qu'elle est terminée en

dessous par une espèce de dard dirigé en arrière. — π, dard de la verge.

5. Cymatodera longicollis, *M.*

55. Cymat. élytris parallelis punctato-striatis, striis æquidistantibus apicem attingentibus, angulo suturali postico aperto. — *Tab.* x, *fig.* 1.

Notoxus longicollis, *Dej. loc. cit. pag.* **126.**

Var. A. Notoxus Vauthieri, *Dup. coll.*

Var. B. Notoxus brunneus, *Dej. coll.* — Un exemplaire confondu avec le type de l'espèce suivante.

Patrie. — L'Amérique septentrionale.

Dimensions et Formes. — Plutôt semblables à celles de la *Læta* qu'à celles de la *Modesta.* Corps, proportionnellement plus effilé : prothorax, plus étroit et plus long, du moins dans les mâles. Ponctuation, aussi forte que dans la *Modesta.* Élytres, également striato-ponctuées : stries, équidistantes et atteignant le bord postérieur; intervalles, convexes et pointillés. Rétrécissements antérieur et postérieur du prothorax, aussi prononcés que dans la *Læta* : renflement du milieu, aussi large que le bord antérieur. Bord postérieur des élytres, en arc d'ellipse: angle sutural postérieur, ouvert.

Couleurs. — Antennes, ventre et pattes, testacés. Tête et prothorax, bruns noirâtres. Dessus des élytres, de la même couleur : trois bandes transversales testacées, sur leur dos ; la première et la troisième, n'atteignant pas le bord extérieur. Poils, cendrés.

Variétés. — Var. A. Les deux bandes antérieures de chaque élytre, réunies en une seule et remontant jusqu'à la base ensorte que la couleur claire jaunâtre ou testacée occupe les deux tiers antérieurs de l'élytre. — Une femelle, de la collection Dupont où elle est notée comme provenant de l'Amérique méridionale. Mais je crois que c'est une erreur.

Var. B. — Entièrement brune — Une femelle de l'Amérique septentrionale où elle a été recueillie par M.ʳ Leconte, et que M.ʳ Dejean, induit en erreur par la conformité des couleurs, avait confondu avec l'espèce suivante.

Sexe. — Sur cinq individus que j'ai observés, j'ai reconnu quatre femelles, y comprises celles des Var. A. et B. Le mâle unique de ma collection a ses organes génitaux complètement retirés, on apperçoit seulement les sommets de l'échancrure de la sixième plaque ventrale.

6. Cymatodera cylindricollis, *M.*

36. Cymat. elytris parallelis punctato-striatis, striis æquidistantibus apicem attingentibus, angulo suturali postico clauso. — *Tab.* x, *fig.* 3.

Notoxus brunneus, *Dej. loc. cit. p.* 126.
    » cylindricollis, *Lap. teste D. Buquet.*

Patrie. — Mexique.

Dimensions. — Long. du corps, 5 lig. — Larg. de la tête, 1 lig. — id. du milieu du prothorax, ⅔ lig. — id. de la base des élytres, 1 et ¼ ligne.

Formes. — Taille, plus grande, et moins svelte que dans la *Longicollis*. Prothorax, plus cylindrique, rétrécissements antérieur et postérieur peu sensibles. Ponctuation du dos, stries des élytres, comme dans la précédente : bord postérieur de ces dernières, en arc d'ellipse ; angle sutural postérieur, fermé.

Couleurs. — Corps, brun. Antennes et pattes, d'une teinte plus claire : épistome, labre et autres parties de la bouche hors les mandibules, d'une teinte encore plus claire, presque testacés. Pélage, cendré.

Sexe. — Deux femelles : la première, de la collection Dejean, prise au Mexique par M.ʳ Hopfner ; l'autre, de la collection Buquet.

7. Cymatodera Gayi.

57. C. Cymat. élytris parallelis punctato-striatis, spatiis elevatis laevissimis strias intercipientibus.

Eplyclines Gayi, *Chevrolat*, *mag. zool. pl.* 251, *fig.* 1.

Notoxus Chilensis, *Gory coll.*

Patrie. — Le Chili.

Je n'ai vu que l'exemplaire que M.ʳ Gory a eu la bonté de me communiquer. Il était très endommagé. Les restes suffisaient cependant pour y reconnaître une *Cymatodère*. Mais ils étaient trop mutilés pour fournir un modèle a un dessin quelconque et encore moins pour ajouter quelques détails à la description suffisante que M.ʳ Chevrolat a donnée de cette espèce. — *Voyez Chevr. loc. cit.*

8. Cymatodera angustata, *M.*

58. C. Cymat. elytris a basi ultra medium usque sensim divergentibus. — *Tab.* vii, *fig.* 1.

Notoxus angustatus, *Dej. loc. cit. p.* 126.

Patrie. — La Californie où elle a été recueillie par feu Escholtz.

Dimensions. — Long. du corps, 4 lig. — Larg. de la tête, $\frac{3}{7}$ lig. — id. du milieu du prothorax, $\frac{3}{7}$ lig. — id. des élytres à leur base, 1 lig. — id. des mêmes aux deux tiers de leur longueur, 1 et $\frac{1}{7}$ lig.

Formes. — Cette espèce aurait beaucoup de ressemblance avec la *Modesta* et pourrait être confondue avec elle, si on ne faisait pas attention à la forme du prothorax et encore mieux au contour des élytres. Le bord antérieur du premier n'est pas plus large que le maximum du milieu et les deux rétrécissements antérieur et postérieur sont aussi bien prononcés que

dans la *Longicollis*. Le contour des élytres est un ovale étroit
et allongé dont le maximum de la largeur est aux deux tiers de
la longueur: les bords postérieurs sont séparément arrondis
et l'angle sutural est encore ouvert, mais obtus. Les stries de
points enfoncés n'atteignent pas l'extrémité et elles disparaissent d'autant plus près de la base qu'elles sont plus près de
la suture, la première s'effaçant vers le premier tiers et
la neuvième dépassant le milieu. Les points eux-mêmes sont
aussi d'autant plus petits et plus distants qu'ils sont plus éloignés de la base. Touts les espaces intermédiaires, longitudinaux
ou transversaux, sont planes, luisants et très finement pointillés comme la large portion de l'élytre qui n'est pas striée.
La substance de l'élytre m'a paru un peu plus molle que dans
les autres espèces congénères. Mais cet accident est probablement individuel.

COULEURS. — Antennes, corps et pattes, bruns. Sur chaque
élytre, deux bandes plus obscures, l'une au tiers de la longueur, l'autre un peu au-delà du milieu. Pélage, cendré.

SEXE. — Une femelle, de la collection Dejean: mâle, inconnu.

NB. Je croyais avoir achevé tout ce que j'avais à dire sur
les *Cymatodères*, quand je me suis apperçu que dans un individu de la *Longicollis*, les stries ponctuées n'atteignent pas
l'extrémité des élytres dont elles s'approchent cependant de
fort près. Cette observation m'a fait naître des doutes sur la
constance de ce caractère et sur sa valeur réelle comparativement à celle que je lui ai attribuée dans le tableau synoptique des espèces et dans les phrases spécifiques qui en sont la
traduction. Mais quand même cette partie de mon travail devrait
subir une reforme, je n'en croirais pas moins que les huit
espèces que j'ai admises, seraient encore reconnaissables d'après
leurs formes et que ces caractères seraient toujours préfera-
bles aux accidents des couleurs. On reconnaîtra la *Gigantea*
aux stries de ses élytres rapprochées par paires, la *Gayi* aux

callosités luisantes qui interrompent la continuité des stries, et l'*Angustata* au contour en ovale oblong de ses élytres. Pour les autres, entre celles à angle sutural fermé, on reconnaîtra l'*Undata* à l'inégalité et à l'inéquidistance des points des stries, la *Cylindricollis* à son prothorax cylindrique et la *Modesta* au maximum de largeur de son prothorax placé à son bord antérieur : parmi les espèces à angle sutural fermé, on distinguera la *Læta* aux stries des élytres formées par de petits points qui ne dépassent guères le milieu et la *Longicollis* à ses stries fortement ponctuées atteignant l'extrémité ou s'en approchant de très près.

XII. G. XYLOTRETUS, *Guérin.*

Antennes, naissant en dessous des yeux à quelque distance de leurs échancrures et en face du sommet de celles-ci, distantes, de onze articles : le premier, plus gros que les suivants, ovalaire et tronqué, atteignant à peine le sommet de l'échancrure oculaire ; le second, moitié plus petit que le précédent, sub-cylindrique ; art. 5—8, obconiques ; *les trois derniers formant ensemble une espèce de massue allongée et applatie ;* onzième article, plus au moins échancré au bord interne.

Yeux, latéraux, de moyenne grandeur et néanmoins très saillants, assez fortement échancrés.

Tête, de la grandeur ordinaire, ovalaire. *Vertex,* court et transversal. *Front,* large, en rectangle transversal doucement penché en bas et se confondant insensiblement avec la face : bord antérieur, droit. Épistome, nettement séparé de la face et du labre, plane, plus déprimé que le front, en rectangle transversal comme lui, mais trois fois plus court.

Labre, couvrant l'extrémité des mandibules croisées, plane, échancré en avant ou plutôt bilobé, lobes arrondis.

Palpes maxillaires, filiformes, de quatre articles; le dernier, mince, cylindrique et beaucoup plus long que chacun des précédents.

Palpes labiaux, de trois articles; le dernier, très grand, en triangle renversé, mais non sécuriforme, la base étant plus étroite que le côté externe et celui-ci étant arqué.

Machoires, allongées: base, cornée; extrémité, membraneuse et bifide; branche externe, plus longue que l'autre; toutes les deux, ciliées à cils fins et allongés.

Dos du *Prothorax*, égal et très faiblement convexe: côtés, arqués et sans inflexion rentrante; bords opposés, droits; l'antérieur, sans rebord; le postérieur, un peu rebordé.

Prosternum, peu échancré en avant: bord postérieur, droit; fossettes des hanches antérieures, fermées, placées un peu en arrière du milieu.

Mésosternum, ne s'avançant pas en pointe sur la ligne médiane.

Métasternum, renflé.

Ventre, convexe: bord postérieur du dernier anneau, entier dans les femelles, échancré dans les mâles.

Ecusson, petit, en demi-cercle.

Elytres, coupées carrément à leur base: angles huméraux, arrondis; *côtés parallèles jusqu'aux trois quarts de leur longueur*; extrémités, en arcs de courbes; angle sutural postérieur, fermé.

Pattes, simples, de moyenne longueur et néanmoins assez minces: fémurs postérieurs, ne dépassant pas le dernier anneau de l'abdomen; tibias antérieurs, un peu arqués.

Tarses, de cinq articles visibles sous tous les aspects: les quatre premiers, triangulaires, échancrés en dessus et munis en dessous d'un appendice membraneux pareillement échancré et tel que la profondeur de l'échancrure augmente progressi-

vement du premier au quatrième ; second article, plus long
que le premier; 3.ᵉ et 4.ᵉ, diminuant progressivement en longueur: le dernier, plus long que le précédent et terminé par
deux crochets simples.

Les espèces de ce genre dont on doit la connaissance à
M.ʳ Guérin-Meneville, sont particulières à la Nouvelle-Hollande.
Elles sont unicolores et d'une teinte variable, ensorte qu'elles
seraient indéterminables, si les formes ne fournissaient pas les
moyens de les distinguer *indépendamment des couleurs*. Nous n'en
avons jusqu'à présent que trois espèces et la troisième est
même encore douteuse.

A. *Ponctuation du corps*, égale sur
tout le dos. - - - - - - 1. Xᴠʟᴏᴛʀ. ᴠɪʀɪᴅɪs, *Guér.*
AA. *Ponctuation du corps*, inégale.
B. *La même*, plus forte et confluente à la tête et au prothorax. - - - - - - 2. » Rᴇɪᴄʜᴇɪ, *M.*
BB. *La même*, plus forte et
scrobiculée à la moitié an-
térieure des élytres. - - - 3. » Sᴄʀᴏʙɪᴄᴜʟᴀᴛᴜs, *M.*

1. Xʏʟᴏᴛʀᴇᴛᴜs ᴠɪʀɪᴅɪs, *Guérin.*

59. Xʏʟᴏᴛʀ. punctis totius dorsi sub-æqualibus et undique pariter discretis. — *Tab.* ᴠɪ, *fig.* 2.
Xylotretus viridis, *Guér. reg. anim.*
Pᴀᴛʀɪᴇ. — Nouvelle-Hollande.
Dɪᴍᴇɴsɪᴏɴs. — Long. du corps, 2 et ⅓ lig. — id. du prothorax, ⅓ lig. — id. des élytres, 1 et ⅓ lig. — Larg. de la
tête, ⅓ lig. — id. du prothorax à son maximum, la même. —
id. de la base des élytres, ⅔ lig.
Fᴏʀᴍᴇs. — Antennes, atteignant tout au plus le milieu du

prothorax : art 5—8, presqu'aussi longs que larges, très faiblement obconiques, les 7.ᵉ et 8.ᵉ n'étant ni applatis, ni dilatés; massue antennaire, tranchant brusquement en épaisseur avec le diamètre des articles précédents; neuvième article de l'antenne ou premier de la massue, plus long que le suivant; le troisième, de la longueur du premier, bord externe obliquement tronqué de dehors en dedans et d'arrière en avant, peu sensiblement échancré. Corps, fortement ponctué : ponctuation du dos, égale au devant de la tête, sur le prothorax et sur les élytres : points enfoncés, rapprochés, mais ronds et distincts, ne formant jamais des rides ou des rugosités. Labre et épistome, lisses. Écusson, glabre : bord postérieur, cilié. Ponctuation du dessous du corps, plus fine que celle du dos. Pélage, hérissé, rare et fin.

COULEURS. — Antennes, corps et pattes, d'un beau verd métallique, un peu doré à la tête et sur le dos du prothorax, bleuâtre aux élytres et tendant à un bleu encore plus foncé aux antennes, aux pattes, à la poitrine et au ventre. Massue antennaire, labre, épistome, palpes et tarses, noirâtres. Pélage, obscur sur le dos, blanchâtre aux pattes et au dessous du corps.

SEXE. — Incertain, dans les deux individus que j'ai observés. Le premier, de l'ancienne collection Dejean, est très endommagé. L'abdomen n'existe plus. L'autre, de la collection Guérin, est mieux conservé. Cet auteur en a tiré les détails dont il a enrichi les planches de son *Iconographie*. Il m'a permis de les faire copier et j'ai profité de cette permission, quoique ces desseins ne se soient pas trop bien accordés avec ce que j'avais cru avoir vu. J'ai pensé qu'ils pourront combler en partie les lacunes d'une description, dans laquelle je me suis interdit tout ce que je n'ai pas vu de mes propres yeux. — V. *Pl.* VI, *fig.* 2. — a, Machoire et palpe maxillaire de droite. — b, Tête, vue en dessous. — c, Menton, labium et palpes labiaux vus également en dessous. — d, Tête, vue en dessus. — e, Antenne de gauche. — f, un des tarses antérieurs. — g, un des tarses postérieurs.

2. XYLOTRETUS REICHEI, M.

40. XYLOTR. dorso punctatissimo, punctis capitis prothoracisque confluentibus rugosiusculis elytrorum rotundatis discretis. — *Tab.* VII, *fig.* 3.

. . . ? virescens, *Dup. coll.*

PATRIE. — Nouvelle-Hollande, Swan-river.

DIMENSIONS. — Long. du corps, 5 lig. — id. du prothorax, 1 et ¼ lig. — id. des élytres, 1 et ⅓ lig. — Larg. de la tête, ¾ lig. — id. du prothorax à son maximum, la même. — id. du même à chacun de ses bords opposés, ½ lig. — id. de la base des élytres, 1 et ¼ lig.

FORMES. — Antennes, dépassant le milieu du prothorax: art. 3—8, plus longs que larges; 7.e et 8.e, un peu dilatés et un applatis, faisant une espèce de passage aux articles de la massue: celle-ci, trois fois au moins plus longue que large, à articulations peu distinctes; les deux premiers articles, fortement obconiques; le 2.d, plus court que le 1.er; le 3.e et dernier, le plus grand de touts, mais moindre que les deux autres pris ensemble, déprimé près de l'extrémité, bord externe profondément échancré, échancrure arquée, sommets de l'échancrure aigus. Ponctuation du dos, plus forte que dans le *Viridis*: points enfoncés du devant de la tête et du dos du prothorax, confluents, formant des rugosités irrégulières sur le premier et des rides transversales sur le second; points des élytres, ronds et nettement séparés. Autres caractères, comme dans le précédent. Pélage, plus épais à l'écusson et au dessous du corps, penché quelquefois en arrière, mais toujours hérissé.

Couleurs. — Antennes, corps et pattes, d'une belle teinte bronzée à réflets cuivreux: réflets, tendant au verd sur le dos des élytres et au bleu sous le ventre et à la poitrine. Massue antennaire, labre, palpes, mandibules et tarses, noirâtres. Poils, cendrés.

Sexe. — Un Mâle, de la collection Dupont, provenant du dernier voyage de l'Astrolabe. Les parties génitales sont complettement rentrées. On ne reconnait le sexe qu'à l'échancrure du dernier anneau qui est retiré en partie sous l'avant-dernier. Le ventre est dans l'état normal et son extrémité est débordée par celle des élytres.

Une Femelle, de la collection Reiche. Quoique ses parties génitales ne soient pas en évidence, son abdomen n'est pas dans l'état normal. Il y a un commencement de protraction des deux derniers anneaux. Ils dépassent le bord postérieur des élytres et ils n'ont aucune échancrure.

5. Xylotretus scrobilatus, M.

41. Xylotr. dorso punctato, elytris anticè striatim foveolatis posticè lævibus. — *Tab.* xv, *fig.* 6.

Patrie. — Nouvelle-Hollande.

Dimensions et Formes. — A-peu-près de la taille du *Viridis* auprès duquel je me hazarde à le placer, quoique le seul individu observé ait perdu touts ses tarses. Les antennes sont celles du G. *Xylotretus*. La massue antennaire est aussi allongée que dans le *Reichei*, mais le dernier article est en ovale oblong sans échancrure au bord externe. Le dos du prothorax a aussi quelques inégalités qu'on ne remarque pas dans les autres *Xylotrètes*. Il y a, une faible dépression antérieure et un petit sillon longitudinal sur la ligne médiane: le rétrécissement en arrière du milieu est aussi plus marqué; le bord postérieur, d'ailleurs fortement rebordé, est visiblement plus étroit que le

bord opposé. Ces traits tranchent beaucoup avec ceux des deux
espèces précédentes et rendent douteuse la place que je lui ai
assignée. Mais il y en a un autre encore plus remarquable. Il
est dans la ponctuation des élytres qui consiste en cinq ou six
rangées de fossettes oblongues, grandes et profondes, commençant à peu de distance de la base et disparaissant brusquement
au-delà du milieu. L'extrémité postérieure des élytres est lisse
et luisante : on y voit une espèce de pli transversal, un peu en
arrière du point où finissent les rangées des fossettes.

Couleurs. — Corps et pattes, entièrement d'un beau bleu
métallique qui tend au violet sur le dos des élytres et au verd
à la poitrine et au ventre.

Sexe. — Incertain, dans un individu de la collect. Reiche. (12)

XIII. G. TILLICERA, M.

Antennes, ayant leur origine au-dessous des yeux, comme
dans tous les *Cleroïdes*, de onze articles : *art. 5—10, en
scie à dents très serrées;* articles de la scie, courts, fortement dilatés en dedans et augmentant progressivement de
grandeur ; onzième et dernier, aussi grand que les deux précédents pris ensemble, terminé en pointe, base et bord interne droits, bord externe arqué.

Yeux, latéraux, écartés, de moyenne grandeur, très saillants, échancrés en dessous, échancrure arrondie et aussi profonde que large.

Tête, ovalaire, moyenne : *Vertex*, très court et souvent

(12) On me pardonnera mon silence sur les parties de la bouche. Je n'aurais pu les
observer sans détruire les restes de l'exemplaire qui m'avait été confié. Je recommande cet
examen à ceux qui auront le bonheur de retrouver cette espèce dans un meilleur état. Je
leur recommande aussi de bien compter les articles des tarses. Il serait bien possible que
ce prétendu *Xylotrète* n'en eût que quatre visibles sous tous les aspects et qu'il fut ainsi
le type d'un genre distinct.

enfoncé sous le prothorax : *Front*, large, rectangulaire, séparé de la face par une impression suturiforme très faiblement tracée. *Face*, de la même substance que le front, aussi large que lui, nettement, séparée de l'épistome par un sillon droit et transversal. *Épistome*, sub-membraneux, de la même substance que le labre dont on pourrait le croire un premier article, également court, large et coupé en ligne droite.

Labre, moins consistant que l'épistome, plane, assez grand pour couvrir l'extrémité des mandibules croisées : bord antérieur, échancré.

Mandibules, fortes, arquées, terminées en pointe aiguë : bord interne, armé d'une dent assez forte et peu distante de la pointe.

Palpes labiaux, deux fois plus grands que les maxillaires, de trois articles ; le premier, mince, obconique ; le second, de la même forme, mais deux fois plus long ; *le troisième*, très grand, *en triangle renversé plus long que large* ; bord externe, visiblement arqué.

Autres *Parties de la bouche*, inobservées.

Dos du *Prothorax*, déprimé et un peu rétréci en avant, brusquement rétréci et fortement rebordé en arrière.

Prosternum, largement échancré en avant, coupé en ligne droite en arrière. *Fosses coxales*, fermées et placées vers le milieu de la longueur.

Mésosternum, ne s'avançant pas en pointe au-dessous du prothorax : bord postérieur, droit.

Métasternum, peu renflé.

Ventre, faiblement convexe : plaques ventrales, entières.

Écusson, petit, en demi-ovale transversal.

Élytres, entourant l'extrémité de l'abdomen : base, droite ; angles huméraux, obtus ; côtés, droits et parallèles ; bord postérieur, arrondi ; angle sutural postérieur, fermé.

Pattes, minces, de moyenne longueur ; fémurs postérieurs,

pouvant atteindre l'extrémité de l'abdomen, mais ne dépassant pas celle des élytres : tibias, cylindriques et droits.

Tarses, de quatre articles seulement visibles sous touts les aspects et à articulations réellement mobiles. Les trois premiers, munis en dessous d'un appendice : le quatrième, terminé par deux crochets simples à arète interne brusquement échancrée vers le milieu de la longueur. Les tarses de la première paire ont disparu. On voit sous le premier article des intermédiaires un appendice rudimentaire intimement soudé avec l'article et qui est le véritable analogue du premier article tarsal des *Clérites pentamérés*. Les trois premiers articles de cette paire sont larges, bifides en dessus, munis en dessous d'appendices échancrés ou bilobés, et ils vont en diminuant progressivement en longueur sans augmenter en largeur. Aux tarses postérieurs, le 1.er article est mince, comprimé et faiblement échancré à son extrémité : son appendice propre est court et entier. Celui de l'article avorté est à peine visible. Les 2.d et 3.e articles sont à-peu-près égaux entr'eux, courts, larges, bifides en dessus, munis en dessous d'appendices membraneux fendus dans toute leur longueur et divisés en deux lobes ovato-oblongs.

Le *Facies* du *G. Tillicera* tranche brusquement avec celui du genre suivant dont il est d'ailleurs si voisin par la plupart des caractères essentiels, et il ressemble davantage à celui du *G. Clérus* dans lequel M.r Dejean avait placé la seule espèce connue. Il est aussi un des passages qui conduisent des *Clérites Pentamérés* aux *Tétramérés* puisqu'il conserve des restes d'un cinquième article avorté quoiqu'il n'en ait réellement que quatre mobiles. Nous verrons plus bas d'autres *Cléroïdes* dans lesquels le passage sera autrement gradué. L'article n'y sera avorté qu'à la dernière paire de pattes. Ce seront des espèces d'*Hétéromérés*.

Espèce unique — Tillicera Javana, *M.*

42. Tillic. — *Tab.* xii , *fig.* 5.
Clerus javanus, *Dej. loc. cit. pag.* 127.
Patrie. — Java.
Dimensions. — Long. du corps, 4 lig. — id. du prothorax
1 lig. — id. des élytres, 2 et ¼ lig. — id. de la tête , ¾ lig.
— id. du prothorax à son maximum, la même. — id. du même
à sa base , ½ lig. — id. de la base des élytres , 1 et ½ ligne.
Formes. — Antennes , un peu soyeuses. Corps , mat, ponctué et pubescent. Ponctuation du devant de la tête, confluente
et rugueuse : milieu de la face , épistome et labre, luisants ,
presque lisses. Points du prothorax, serrés, mais distincts.
Sur le dos de chaque élytre , neuf stries longitudinales de
gros points enfoncés partant de la base et disparaissant d'autant
plus loin de l'extrémité postérieure qu'elles sont plus loin de la
suture : cloisons transversales , étroites et moins élevées que les
intervalles longitudinaux ; ceux-ci , à-peu-près de la largeur des
stries , pointillés et piligères ; angles huméraux , lisses et assez
saillants : callus , nuls ou se confondant avec les angles huméraux ; portion apicale des élytres dépourvue de stries, finement pointillée. Pélage , généralement hérissé : sur chaque élytre , trois espaces couverts d'un duvet ras et couché en arrière ; le premier, vers le premier tiers de l'élytre , en demi-
bande transversale, allant du bord extérieur au milieu du dos ;
le second, un peu au-delà, en bande oblique dirigée en arrière ,
de la suture au milieu : le troisième, vers les trois quarts de
la longueur, en bande transversale, n'atteignant pas la suture :
poils latéraux du métasternum , ras et couchés en arrière.
Couleurs. — Antennes , noires : les trois premiers articles,
rouges. Corps et pattes , noirs : prothorax et base des élytres ,
rouges ; premier espace velouté des élytres , blanc ; les deux

autres, de la couleur du fond. Duvet ras, couleur de paille à reflets dorés. Poils hérissés, noirs sur le dos, blanchâtres sur les flancs, obscurs aux pattes, au devant de la tête et au dessous du corps.

Sexe. — Incertain, dans l'exemplaire unique de l'ancienne collection Dejean.

XIV. TENERUS, *Lap.*

Antennes, ayant leur origine au-dessous des yeux, dans l'intérieur de l'échancrure oculaire comme chez touts les *Cléroïdes* (15), *de onze articles*; le premier, épais, cylindrique, dépassant le sommet de l'échancrure des yeux et pouvant atteindre leur bord supérieur; 2.^{d} et 3.e, minces, obconiques; art. 4—10, *en forme de scie*, comme dans le *G. Tillus*; le dernier, plus grand que le pénultième, ovalaire et terminé en pointe mousse.

Tête, grande. *Vertex*, très court. *Front*, spacieux, vertical, plus large que long, se confondant insensiblement avec la *Face*. *Epistome* et *Labre*, courts, larges, transversaux, faiblement et largement échancrés en avant.

Yeux, grands, écartés, transversaux, réniformes ou largement échancrés en dessous, ne faisant pas de saillie en dehors du prothorax.

Mandibules, épaisses à leur origine, minces près de leur extrémité, terminées en pointe courbe et aiguë: arête interne, ayant une petite dent près de la pointe apicale.

Palpes maxillaires, filiformes, *de quatre articles*: le dernier, un peu plus long que le troisième sans être plus épais, *cylindrique et tronqué*.

(13 Je ne reviendrai sur l'insertion des antennes que lorsque je serai arrivé à la seconde sous-famille. Les différences secondaires qui dépendent de la grandeur et de la forme des yeux seront comprises dans les particularités de ceux-ci.

Palpes labiaux, *de trois articles* qui augmentent progressivement en grandeur du premier au troisième : les deux premiers, obconiques ; *le dernier, de la même forme que le dernier des maxillaires*, proportionnellement un peu plus épais.

Mâchoires, libres à leur origine, mais n'étant ni anguleuses ni coudées : tige, cornée ; extrémité, membraneuse et bilobée ; lobes, faiblement ciliés, courts et arrondis, l'externe plus grand et en ovale allongé.

Menton, corné, un peu rétréci en avant : bord antérieur, anguleux et saillant.

Prothorax, de la longueur de la tête : dos, cylindrique et uniformément convexe ; côtés, droits et parallèles ; angles postérieurs, effacés.

Prosternum, plane : bord antérieur, droit, ne se prolongeant pas en arrière au-delà de l'origine des pattes antérieures. *Fosses coxales*, grandes, placées au bord postérieur du prosternum, ouvertes en arrière.

Mésosternum, largement échancré des deux côtés pour clorre le contour postérieur des fosses coxales, saillant en pointe au milieu pour pénétrer au dessous du prothorax et rejoindre le prosternum entre les hanches de la première paire.

Métasternum, peu renflé.

Ventre, convexe, de cinq anneaux apparents dans l'état normal : les quatre premiers, entiers dans les deux sexes ; le cinquième, arrondi dans les femelles, tronqué et échancré dans les mâles. Le sixième ne sort de sa retraite que lorsque les parties génitales sont en action. Il est, allongé et étroit dans les femelles chez lesquelles sa forme s'adopte à celle de l'oviducte, tronqué ou échancré dans les mâles.

Ecusson, de moyenne grandeur, plane, en demi-cercle.

Elytres, molles, deux fois plus longues que la tête et le prothorax pris ensemble, dépassant l'extrémité de l'abdomen, de la largeur du prothorax, coupées carrément à leur base :

dos, uniformément convexe; côtés, parallèles; bord postérieur,
arrondi ; angle sutural postérieur, fermé.

Pattes, très courtes, assez fortes : fémurs postérieurs, ne
dépassant pas le troisième anneau de l'abdomen ; tibias, droits.

Tarses, de quatre articles (14): les trois premiers, obconiques,
déprimés, échancrés ou bifides à leurs extrémités, munis en
dessous d'un appendice membraneux coupé en ligne droite; le
premier, plus long et plus effilé, son appendice beaucoup plus
petit; les deux autres, à-peu-près égaux entr'eux ; le quatrième, aussi long que les deux précédents pris ensemble, dépourvu d'appendice, terminé par deux crochets; ceux-ci, simples, épais à leur base, à arête interne tranchante et échancrée vers le milieu; sommet interne de cette échancrure,
obtus.

Il en est des *Ténères*, comme des *Colyphes*. Tandis que les
parties de leur bouche, la structure de leur prothorax et les
appendices de leur tarses les rapportent aux *Clérites*, la mollesse de leurs élytres les rapproche des *Malacodermes* et
l'ensemble de leurs traits les fairait prendre pour des *Gallérucites* des G. *Exora* ou *Malacosoma*. Cette coupe est d'ailleurs
si naturelle que toutes les espèces qui en font partie ont à-peu-
près les mêmes formes. C'est bien à elles que l'épithète de
cylindriques convient, pour ainsi dire, à titre exclusif. Le contour de leurs pièces extérieures étant dessiné d'après un seul
et même modèle, il aurait fallu chercher les différences spécifiques dans les accidents de leur surface et s'exposer ainsi
à prendre les traits de l'individu pour les caractères de l'espèce.
Cette marche aurait eu autant d'inconvenients que celle qui aurait accordé toute confiance à la distribution des couleurs. Mais
celle-ci a sur l'autre le double avantage d'être mieux visible
pour celui qui doit la montrer et d'être plus accessible pour
ceux qui veulent la suivre. Je n'ai plus hésité, dans le choix,

(14) Les *Ténères* sont des véritables *Tétramérés*.

dès que celle que j'aurais préféré a cessé d'être praticable. On pourra en juger par le tableau suivant où les huit espèces connues ont été déterminées d'après les couleurs de leur manteau.

A. *Élytres*, d'une couleur obscure qui tranche avec la couleur claire du corps.

  B. *Tête*, de la couleur obscure des élytres. - - - - - 1. TENER. CYANOPTERUS.

  BB. *Tête*, de la couleur claire du corps. - - - - - - 2. » TERMINATUS.

AA. *Élytres*, de couleur claire avec quelques espaces obscurs.

  B. *Espace obscur*, placé à l'extrémité postérieure des élytres.

    C. *Prothorax*, clair avec des lignes longitudinales noires.

      D. *Flancs du prothorax*, clairs. - - - - - 3. » DIMIDIATUS.

      DD. *Flancs du prothorax*, obscurs. - - - - 4. » LINEATOCOLLIS.

    CC. *Prothorax*, clair avec des points obscur.

      D. *Antennes*, de couleur claire. - - - - - 5. » PRÆUSTUS, *Lap.*

      DD. *Antennes*, de couleur obscure. - - - - - 6. » SIGNATICOLLIS, *Lap.*

  BB. *Espace obscur*, placé à quelque distance de l'extrémité postérieure. - - - - - 7. » BIMACULATUS, *Lap.*

  BBB. *Espaces obscurs*, placés aux deux extrémités opposées. - 8. » BIFASCIATUS.

1. Tenerus cyanopterus, *M.*

43. Tener. rufus, capite elytrisque totis nigro-cœruleis. — *Tab.* vii, *fig.* 4.

Patrie. — Manille.

Dimensions. — Long. du corps, 4 lig. — Larg. du même, 1 ligne.

Formes. — Corps, ponctué et pubescent: ponctuation, confusement éparse à la tête, apparente et distincte sur le dos, un peu plus serrée sur les élytres; pélage, rare, fin et hérissé.

Couleurs. — Antennes, noires: premier article, rougeâtre. Tête, noire: labre et palpes, rougeâtres. Prothorax et dessous du corps, de cette dernière couleur: une grande tache sur le bord antérieur du prothorax, une autre plus petite près du milieu de la base, noires. Élytres, d'un beau bleu foncé très luisant. Pattes, rougeâtres: extrémités tibiales des fémurs, face extérieure des tibias, tarses entiers, noirs; onglets, bruns. Poils, cendrés.

2. Tenerus terminatus, *M.*

44. Tener. rufus, elytris nigris apice extimo flavis. — *Tab.* xii, *fig.* 1.

Tillus terminatus, *Dej. loc. cit.* 126.
»   »   *Kl. sic. in coll. Dup.*

Patrie. — Le Cap de Bonne-Espérance.

Dimensions et Formes. — Comme dans le précédent. Ponctuation du dos et notamment celle des élytres, plus fine et moins apparente: *extrémité postérieure des élytres, presque lisse.*

Couleurs. — Antennes, noires: les trois premiers articles, rougeâtres. Tête, prothorax, pattes et dessous du corps, de cette dernière couleur. Deux taches noires sur le dos du prothorax, la première plus grande au bord antérieur, l'autre ponctiforme à peu de distance du bord postérieur. Élytres, noires, moins luisantes que dans le *Cyanopterus*: extrémité postérieure, jaune de paille. Poils, cendrés.

Sexe. — Deux mâles, des collections Dejean et Dupont. Les pièces génitales y sont peu en évidence. L'échancrure de la dernière plaque ventrale est peu profonde et on voit une petite dépression sans échancrure à l'avant-dernière.

3. Tenerus dimidiatus, *M.*

45. Tener. flavo-rufus, prothoracis lineis tribus elytrorumque apice nigris.

Tillus dimidiatus, *Dej. loc. cit.* 126.

Var. A. Tenerus pictus, *Dup. coll.* — *Tab.* xi, *fig.* 4.

Patrie. — Le Sénégal.

Dimensions et Formes. — Peu différentes de celles des deux espèces précédentes. *Point d'espace lisse, aux extrémités des élytres : quelques rudiments d'élévations longitudinales et costiformes, sur leur dos.*

Couleurs. — Antennes et pattes, noires: hanches, trochanters et base des fémurs, jaunâtres. Corps, jaune-rougeâtre. Devant de la tête, une bande longitudinale sur la ligne médiane du prothorax, deux autres latérales plus larges et parallèles à la première, extrémités postérieures des élytres et de l'abdomen, noires.

Variété. — La Var. A dont nous avons donné la figure, est parfaitement semblable au type que nous avons décrit. Elle n'en diffère que par la bande noire médiane du prothorax largement interrompue au milieu et ne consistant plus qu'en deux taches distantes, la première au bord antérieur, la seconde au bord opposé.

Sexe. — Incertain. L'individu de l'ancienne collection Dejean, type de l'espèce, a le bout de l'abdomen endommagé. Un autre, de la collection Buquet est mieux conservé. La sixième plaque ventrale est petite et arrondie. La cinquième a une petite entaille peu profonde. Je le crois, un mâle.

4. TENERUS LINEATOCOLLIS, *M.*

46. Tener. flavo-rufus, prothoracis lineis tribus elytrorumque margine exteriore toto nigris. — *Tab.* vii, *fig.* 4.

Patrie. — Le Sénégal.

Dimensions. — Taille, plus grande que celle des trois espèces précédentes : long. du corps, 5 lignes, mêmes proportions relatives.

Formes. — Encore très ressemblantes à celles du *Dimidiatus*, et sur-tout à celles de la Var. A : trois côtes longitudinales plus élevées, sur le dos de chaque élytre.

Couleurs. — Antennes, noires, Tête, prothorax et élytres, jaunes ou roussâtres : face et chaperon, une bande longitudinale au haut du front continuée sur la ligne médiane du prothorax jusqu'à la rencontre de l'écusson, deux autres bandes latérales et parallèles à la première encore sur le dos du prothorax, bord extérieur des élytres à partir des angles huméraux jusqu'à l'angle sutural postérieur, noirs. Pattes, de la même couleur : hanches, trochanters et bases des fémurs à la première paire, hanches et trochanters seulement à la seconde, jaunâtres. Poitrine et ventre, d'un rouge plus foncé. Poils, cendrés.

Sexe. — Une femelle, de la collection Dupont. Mâle, inconnu.

5. TENERUS PRÆUSTUS, *Lap.*

47. Tener. flavo-rufus, elytrorum apice nigro, antennis flavis. — *Tab.* xi, *fig.* 2.

Tenerus præustus, *Lap. rev. de Silb.* 4, 45, 1.

Patrie. — Java , M.ʳ Pétel.

Dimensions et Formes. — A-peu-près les mêmes que celles
du *Ten. Cyanopterus*: pélage du dos, plus long et plus abondant. (15)

Couleurs. — Antennes, jaunes: une ligne noire, à la face
externe des cinq premiers articles; une tache apicale de la
même couleur et à la même face, aux suivants jusqu'à l'avant-
dernier. Tête, fauve: front, brun; ligne médiane, fauve; extrémités des mandibules, noirâtres. Prothorax, élytres, poitrine
et dernier anneau de l'abdomen, fauves ou roussâtres. Premières plaques ventrales, blanchâtres, mais opaques et sans
apparence de phosphorescence. (16) Deux petites taches distantes
entr'elles et placées au bord antérieur du prothorax, extrémités
postérieures des élytres, noires. Pattes, fauves: tarses et face
externe des tibias, brunâtres. Poils, cendrés.

Sexe. — Une femelle, de la collection Buquet. L'oviducte
est en évidence et on y voit même quelques œufs qui s'y sont
desséchés sans se détacher. Mâle, inconnu.

6. Tenerus signaticollis, *Lap.*

48. Tener. flavo-rufus, elytrorum apice nigro, antennis nigris. — *Tab.* xi, *fig.* 3.

Tenerus signaticollis, *Lap. rév. de silb. 4, 44, 2.*

Patrie. — Java, M.ʳ Pétel.

Dimensions et Formes. — Pareilles à celles du *Præustus:*
ponctuation plus apparente; une côte longitudinale, peu élevée,
partant de la base de chaque élytre et s'effaçant avant d'atteindre le milieu.

Couleurs. — Antennes, noires. Tête et prothorax, fauves-

(15) Pur accident qui tient sans doute à la jeunesse de l'individu.
(16) C'est, pour n'avoir pas fait attention à cette opacité, que quelques auteurs ont attribué, à tort, la faculté d'émettre une lumière phosphorique, à certains *Hélopiens* et à quelques *Longicornes.*

roussâtres : extrémités des mandibules , brunes ; deux points noirs , au bord antérieur du prothorax. Poitrine, abdomen et élytres , fauves : extrémités de ces dernières , noires. Pattes , de cette dernière couleur : hanches, trochanters et base des fémurs , fauves. Poils, de la couleur du fond.

Sexe. — Une femelle, de la collection Buquet. Mâle, inconnu.

7. Tenerus bimaculatus , *Lap.*

49. Tener. flavo-rufus elytris ante apicem nigro maculatis. — *Tab.* xi, *fig.* 1.

Tenerus bimaculatus , *Lap. rev. de silb. 4, 44, 5.*

Patrie. — Le Sénégal.

Dimensions et Formes. — Taille, un peu plus petite que celle du *Signaticollis* qui est d'ailleurs très voisin : point de côte même rudimentaire , sur le dos des élytres.

Couleurs. — Antennes , noires : les trois premiers articles, fauves. Corps et pattes , fauves ou roussâtres. Deux grandes taches ovales d'un bleu très foncé et presque noires, sur chaque élytre un peu en avant de l'extrémité , ne touchant à aucun des bords.

Sexe. — Un mâle, de la collection Buquet. La cinquième plaque ventrale est visiblement échancrée , la sixième et les pièces génitales ne sont pas en évidence.

8. Tenerus bifasciatus , *M.*

50. Tener. flavo-rufus, elytris nigro bifasciatis. — *Tab.* xi, *fig.* 5.

Tillus bifasciatus , *Klug. apud DD. Dejean et Dupont.*

   » capensis, *Gory coll.*

Patrie. — Le Cap de Bonne Espérance.

Dimensions et Formes. — Pareilles à celles du précédent.

24

Points piligères du milieu du prothorax, les plus rapprochés du bord antérieur, entourés d'un rebord saillant qui leur donne l'apparence de petits tubercules ensorte que cette portion du dos paraît plutôt granuleuse que ponctuée.

Couleurs. — Antennes, noires : les trois premiers articles fauves. Tête, prothorax, pattes et dessous du corps, fauves roussâtres : deux taches médianes noires, sur le dos du prothorax; la première, plus grande, en demi-cercle, touchant le bord antérieur et occupant tout l'espace granuleux; l'autre, petite, ponctiforme, à peu de distance de la base. Élytres, jaunes et bifasciées de noir : bande antérieure, basilaire, large et fortement échancrée à la suture, échancrure en angle aïgu : la postérieure, aux deux tiers de l'élytre, droite en avant et bilobée en arrière. Poils, de la couleur du fond.

Variétés. — Var. A, semblable au type : bande postérieure des élytres, interrompue près de la suture. Cette variété a été représentée, *Pl.* xi, *fig.* 5.

Var. B. — Semblable à la Var. A, point de taches noires sur le dos du prothorax. Un des mâles de la collection Dupont.

Sexe. — Quatre mâles, aisément reconnaissables à l'échancrure de leur cinquième plaque ventrale. Deux, de l'ancienne collection Dejean, fournis par M.r Schuppel de Berlin. Les deux autres, de la collection Dupont. Dans les deux collections, le nom spécifique est attribué au D.r Klug. Je n'ai pas encore connaissance de l'ouvrage dans lequel ce savant l'a sans doute publié. — Une femelle, de la collection Gory.

XV. G. SERRIGER, *M.*

Ce genre, très voisin du *G. Tillicera*, sera suffisamment déterminé par l'ensemble des caractères suivants.

Dernier article des palpes maxillaires, de la même forme que le dernier des labiaux, applati, dilaté et en triangle renversé. Le triangle paraît être rectiligne et équilatéral.

Dernier article des palpes labiaux, plus grand, mais non le double du dernier des maxillaires.

Pattes, courtes et fortes. Tibias, arqués. Tarses, de quatre articles plus courts et plus larges que dans la *Tillicera* : le premier des postérieurs, à-peu-près égal à chacun des deux suivants et également muni d'un appendice membraneux fendu et bilobé.

Onglets, épais, profondement échancrés près de leurs extrémités: échancrure, étroite et profonde; dent interne de l'échancrure, dirigée en avant parallèlement à la pointe apicale de l'onglet qui semble bifide.

Espèce unique. — Serriger Reichei, *M.*

51. Serr. — *Tab.* xii, *fig.* 5.

Patrie. — Le Mexique, de la collection Reiche.

Dimensions. — Long. du corps, 3 lig. — id. du prothorax, ⁷⁄₄ lig. — id. des élytres, 2 lig. — Lag. de la tête, ⅓ lig. — id. du prothorax à son maximum, la même. — id. du même à la base, ½ lig. — id. de la base des élytres, 1 et ⅓ ligne.

Formes. — Quelques poils hérissés, sur les quatre premiers articles des antennes: les autres, finement veloutés. Articles de la scie antennaire, proportionnellement moins larges et plus allongés que dans la *Tillicera javana,* dents de la scie plus détachées. Corps et pattes, luisants, ponctués et pubescents: points, petits, ronds et distincts, plus serrés sur les élytres où ils ne sont pas disposés en stries; épistome et labre, lisses; pélage, fin et hérissé. Prothorax, déprimé antérieurement, convexe à partir de la dépression antérieure jusqu'au sillon sous-marginal postérieur: côtés, arrondis, commençant à s'élargir en partant du bord antérieur, atteignant leur maximum de largeur vers le milieu, se rapprochant ensuite insensiblement et sans subir d'inflexion; sillon sous-marginal, étroit et assez profond; bord postérieur, plus étroit que le bord opposé, mince, faiblement rebordé et ne s'élevant pas à la hauteur du milieu du dos. Écusson, de moyenne grandeur, en demi-cercle. Angles huméraux des élytres, arrondis et moins saillants que dans la *Tillicere*.

COULEURS. — Antennes, noires; cinq premiers articles, rouges. Corps et pattes, bleus. Elytres, rouges; une grande tache médiane et commune, rétrécie en avant, *en pomme de canne renversée*, allant de la base au milieu, une autre bande apicale plus large, de la couleur bleue du corps. Poils, blanchâtres: duvet des antennes, argenté.

SEXE. — Incertain, dans l'exemplaire unique de la collection Reiche.

XVI. G. OMADIUS, *Lap.*

Antennes, grossissant du second article au dernier, sans scie antennaire et sans renflement terminal en massue, de onze articles: le premier, plus épais que les suivants, obconique et pouvant remonter jusqu'au sommet de l'échancrure oculaire; les suivants jusqu'à l'avant-dernier, augmentant progressivement en largeur et diminuant en longueur, plus ou moins obconiques, les premiers sub-cylindriques et plus longs que larges, les derniers un peu applatis et sub-triangulaires, mais non dilatés du côté interne; le dernier, aussi grand que les deux précédents, en ovale souvent terminé en pointe.

Yeux, très rapprochés, grands et saillants, arrondis, échancrés en dessous: échancrure, anguleuse, étroite et profonde.

Tête, moyenne, ovalaire. *Vertex*, très court: devant de la tête, presque vertical. *Front*, très étroit, *en rectangle longi-*

tudinal ou sub-linéaire, ne s'élargissant qu'en dessous des yeux, au point ou il se confond insensiblement avec la *Face :* bord antérieur droit. *Épistome*, très court, linéaire et transversal.

Labre, large et transversal, plus grand et plus apparent que l'épistome, mais ne couvrant pas l'extrémité des mandibules croisées, échancré en avant ou bilobé : lobes, peu proéminents et faiblement arrondis.

Mandibules, assez grandes, terminées en pointe, dépourvues de dents internes.

Palpes maxillaires, filiformes, de quatre articles : le premier, très court, peu apparent, enfoncé dans un sinus latéral de la machoire ; le second, allongé et faiblement obconique ; le troisième, moitié plus court que le second, sub-cylindrique; le quatrième, aussi long que les deux précédents pris ensemble, acuminé et tronqué.

Palpes labiaux, presque trois fois plus grands que les maxillaires, *de trois articles*. Le premier, court, cylindrique : le second, à-peu-près du même diamètre, mais quatre fois plus long, très faiblement obconique : *le troisième*, un peu plus long que le second, applati et *sécuriforme* ou plutôt en triangle dont le côté extérieur est le plus grand, dont l'angle opposé à ce côté est très obtus et dont le côté opposé à l'origine est le plus petit.

Autres *Parties de la bouche*, inobservées.

Prothorax, cylindrique, un peu plus long que large, peu dilaté au milieu : dos, inégal ; bords opposés, droits et sans rebords.

Prosternum, d'un tiers au moins plus court que le *Tergum* : bord antérieur, droit; bord postérieur, largement échancré en arc de cercle ; fosses coxales, rondes, complètement fermées et placées un peu en arrière du milieu.

Portion antérieure du *Mésosternum*, rétrécie en avant et

doucement penchée d'avant en arrière de sorte que le prosternum peut aisément glisser le long de sa surface toutes les fois que l'insecte a besoin de courber son avant-corps.

Métasternum, renflé.

Ecusson, petit, en demi-cercle.

Elytres, parallèles, étroites, allongées, dépassant l'extrémité de l'abdomen : base, droite; callus, saillants et se confondant avec les angles huméraux ; dos, un peu applati près de la suture; flancs, brusquement penchés en bas ; bord postérieur, arrondi; angle sutural postérieur, fermé.

Abdomen, cylindrique. *Ventre*, convexe. Touts les anneaux entiers dans les femelles, le cinquième plus étroit et arrondi: les quatre premiers des mâles, comme dans l'autre sexe, le cinquième tronqué ou échancré.

Pattes, minces, allongées et visiblement propres à la course. Les postérieures, beaucoup plus longues que les autres: *fémurs, dépassant l'extrémité postérieure des élytres;* tibias, droits.

Tarses, de quatre articles à articulations réellement mobiles, le premier étant néanmoins renforcé par les restes rudimentaires de l'article avorté visibles seulement en dessous, mais mieux développés que dans les deux genres précédents et terminés par un petit appendice membraneux court et entier. Les trois premiers articles réels, échancrés ou bifides en dessus et munis en dessous d'un appendice membraneux, soyeux à sa base et nu à son extrémité, échancré et tel que la profondeur de l'échancrure augmente successivement du premier au troisième. Premiers articles des tarses intermédiaires et postérieurs, égaux en longueur aux deux suivants pris ensemble. Quatrième article, presque de la longueur du premier à toutes les pattes et terminé par deux crochets simples dont l'arête interne a une forte échancrure qui va de la moitié de la longueur à la pointe apicale.

Les trois espèces connues de ce genre peu nombreux pro-

viennent des îles des mers de l'Inde. Nous pourrons les distinguer aisément d'après leurs formes et *indépendamment de
leurs couleurs.*

A. *Dos du prothorax*, n'ayant pas
de rides transversales.
  B. *Ligne médiane du même,*
    carénée. - - - - - - 1. Omad. indicus,   *Lap.*
  BB. *Ligne médiane du même,*
    non carénée. - - - - - 2.   » trifasciatus, *id.*
AA. *Dos du prothorax*, ridé tran-
sversalement. - - - - - 3.   » bifasciatus, *id.*

1. Omadius indicus, *Lap.*

52. Om. prothoracis dorso anticè deplanato, posticè carinulato.
— *Tab.* xiii, *fig.* 1.
Omadius indicus, *Lap. rev. de silb.* 4, 49, 1.
Notoxus javanus, *Dej. loc. cit. p.* 126.
Opilo sumatrensis, *Dup. coll.*

Patrie. — Java, collections Dejean et Buquet. — Sumatra,
collection Dupont.

Dimensions. — Long. du corps, 6 lig. — id. du prothorax,
1 et ½ lig. — id. des élytres, 4 et ½ lig. — Larg. de la tête,
1 et ½ lig. — id. du front, ½ lig. — id. du prothorax à son
maximum, 1 lig. — id. de la base des élytres, 1 et ½ ligne.

Formes. — Antennes, atteignant à peine le bord postérieur
du prothorax. Corps, finement ponctué, couvert de poils ras
et couchés à plat : duvet du devant de la tête et des flancs du
mésosternum, plus long et plus épais. Dépression antérieure du
prothorax, nettement circonscrite en arrière : disque, inégal ;
ligne médiane, plus ou moins élevée en carène ; sillon sous-
marginal postérieur, dilaté des deux côtés et rabattu sur les

flancs. Callus des élytres, lisses et luisants: neuf stries dorsales
de points enfoncés parallèles à l'axe du corps, naissant près de
la base ou derrière les callus, n'atteignant pas l'extrémité et en
approchant d'autant plus qu'elles sont plus distantes de la suture; points, très rapprochés et d'autant plus gros qu'ils sont
plus voisins de la base; intervalles longitudinaux, faiblement
convexes et un peu plus larges que les stries. Dessous du corps,
plus luisant et moins velu que le dos. Poils des pattes, hérissés.

Couleurs. — Antennes, brunes: premier article, un peu plus
clair. Tête, prothorax et poitrine, noirâtres. Élytres, brunes
avec trois bandes transversales larges et ondulées noires. Derniers anneaux de l'abdomen, rouges. Pattes, jaunes avec deux
grandes taches noires, la première au milieu des fémurs, la
seconde au milieu des tibias. Duvet ras, doré à la tête, au
dos du prothorax et sur les flancs du métosternum, argenté sur
les élytres. Poils hérissés, de la couleur du fond.

Variétés. — Var. A, semblable au type dont elle me semble
un cas d'albinisme. Couleur générale des élytres, fauve: bandes transversales, brunes. Pattes, testacées: point de taches
aux tibias, celles des fémurs brunes. — Java. Une femelle,
de l'ancienne collection Dejean.

Sexe. — Dans les femelles, les premiers anneaux sont quelquefois rouges comme les derniers. Dans les mâles, l'échancrure de la cinquième plaque ventrale est étroite et aiguë, et
lorsque la sixième est en évidence, on voit qu'elle est largement échancrée en arc du cercle.

2. Omadius trifasciatus, *Lap.*

55. Om. prothoracis dorso minus inæquali, anticè deplanato,
posticè convexiusculo, neutiquam carinato. — *Tab.* xiii, *fig.* 5.
Omadius trifasciatus, *Lap. de silb.* 4, 49, 5.
Notoxus spectrum, *Dup. coll.*

PATRIE. — Java.

DIMENSIONS et FORMES. — Taille, un peu plus petite que celle de l'*Indicus:* long. du corps, 4 lig., mêmes proportions relatives. Formes, semblables: dépression antérieure du prothorax, moins prononcée et moins nettement circonscrite; disque, moins inégal, aucune trace d'élévation caréniforme sur la ligne médiane.

COULEURS. — Antennes, noires: premier et second articles, pâles. Tête, corcelet et élytres, colorés comme dans l'*Indicus.* Ventre, testacé dans les deux sexes. Pattes, de la même couleur: fémurs et tibias, noirs avec une petite tache jaune à leur base. Duvet ras, argenté partout et même au devant de la tête et aux flancs du métasternum.

SEXE. — Deux mâles, des collections Gory et Dupont. Le premier a les extrémités des tibias et des fémurs jaunes comme leur base. — Une femelle, de la collection Buquet.

5. OMADIUS BIFASCIATUS, *Lap.*

54. OM. prothoracis dorso inæquali, anticè transversim striolato. — *Tab.* XIII, *fig.* 2.

Omadius bifasciatus, *Lap. rev. de silb.* 4, 49, 2.

PATRIE. — Ceylan.

DIMENSIONS et FORMES. — Taille de l'*Indicus* auquel il ressemble plus qu'au *Bifasciatus.* Dépression antérieure du prothorax, striée transversalement: stries, simples, fines et peu régulières. Disque, très inégal, point d'élévation caréniforme sur la ligne médiane, mais bien, deux impressions transversales qui descendent sur les côtés et qui s'y dilatent au point d'y former deux fossettes assez profondes.

COULEURS. — Antennes, noires: premier article, jaunâtre. Tête et prothorax, d'un brun foncé. Élytres, d'un brun plus clair avec quatre espaces veloutés ou couverts d'un duvet jaune doré: le premier, sub-basilaire et dorsal, en forme d'anneau oblong; les trois autres, en bandes transversales, la première vers le milieu, la seconde aux trois quarts de la longueur, la troisième à l'extrémité. Poitrine et abdomen, rouges. Pattes jaunes pâles: tarses, noirs. Duvet du dos, doré: poils hérissés, jaunâtres.

SEXE. —Un mâle, de la collection Gory. Femelle, inconnue.

XVII. G. STIGMATIUM, *Gray*.

Antennes, semblables à celles des *Omadies*, proportionnellement plus longues et plus minces, pouvant aisément atteindre le bord postérieur du prothorax.

Yeux, pareillement arrondis et échancrés en demi-cercle, mais moins saillants en dehors du prothorax et plus écartés.

Tête, ovalaire et de moyenne grandeur. *Front*, encore en rectangle longitudinal, mais proportionnellement plus large. Les autres parties de la tête et notamment celles de la bouche, comme dans les *Omadies*.

Prothorax, n'étant pas plus long que large : côtés, en arc de courbe sans inflexion, atteignant leur maximum de largeur vers le milieu de la longueur et égalant alors la largeur de la tête; dépression antérieure, moins bien prononcée que dans les *Omadies*; sillon sous-marginal postérieur, plus étroit que dans les mêmes; bord postérieur, plus étroit que l'antérieur.

Prosternum, moitié plus court que le *Tergum*, largement et fortement échancré en avant, ensorte que l'insecte n'a pas besoin de mouvoir son prothorax quand il veut fléchir sa tête en dessous, ce qui n'a pas lieu dans le genre précédent. *Fosses coxales*, grandes, rondes, placées très près du bord postérieur et néanmoins complètement fermées.

Mésosternum, coupé antérieurement en ligne droite et ne remontant pas insensiblement en haut, ensorte que le *Prosternum* ne saurait glisser au-dessous de lui.

Métasternum, peu renflé.

Élytres, uniformément convexes : angles huméraux, peu saillants.

Pattes, plus courtes et plus fortes que celles des *Omadies*, *moins propres à la course qu'à la marche:* fémurs antérieurs, épais; postérieurs, ne dépassant pas l'extrémité des élytres; tibias, plutôt obconiques que cylindriques, grossissant insensiblement vers leur extrémité tarsienne. Tarses, pareils à ceux des *Omadies*, mais participant des proportions pésantes et ramassées de tout le corps. Du reste, ils ne m'ont pas paru *très larges*, comme l'a affirmé M.ʳ le C.ᵗᵉ de Castelnau (17). Les antérieurs ne le sont pas plus que dans la plupart des *Clérites*, et les postérieurs, bien loin de l'être, ont leur premier article comprimé, effilé et aussi long que les deux suivants pris ensemble. L'appendice rudimentaire est très petit. Celui du premier article mobile est encore très court; ceux des second et troisième sont bien développés, fendus et bilobés. Les onglets sont simples et leur arête interne est sans échancrure.

Espèce unique. — STIGMATIUM CICINDELOIDES, *Gray.*

55. STIGM. — *Tab.* XIII, *fig.* 4.
Sigmatium cicindeloides, *Lap. rev. de silb. t.* 4, *p.* 48.
VAR. A. Clerus rusticus, *Dej. loc. cit. p.* 127.
PATRIE. — Java.
DIMENSIONS. — Long. du corps, 4 et ½ lig. — id. du prothorax, 1 et ⅓ lig. — id. des élytres, 3 lig. — Larg. de la tête, 1 et ¼ lig. — id. du prothorax à son maximum, la même. — id. de la base des élytres, 2 lignes.

(17 Le texte de cet auteur est trop inexact pour n'y pas voir une erreur matérielle qui s'est glissée dans le manuscrit ou dans les épreuves. Par exemple, à propos du dernier article des palpes labiaux, il y est dit qu'il est *large, épais, conique.* Je ne comprends pas ce que cela signifie.

FORMES. — Antennes, pubescentes : poils, longs et hérissés.
Corps, ponctué et velu : points du dos, arrondis, très rapprochés, mais distincts. Neuf ou dix stries de gros points enfoncés,
parallèles à l'axe du corps, partant de la base des élytres et
n'en atteignant pas l'extrémité : cloisons transversales du premier
tiers, étroites et saillantes ; intervalles longitudinaux, plus larges que les stries, faiblement convexes et finement ponctués ;
le quatrième à partir de la suture, un peu plus élevé que les
autres. Moitié antérieure des élytres, couverte de poils couchés sur le dos. Poils, plus rares et plus hérissés aux pattes
et à la poitrine. Ventre, presque glabre.

COULEURS. — Antennes et pattes, brunes. Devant de la tête,
dos du prothorax et des élytres, noirs bleuâtres, mats : cloisons transversales et saillantes des élytres, luisantes. Mandibules, palpes et tarses, bruns noirâtres. Chaperon, labre et
ventre, d'une teinte plus claire et rougeâtre. Duvet de la
moitié antérieure des élytres, blanchâtre : plusieurs bandes
transversales de soies dorées, à la moitié postérieure des
élytres.

VARIÉTÉ. — La Var. A est plus petite que le type. Les régions obscures de celui-ci sont, dans la variété, couleur de
marron sans reflet bleuâtre ; les régions plus claires y sont testacées, la poitrine est de la couleur rougeâtre du ventre
et enfin les bandes dorées de la moitié postérieure des élytres
sont plus étroites.

SEXE. — Incertain, dans l'individu de la collection Buquet
qui a été décrit par M.ʳ le Conte de Castelnau et que j'ai
dû croire le type de l'espèce. Toutes ses plaques ventrales
sont entières. Serait-ce une femelle ? La Var. A, faisait partie
de l'ancienne collection de M.ʳ Dejean qui l'avait eue de M.ʳ Buquet et qui l'avait étiquetée *Clerus rusticus Buq.ᵗ* . Cet individu est bien certainement du sexe féminin, car son oviducte,
terminé par deux filets velus et inarticulés, est en évidence.

Cependant le bord postérieur de sa cinquième plaque ventrale est visiblement échancré. Devrons-nous en conclure que contrairement à tout ce que nous savons des autres *Clérites*, les mâles des *Stigmaties* ont touts les anneaux de l'abdomen entiers et que les femelles en ont le cinquième échancré en dessous? J'aurais bien de la peine à me le persuader et j'aimerais mieux croire que cette Var. A est un individu anormale, une femelle masculiniforme dans laquelle la tendance spécifique qui maintient les similitudes entre les deux sexes l'a emporté sur la tendance sexuelle qui engendre leurs différences.

M.^r le Conte de Castelnau parle, à la suite de ses *Omadies*, d'un *Clairone* du Sénégal dont il n'a vu qu'un exemplaire en mauvais état et qu'il a nommé *Omadius senegalensis*. Cet insecte, faisant partie de la collection Buquet, m'a été communiqué. Je l'ai trouvé trop endommagé pour me permettre de dire ce qu'il est. Mais ses restes suffisent pour dire ce qu'il n'est pas. Son front n'est pas sub-linéaire, car il occupe à-peu-près le tiers de la largeur de la tête. Ses fémurs postérieurs ne dépassent pas l'extrémité des élytres. Le prothorax est au moins aussi large que long. Aucun de ses traits ne convient aux *Omadies*.

XVIII. G. THANASIMUS, *Latr.*

Ayant dû sectionner le *G. Clerus Fab.* et en extraire toutes les espèces dont les antennes ne finissent pas brusquement en massue à trois articles, plusieurs de celles qui avaient servi à Latreille pour établir son *G. Thanasimus*, ont dû en sortir. En leur rendant actuellement le nom générique qui leur avait été imposé par ce grand maître, je n'ai fait que respecter le droit de priorité qui est dévolu à cette dénomination dès l'instant qu'elle peut coexister avec celle de *Clerus* qui est d'ailleurs antérieure.

Antennes, grossissant progressivement vers leur extrémité: grossissement, sujet à des progressions différentes selon les différentes espèces.

Yeux, échancrés.

Tête, ovalaire.

Labre, échancré ou plutôt bilobé : lobes, souvent renflés.

Mandibules, fortes, aiguës, à trois faces: la première, extérieure et convexe; la seconde, supérieure et plane; la troisième, inférieure et concave; arête interne, bi-échancrée au-delà du milieu, échancrures arrondies, dent intermédiaire large et obtuse.

Mâchoires, cornées, terminées par deux lobes membraneux arrondis et frangés: l'extérieur, bien plus avancé que l'autre.

Palpes maxillaires, filiformes, de quatre articles : le premier, cylindrique; le second, mince, allongé, très faiblement obconique ; le troisième, moitié plus court que le second, de la même épaisseur, plus visiblement obconique ; *le quatrième,* plus long que le troisième et plus court que le second, *sub-cylindrique et tronqué.*

Palpes labiaux, plus grands que les maxillaires, *de trois articles:* le premier, petit et peu apparent, cylindrique ; le second, très allongé, mince à la base, grossissant insensiblement, obconique : *le troisième,* pareillement mince près de l'origine et pour ainsi dire pédonculé, puis *dilaté en triangle curviligne* tel que le côté extérieur est le plus long et le moins arqué et que la courbure de la base ou du côté opposé à l'origine est saillante tandis que celle du bord interne est rentrante.

Menton, transversal, entier.

Langue, (*labium*), charnue et bilobée.

Prothorax, plus ou moins déprimé et rétréci en avant, sillonné et brusquement rétréci en arrière : bord postérieur, plus étroit que l'antérieur.

Prosternum, largement échancré en avant, brusquement aminci en arrière, terminé en arête tranchante entre les hanches de la première paire. *Fosses coxales*, ayant une petite ouverture près de la pointe postérieure du prosternum.

Mésosternum, allongé et rétréci antérieurement, en demi-cylindre et tel que le prosternum peut glisser au-dessous de lui.

Ecusson, petit, en demi-cercle.

Elytres, plus larges que le prothorax, coupées carrément à la base; côtés, parallèles; bord postérieur, arqué; angle sutural postérieur, fermé.

Ventre, faiblement convexe, touts ses segments entiers dans les deux sexes.

Pattes, moyennes: fémurs postérieurs, non renflés, atteignant tout au plus l'extrémité de l'abdomen, mais ne dépassant pas les élytres; tibias, droits.

Tarses, *de quatre articles seulement à articulations mobiles*; rudiments de l'article avorté, plus ou moins apparents: les trois premiers articles mobiles, munis en dessous d'appendices membraneux d'inégale grandeur, celui du troisième constamment fendu dans toute la longueur et divisé en deux lobes ovales et oblongs; crochets du quatrième, le plus souvent simples et dépourvus de dents, très rarement à arête interne échancrée vers le milieu.

Les différentes espèces du *G. Thanasimus* diffèrent entr'elles par des caractères qui seraient plus que spécifiques si elles correspondaient à des différences plus apparentes du *Facies*. On pourra s'en faire une idée par le tableau suivant où les huit espèces qui me sont connues, ont été classées d'après leurs formes *et indépendamment de leur couleurs*. Mais on en jugera encore mieux en suivant les détails des descriptions.

A. *Appendice de l'article tarsal avorté*,
petit et rudimentaire.
B. *Dernier article des palpes labiaux*,
ayant le côté opposé à son origine
plus court que le côté interne. - 1. Th. MUTILLARIUS, *Latr.*

BB. *Dernier article des palpes la-*
    biaux, ayant le côté opposé à
    son origine plus long que le côté
    interne.

  C. *Élytres*, striées.

    D. *Stries des élytres*, d'autant
      plus fortes qu'elles s'éloi-
      gnent moins de la base.

      E. *Second et troisième articles*
        des tarses antérieurs, bi-
        fides.

        F. *Points enfoncés du protho-*
          rax, petits et rapprochés.

          G. *Echancrures oculaires*,
            en demies circonfé-
            rences de cercles. - 2. TH. FORMICARIUS, *id.*

          GG. *Echancrures oculai-*
            res, en arcs à très
            faible courbure. - - 3. » RUFICEPS.

        FF. *Points enfoncés du pro-*
          thorax, gros et distants. 4. » VERREAUXII, *M.*

      EE. *Second et troisième arti-*
        cles des tarses antérieurs,
        tronqués ou très faible-
        ment échancrés. - - - 5. » QUADRIMACULATUS.

    DD. *Stries des élytres*, effacées
      près de la base et mieux pro-
      noncées vers le milieu de la
      longueur. - - - - - - 6. » PICTUS.

  CC. *Élytres*, confusément pointil-
    lées et sans traces de stries. 7. » COLUMBICUS.

AA. *Appendice de l'article tarsal avorté*,
  bien développé et égal à l'appendice
  du premier article réel. - - - - 8. » CAPENSIS.

1. Thanasimus mutillarius, *Latr.*

56. Thanas. tarsorum appendice sub-lineari minimo vix conspicuo, palporum labialium articuli ultimi latere apicali breviore. — *Tab.* xvii, *fig.* 4.

Clerus mutillarius, *Fab. syst. eleuth.* 1, 279, 1.
» » *Oliv. ent. t.* 4, 76. 11. — *Tab.* 1, *fig.* 12.
Thanasimus mutillarius. *Latr. gen. insect. tom.* 2, *pag.* 271.

PATRIE. — L'Europe, plus commun dans ses régions méridionales. Paykull, Gyllenhall et Zetterstedt ne le comptent pas au nombre des habitants de la Suède et de la Laponie. Une variété se trouve dans la Crimée. L'ancienne collection Dejean contenait des individus de l'Autriche et des environs de Paris. Il est encore rare, dans la Lombardie : mais je l'ai reçu, en nombre, de la Sicile et de la Sardaigne.

DIMENSIONS. — Long. du corps, 5 lig. — id du prothorax, 1 et ⅓ lig. — id. des élytres, 3 et ⅓ lig. — Larg. de la tête, 1 lig. — id. du prothorax à son maximum, 1 et ¼ lig. — id. du même à son bord postérieur, ⅚ lig. — id. de la base des élytres, ¾ ligne.

FORMES. — Antennes, aussi longues au moins que la tête et le prothorax pris ensemble : art. 5—10, obconiques, augmentant progressivement en largeur et diminuant en longueur; dernier article, un peu applati, mais non dilaté, ovato-oblong et terminé en pointe. Yeux, grands, saillants, fortement grénus, profondément échancrés; échancrure, étroite, en arc d'ellipse. Front, étroit, étant tout-au-plus le tiers de la largeur de la tête. Dernier article des palpes labiaux, plus allongé que dans les autres espèces congénères : bord opposé à l'origine, le plus petit de touts; bord interne, en arc de cercle assez rentrant. Corps, ponctué et velu : ponctuaction, très serrée à la tête et au prothorax, plus rare au ventre et à la poitrine;

26

neuf ou dix rangées de points enfoncés plus gros, longitudinales
et parallèles à l'axe du corps, allant de la base des élytres
aux deux tiers de leur longueur; cloisons transversales, étroites;
intervalles longitudinaux, de la largeur des stries, faiblement
convexes, ponctués à ponctuation irrégulière et quelquefois confluente ou rugueuse. Pélage, allongé et épais aux pattes, à la
base des élytres et sur les flancs du corcelet, rare et très fin
au ventre et au milieu de la poitrine, court, épais et couché
en arrière dans tout le reste de la surface dorsale. Dépression
antérieure du prothorax, terminée postérieurement en arc de
cercle dont la convexité est tournée en arrière, point de fossette médiane derrière cette dépression ; sillon sous-marginal
postérieur, lisse, luisant, étroit et peu profond ; bord postérieur, relévé insensiblement en arrière, fortement ponctué et
très faiblement rebordé ; côtés, commençant à s'élargir à partir du bord antérieur et atteignant le maximum de la largeur
vers la moitié de la longueur. Tarses, velus; premier article,
plus long que chacun des suivants, tronqué à son extremité,
muni en dessous d'un appendice court et entier ; appendice
de l'article avorté, petit et rudimentaire ; 2.^{d} et 3.e, à-peu-près
égaux entr'eux, larges, bifides en dessus et munis en dessous
d'appendices membraneux fendus dans toute leur largeur et
divisés en deux lobes oblongs ; crochets du quatrième, larges
à leur origine ; arète interne, largement échancrée du milieu
à l'extrémité, sommet interne de l'échancrure en angle droit,
sommet externe en pointe courbe et aiguë. — Dans quelques
exemplaires, les rugosités des intervalles longitudinaux qui séparent les stries ponctuées des élytres, sont si fortement prononcées qu'elles prennent l'aspect de grains élevés ou de petits
tubercules.

Couleurs. — Antennes, palpes et autres parties de la bouche, corps et pattes, noirs. Ventre et base des élytres, rouges.
Poils hérissés, blancs. Duvet ras et couché en arrière, noir:

deux taches blanches, l'une au bord antérieur, l'autre à
la suture, sur la même ligne transversale, vers le premier tiers
de la longueur ; une bande large semblable, atteignant les
deux bords, vers le second tiers. — L'individu de la Crimée
ne diffère du type que par la petitesse des taches soyeuses et
blanches des élytres ainsi que par la teinte orangée et non
rouge de leur base.

Sexe. — Très difficile à reconnaître, lorsque les pièces génitales ne sont pas en évidence. Les mâles sont généralement
plus petits et plus minces. Mais, comme la grandeur de la taille
n'est pas constante, on trouvera bien peu de distance entre
un gros mâle et une petite femelle. La longueur relative des
antennes mérite un peu plus de confiance. Elle m'a paru égale,
à celle de la tête et du prothorax réunis dans les mâles,
moindre dans les femelles.

2. Thanasimus formicarius, *Latr.*

57. Thanas. tarsorum appendice sub-basilari minimo vix conspicuo, palporum labialium latere interno breviore, elytris basin
propè fortius punctato-striatis, tarsorum anteriorum articulis intermediis bifidis et appendiculatis, prothoracis dorso subliliter
punctulato, oculorum emarginaturâ semicirculari. — *Tab.* xiv,
fig. 2.

Clerus formicarius, *Fab. syst. eleuth.* 1, 280, 5.
    »   »   *Oliv. encycl. t.* 4, 76, *pl.* 1 *fig.* 13.
Thanasimus formicarius, *Latr. gen. insect.* 1, 270, *sp.* 1.
Var. A. Clerus femoralis, *Dej loc. cit. p.* 127.
    » formicarius, var. b, *Gyll. fn. svec.* 4, 534, 1.
    »   »   *Sturm, deutsch. fn. tab.* ccxxi.

Patrie. — L'Europe, plus commune dans le nord que dans
le midi, très rare en Italie. J'en ai cependant trouvé un
exemplaire espagnol, dans l'ancienne collection Dejean.

Formes. — Quoique cette espèce ressemble, au premier
abord, à la précédente, elle est une de celles du même
genre qui en diffère davantage. Antennes, visiblement plus
courtes que la tête et le prothorax pris ensemble: art. 4—6,
obconiques, à-peu-près égaux en longueur, plus longs que
larges et ne grossissant pas progressivement; art. 7—10, plus
fortement obconiques, augmentant successivement en grosseur
et diminuant en longueur; le dernier, en demi-ovale un peu
acuminé, plus long que celui qui le précède immédiatement.
Yeux, petits, peu saillants, distants et échancrés en demi-
cercles. Front, aussi large que long, presque carré, très faiblement convexe. Dernier article des palpes labiaux, en triangle
curviligne beaucoup plus large que long: bord extérieur, le
le plus long de touts, en arc de courbe un peu rentrante: bord
apical ou base du triangle, en arc de courbe saillante et faisant avec le précédent un angle très aigu; bord interne, le
plus court de touts, en arc de courbe rentrante et faisant avec
le précédent un angle obtus. Corps, ponctué et velu: ponctuation et pélage, comme dans le *Mutillarius*. Prothorax, plus inégal: dépression antérieure, s'étendant davantage en arrière et
s'y confondant avec une fossette médiane du disque; côtés, ne
commençant à s'élargir qu'à une certaine distance du bord antérieur. Stries des élytres, prolongées au delà du milieu. Premier article des tarses postérieurs, n'étant pas aussi long que
les deux suivants pris ensemble: ceux-ci, proportionnellement
plus minces que dans le *Mutillarius*: pélage et appendices,
comme dans ce dernier; crochets, du quatrième article, simples, sans échancrures et sans dents à leur bord interne.

Couleurs. — Antennes, brunes ou rougeâtres: art. 7—10,
plus obscurs, souvent noirâtres. Tête, mandibules, dépression
antérieure et dorsale du prothorax, pattes hors les tarses, noirs.
Palpes et autres parties de la bouche, reste du dos du protorax, poitrine, abdomen et tarses, rouges. Élytres, noires: base,

rouge; deux bandes communes, couvertes d'un duvet blanc de neige, la première plus étroite et plus ondulée en avant du milieu et un peu en arrière de la portion rouge basilaire, la seconde vers les trois quarts de la longueur, plus large, coupée antérieurement en ligne droite, arrondie en arrière. Poils, hérissés, blancs dans les espaces clairs et noirs dans les espaces obscurs.

Variété. — La similitude des formes ne m'a pas permis de séparer le *Femoralis Dej.* du *Formicarius Fab.* Notre Var. A ne diffère du type qu'en ce que la teinte rouge empiète sur la noire en plusieurs endroits. Elle s'y étend sur le dos du prothorax, plus près du bord antérieur : sur les élytres, jusqu'à la première bande de soies blanches. Les pattes, sont aussi en partie de cette couleur, et il semble qu'elle y domine d'autant plus que les individus viennent des pays les plus froids.

Ex. *Finlande* et *Laponie.* — Pattes, rouges : extrémité tibiale des fémurs postérieurs, noire. — Ancienne collection Dejean.

— *Styrie.* — Pattes, rouges : genoux, noirs. — ibid.

— *Bavière.* — Pattes, rouges, hanches, trochanters et fémurs, noirs. — Collection de M.ʳ Sturm.

— *Alpes du Milanais.* — Pattes, noires: base des tibias, rouge. — Un exemplaire de ma collection, il m'a été fourni par le feu De-Cristofori.

Sexe. — Même observation qu'au *Mutillarius.*

3. Thanasimus ruficeps.

58. Thanas. tarsorum appendice sub-basilari minimo vix conspicuo, palporum labialium latere interno breviore, elytris basin propè fortius striato-punctatis, tarsorum anteriorum articulis intermediis bifidis et appendiculatis, prothoracis dorso subtiliter punctulato, oculorum emarginaturâ minus profundè arcuatâ. — *Tab.* xiv, *fig.* 2.

Clerus ruficeps, *Dej. loc. cit. p.* 127.

»   erythrocephalus, *Von-Wintheim*, apud *D. Dejean.*

Patrie. — L'Amérique septentrionale.

Dimensions, Formes et Couleurs. — Elles ont tant de rapports avec celles du *Formicarius*, que nous pourrons nous borner à signaler les traits qui semblent justifier la séparation de deux espèces qu'on serait tenté de prendre pour des variétés malgré l'éloignement de leurs *Habitat.* Les art. 6.e et 7.e des antennes sont, comme les précédents, encore plus longs que larges, et le grossissement progressif de l'extrémité ne devient sensible qu'au neuvième sans que les trois derniers fassent cependant une espèce de massue, parce que le passage du huitième au neuvième est aussi doucement gradué que celui du neuvième au dixième. L'échancrure oculaire est aussi moins rentrante. Les couleurs offrent des contrastes plus saillants. Les antennes sont noires, avec le premier article et la base des trois suivants rouges. La tête et la dépression antérieure du prothorax sont aussi de cette couleur: il en est de même des pattes, hors les genoux, les tibias et les tarses qui tendent au brun noirâtre. Les deux bandes de duvet blanc de neige sont placées plus en arrière sur les élytres. La première est moins ondulée que la seconde dont le bord postérieur est droit ou sinueux et non arrondi.

Sexe. — Dans quelques individus que je crois des mâles, la dernière plaque ventrale a une petite échancrure. Elle est entière, dans les autres.

4. Thanasimus Verreauxii.

59. Thanas. tarsorum appendice sub-basilari minimo vix conspicuo, palporum labialium latere interno breviore, elytris basin propè fortius striato-punctatis, tarsorum anteriorum articulis intermediis bifidis et appendiculatis, prothoracis dorso fortius et minus crebrè punctato. — *Tab.* xvi, *fig.* 1.

Notoxus Verreauxii, *Gory coll.*

PATRIE. — Le Cap de Bonne-Espérance , Mr Verreaux.

DIMENSIONS. — Long. du corps, 2 et ¼ lig. — id. du prothorax , ⅔ lig. — id. des élytres, 1 et ½ lig. — Larg. de la
tête , ⅓ lig. — id. du prothorax à son maximum, la même. —
id. de la base des élytres, ¼ ligne.

FORMES. — Antennes, minces, plus longues que la tête et
le prothorax pris ensemble, grossissant moins vers l'extrémité
que dans les trois précedents. Corps, ponctué et pubescent:
points du dos du prothorax, gros, distincts et distants : neuf
stries de plus gros points enfoncés, allant de la base de chaque élytre au delà du milieu où elle disparaissent brusquement et à la fois. Yeux, écartés, saillants, transversaux,
très faiblement échancrés comme dans le *Ruficeps*. Front, au
moins aussi large que long. Prothorax, proportionnellement plus
étroit et plus allongé que dans les autres congénères ; côtés ,
moins dilatés ; dépression antérieure, ne dépassant pas le quart
de la longueur; disque, inégal , un sillon médian et postérieurement bifide le faisant paraître trituberculé : rétrécissement
postérieur, moins prononcé ; bord postérieur , à peine un peu
plus étroit que le bord opposé. Pattes, endommagées (18). Pélage, rare et hérissé.

COULEURS. — Antennes, brunes. Tête et corcelet, d'un brun
plus foncé. Ventre, testacé. Élytres, pâles avec trois taches
brunâtres : la première, petite et ponctiforme, près de l'écusson : la seconde, longitudinale, irrégulière et anguleuse, un peu
en avant du milieu ; la troisième, plus grosse, au milieu du dos,
émettant en dehors deux branches linéaires et divergentes qui

---

(18) N'ayant pas pu m'assurer de la forme des tarses, je n'en ai tiré aucun parti
dans le tableau synoptique et je n'en ai parlé qu'au hazard dans la phrase spécifique.
Il serait cependant très possible qu'il fussent conformés comme ceux du *Capensis* que
nous verrons plus bas, et s'il en était ainsi, il faudrait supprimer , dans le tableau ,
ce qui y a rapport à la ponctuation du prothorax , placer le *Verreauxii* à la suite du
Capensis et déterminer les deux espèces par les inégalités du prothorax et par la
ponctuation des stries des élytres.

atteignent le bord extérieur vers les deux tiers de l'élytre. Pattes, pâles: genoux, bruns: deux taches de la même couleur, à chaque tibia. Pélage, clair.

Sexe. — Incertain, dans un exemplaire de la collection Gory que je n'ai plus sous les yeux.

5. Thanasimus quadrimaculatus.

60. Thanas. tarsorum appendice sub-basilari minimo vix conspicuo, palporum labialium latere interno breviore, elytris basin propè fortius striato-punctatis, tarsorum anteriorum articulis intermediis truncatis sub-emarginatis. — *Tab.* xv, *fig.* 3.

Clerus quadrimaculatus *Fab. syst. eleuth.* 1, 281, 4.

    »   »   *Panz. fn. germ.* 95, 15.

Patrie. — Allemagne.

Dimensions. — Long. du corps, 2 lig. — id. du prothorax, $\frac{1}{7}$ lig. — id. des élytres, 1 et $\frac{1}{7}$ lig. — Larg. de la tête, $\frac{2}{7}$ lig. — id. du prothorax à son maximum, $\frac{1}{2}$ lig. — id. du même à son bord postérieur, $\frac{1}{4}$ lig. — id. de la base des élytres, $\frac{2}{3}$ ligne.

Formes. — La comparaison des différentes dimensions démontre que cette espèce a le corps plus ramassé que celui de ses congénères et que la largeur des élytres y est moindre proportionnellement à celle de la tête et du prothorax. Nous ajouterons encore que sa surface est plus luisante, sa ponctuation plus fine et son pélage plus rare. Antennes, aussi longues que la tête et le prothorax pris ensemble, insérées au dessous des yeux, en face et en dehors de l'échancrure oculaire: articles intermédiaires, allongés et très faiblement obconiques; grossissement terminal, à-peu-près comme dans le *Ruficeps*; dernier article, ovale, acuminé, presque aussi long que les deux précédents réunis. Yeux, petits, peu saillants, finement grénus, dirigés obliquement de dedans en dehors et d'arrière en avant, aussi faiblement échancrés que dans le *Ruficeps* et dans le *Verreauxii*. Front, plus large que long. Prothorax, ayant son maximum de largeur un peu en avant du milieu : dépression antérieure, bien prononcée et terminée postérieurement en arc de cercle dont la convexité est tournée en arrière ; un petit sillon médian et longitudinal, n'atteignant, ni la dépression antérieure, ni le sillon sous-marginal postérieur ; celui-ci, assez profond ; bord postérieur, rebordé, mais ne remontant pas à la hauteur du bord opposé. Stries des élytres, peu apparentes, formées de petits points distants et peu enfoncés : cloisons transversales et intervalles longitudinaux, plus larges que les stries, planes, luisants et lisses à l'œil nu. Pattes, fortes : fémurs, un peu renflés ; tarses, épais ; appendices de l'article avorté, rudimentaire ; les trois premiers articles, tronqués ou faiblement échancrés, mais non bifides en dessus ; les deux intermédiaires, munis d'appendices membraneux, larges et courts, peu fendus et simplement échancrés de manière que l'échancrure divise l'extrémité en deux lobes courts et faiblement arrondis : tarses de la troisième paire, à-peu-près de la longueur des tibias ; premier article, à peine un peu plus long que le suivant. Crochets, simples.

Couleurs. — Antennes, brunes. Dessus de la tête, noirâtre. Moitié antérieure de la face, épistome, labre, mandibules et autres parties de la bouche, dessous de la tête et prothorax, rouges. Poitrine, élytres et abdomen, noirs. Deux grandes taches blanches sur le dos de chaque élytre, n'atteignant, ni la suture, ni le bord postérieur : la première, avant le milieu ; la seconde, près de l'extrémité. Pattes, brunes : extrémités tibiales de touts les fémurs et tibias postérieurs, noirâtres. Poils, blanchâtres.

Sexe. — Quoique j'aie vu plus de vingt individus de cette espèce, je n'ai remarqué entr'eux aucune différence qu'on puisse regarder comme sexuelle. Faudra-t-il en conclure qu'ils ont appartenu à un seul et même sexe ?

6. Thanasimus pictus, *M.*

61. Thanas. tarsorum appendice sub-basilari minimo vix conspicuo, palporum labialium articuli ultimi latere interno breviore, elytris striato-punctatis, striis basin propè obliteratis. — *Tab.* xv, *fig.* 1.

Clerus pictus, *Dej. loc. cit.* 127.
     »   *Say. ap. Dej. ibid.*

Patrie. — Indes orientales.

Dimensions. — Long. du corps, 4 et ½ lig. — id. du prothorax, 1 lig. — id. des élytres, 3 lig. — Larg. de la tête, 1 lig. — id. du prothorax à son maximum, la même. — id. de la base des élytres, 1 et ½ ligne.

Formes. — Antennes, naissant dans l'intérieur de l'échancrure oculaire, moins longues que la tête et le prothorax pris ensemble : articles intermédiaires, sub-cylindriques ou faiblement obconiques; art. 2—4, plus longs que larges, le troisième étant le plus long de touts; art. 5.ᵉ et 6.ᵉ, de la même épaisseur que les trois précédents, mais plus courts et au moins aussi larges que longs ; art. 7—10, augmentant progressivement en épaisseur, sans diminuer en longueur ; le dernier, aussi grand que les deux précédents pris ensemble, en ovale échancré au bord interne et terminé en pointe. Yeux, distants, moyens, transversaux, fortement grénus et assez saillants, échancrés en demi-cercles. Front, aussi large que long et presque carré. Prothorax, comme dans le *Quadrimaculatus* : limite postérieur de la dépression antérieure, un peu anguleuse; point de sillon apparent, au milieu du disque. Corps, finement pointillé et légèrement pubescent: dos, luisant; pélage, rare et hérissé. Base des élytres, lisse à l'œuil nu: neuf ou dix stries longitudinales et parallèles de petits point peu enfoncés, commençant d'autant plus loin de la base qu'elles sont plus voisines de la suture et s'approchant plus ou moins près de l'extrémité ; cloisons transversales et intervalles longitudinaux, planes et lisses ; les derniers, deux fois plus larges que les stries. Pattes, moyennes et fortes: tarses postérieurs, épais et plus courts que les tibias ; les trois premiers articles, bifides en dessus et munis en dessous d'un appendice membraneux bilobé et profondément fendu; la longueur relative des articles, comme dans le *Mutillarius* ; restes de l'article avorté, rudimentaires. Crochets, simples comme dans le *Formicarius* et suivants.

Couleurs. — Antennes, brunes: extrémité du dernier article, un peu plus claire. Tête et mandibules, noires. Labre et autres parties de la bouche, pâles. Prothorax, noir en dessus, brun en dessous. Poitrine, brune. Abdomen, jaune. Élytres, noires: une bande sinueuse, élargie au milieu et rétrécie près du bord extérieur un peu en avant du milieu, une tache en demi-ovale, le long de la suture près de l'extrémité, jaunes. Pattes, noires: hanches, brunes. Poils, cendrés.

Sexe. — Incertain, dans les deux exemplaires de l'ancienne collection Dejean.

7. Thanasimus columbicus, M.

62. Thanas. tarsorum appendice sub-basilari vix conspicuo, palporum labialium articuli ultimi latere interno breviore, elytris sparsim punctatis. — *Tab.* xviii, *fig.* 4.

♀ Clerus? columbicus, *D. Buquet in litteris.*

♂ » ? annulipes, *id. ibid.*

Patrie. — Bogota, M.ʳ Amand Rostaine.

Dimensions. — Long. du corps, 2 et ¼ lig. — id. du prothorax ¼ lig. — id. des élytres, 1 et ½ lig. — Larg. de la tête, ⅓ lig. — id. du prothorax a son maximum, la même. — id. de la base des élytres, ½ ligne.

Formes. — Antennes, égalant à peine la longueur de la tête et du prothorax réunis: art. 5—10, plus larges que longs, grossissant insensiblement et fortement obconiques; dernier article plus long que le précédent, en ovale à bord interne un peu sinueux. Yeux, saillants et assez profondement échancrés. Front, plus large que long, ayant à sa moitié antérieure deux impressions linéaires, d'abord parallèles, puis divergentes en approchant de la face. Prothorax, brusquement déprimé et rétréci tant en avant qu'en arrière: dépression antérieure, plane et sans rebord; disque, uniformément convexe: dépression postérieure, plus étroite et plus profonde que l'antérieure se confondant insensiblement avec le sillon sous-marginal; bord postérieur, rebordé et relevé au niveau du bord opposé: côtés, droits et parallèles en face de la dépression antérieure, en arc de courbe saillante en face du disque et en arc de courbe rentrante en face de la dépression postérieure; maximum de la largeur, répondant à-peu-près au milieu de la longueur. Élytres, fortement ponctuées; points, gros et serrés, sans traces de stries (on apperçoit seulement, à l'aide d'une loupe, les rudiments de deux côtes longitudinales plus faiblement ponctuées que le reste de la surface). Autres parties du dessus du corps, plus luisantes, et finement pointillées. Pattes, moyennes et assez fortes: tibias, arqués; restes de l'article avorté, plus apparent que dans les six espèces précédentes, mais bien moins que dans la suivante: trois premiers articles réels, fortement échancrés ou bifides en dessus, munis en dessous d'appendices membraneux plus' ou moins profondément fendus et divisés en deux lobes oblongs; crochets, simples. Poils, rares et hérissés.

Couleurs. — Antennes, noires. Tête, de la même couleur: face, épistome, palpes et autres parties de la bouche hors les mandibules, pâles. Dos du prothorax, rouge avec une tache noire au milieu de la dépression antérieure ♀, noire avec deux taches latérales blanches au bord antérieur ♂. Élytres, violettes.

Pattes et dessous du corps, noirs: prosternum, hanches et bases des fémurs, pâles. Pélage, de la couleur du fond.

Sexe. — Une femelle, de la collection Buquet, a servi de type à la description précédente. Un mâle, de la même collection, a les antennes proportionnellement plus longues et plus velues, ses articles intermédiaires 4—10 grossissant moins rapidement et la dernière plaque ventrale creusée profondément et entière. Ayant été mise en évidence par un commencement de sortie des pièces génitales, il est aisé de reconnaître que cette plaque est deux fois plus grande que son analogue dans l'autre sexe.

8. Thanasimus capensis, *M.*

63. Thanas. tarsorum appendice sub-basilari conspicuo membranaceo et acutè emarginato.— *Tab.* xv, *fig.* 2.

Notoxus capensis, *Klug. mus. berol. sic in coll. Dej.*

» marmoratus, *Dej. loc. cit.* 126.

Patrie. — Le Cap de Bonne Espérance.

Dimensions. — Long. du corps, 5 et ½ lig. — id. du prothorax, 1 lig. — id. des élytres, 4 lig. — Larg. de la tête, 1 lig. — id du prothorax à son maximum, la même. — id. de la base des élytres, 1 et ½ ligne.

Formes. — Antennes, à-peu-près de la longueur de la tête et du prothorax pris ensemble, grossissant progressivement, mais peu sensiblement du 5.ᵉ au 10.ᵉ article, ensorte que les art. 5—7 sont encore plus longs que larges: le dernier, en ovale oblong, terminé en pointe mousse. Tête et yeux, comme dans le *Formicarius.* Corps, ponctué et pubescent: pélage, rare et hérissé. Dos du prothorax, faiblement convexe: dépression antérieure, luisante et paraissant inponctuée à l'œil nu, ses limites postérieures moins nettement prononcées; milieu du disque, déprimé et fortement ponctué; sillon sous-marginal postérieur, étroit et profond; bord postérieur, plus étroit que le bord opposé, fortement rebordé, mais ne s'élevant pas à la hauteur du disque: côtés, d'abord parallèles, puis décrivant une courbe saillante et sans inflexion jusqu'à la rencontre du sillon postérieur, atteignant le maximum de leur largeur vers le milieu. Élytres, luisantes et finement pointillées: neuf stries de plus gros points enfoncés, commençant à la base et disparaissant vers les deux tiers de l'élytre: points, ronds, d'égale grandeur, mais inéquidistants et d'autant plus éloignés, les uns des autres, qu'ils sont plus loin de la base; espaces intermédiaires longitudinaux et transversaux, planes. Pattes, moyennes. Tarses, n'ayant réellement que quatre articles à articulations mobiles: les trois premiers, diminuant progressivement en longueur, profondément bifides en dessus et munis en dessous d'un appendice divisé en deux lobes ovato-oblongs; rudiments de l'article avorté, prolongés au-dessous du premier article mobile jusqu'à la moitié de sa longueur et terminés par un appendice membraneux bien apparent et semblable a celui des trois autres; crochets, simples.

Couleurs. — Antennes, corps et pattes, bruns. Mandibules, dessus de la tête et dos du prothorax, noirâtres. Élytres, marbrées de gris et de noir à partir de la base jusqu'aux deux tiers de leur longueur, noirâtres et fasciées de blanc dans le dernier tiers: deux bandes blanches, étroites et ondulées, la première commençant au point où finissent les stries, la seconde très près de l'extrémité. Poils, blanchâtres.

Sexe. — Incertain, collections Dejean, Buquet et Dupont.

XIX. G. NATALIS, *Lap.*

Antennes, comme dans le *G. Thanasimus* dont le *G. Natalis* est d'ailleurs si voisin qu'il nous suffira de signaler ici le petit nombre de traits qui justifient leur séparation.

1.º *Rudiments de l'article tarsal avorté*, constamment renfermés dans la cavité de l'articulation tarso-tibiale et inapparents au dehors.

2.º *Les trois premiers articles vrais*, déprimés, dilatés et échancrés en demi-cercles en dessus, munis en dessous d'appendices membraneux presque également développés.

5.º *Appendices membraneux*, *entiers*, *faiblement échancrés*, et n'étant jamais fendus dans leur longueur.

4.º *Prosternum*, plane, rétréci entre les hanches antérieures, prolongé au delà en arrière des fosses coxales; bord postérieur, droit.

5.º *Fosses coxales antérieures*, grandes, arrondies, complètement fermées. On voit seulement une petite fente suturale au point où le prosternum est en contact avec les prolongements inférieurs et postérieurs du *Tergum*.

Les parties de la bouche offrent aussi quelques différences secondaires. La plus remarquable consiste dans la forme du dernier article des palpes labiaux qui est très grand, très applati et en triangle curviligne, mais qui est sans pédoncule apparente et dont le côté opposé à l'origine est égal en longueur au côté interne tandis que l'externe est le plus long de touts. On jugera mieux des autres particularités, en comparant les détails de la *pl.* xvi, *fig.* 2, avec ceux de la *pl.* xvii, *fig.* 4. Mais il faudra faire attention que les dessins ayant été faits d'après des individus desséchés, plusieurs apparences des pièces membraneuses ne sont probablement que des accidents de l'exsiccation.

Les différences du *Facies* seraient aussi bien tranchées, si on ne comparaît les *Natalis* connus qu'aux *Thanasimes* de l'Europe. Elles le seront moins, si on établit la comparaison avec ceux du Cap de Bonne Espérance. Cependant ils se distinguent en général par l'applatissement de leur corps, par le rétrécissement postérieur du prothorax, enfin par la longueur de l'abdomen et des élytres proportionnellement à celle de l'avant-corps.

Le type du G. *Natalis* est, pour moi, une grande et belle espèce de la Nouvelle-Hollande, connue depuis longtemps et assez commune dans les collections de Coléoptères exotiques. Fabricius l'a placée à la tête de son genre *Notoxus* où je ne pouvais pas la laisser, parceque le dernier article de ses palpes maxillaires n'est, ni applati, ni en triangle renversé, et parcequ'il n'est pas de la même forme que le dernier des labiaux. La seconde espèce est celle que M.ʳ le Conte de Castelnau a publiée comme type de la coupe à laquelle il a imposé le nom de *Natalis*, mais qu'il a eu le malheur de décrire avec une telle inexactitude que le peu qu'il en a dit est presque tout erroné. Il donne à ses *Natalis* cinq articles tarsiens, et ils n'en ont que quatre. Il les compare aux *Axines* : ceux-ci ont des antennes en scie et des palpes maxillaires conformes aux labiaux. Il aurait été bien permis, ce me semble, de ne tenir aucun compte d'une publication aussi fautive. Mais il m'aurait fallu proposer un nouveau nom. Or en fait de nomenclature, j'ai toujours pensé que le *mal fait* était encore préférable au *mieux à faire* et qu'il fallait maintenir le nom du genre sauf à en corriger le signalement. La troisième espèce est inédite. Elle vient de la Nouvelle Guinée et du second voyage de l'Astrolabe. Ces trois espèces se ressemblent beaucoup, par l'ensemble de leurs proportions relatives et par l'uniformité de leur teinte qui est généralement couleur de marron. Les caractères spécifiques sont, par cela même, resserrés dans les limites des formes secondaires. Je me suis attaché à celles du prothorax.

A. *Disque et côtés du prothorax*, iné-
    galement ponctués.
  B. *Disque*, finement pointillé. *Côtés*,
    ridés transversalement. - - - 1. Nat. porcata.

BB. *Disque,* fortement ponctué. *Côtés,*

    rugueux.- - - - - - - 2. Nat. cribricollis.

AA. *Disque et côtés du prothorax,* éga-

    lement ponctués. - - - - - - 3. » Laplacei, *Lap.*

1. Natalis porcata , *M.*

64. Nat. protoracis disco nitido parcissimè punctato, lateribus transversim plicatis. —. *Tab.* xvi, *fig.* 2.

Notoxus porcatus, *Fab. syst. eleuth.* 1, 287, 1.

   »   »   *Dej. loc. cit.* 126.

Clerus porcatus, *Oliv. entom. t.* iv, *n.* 76, *pl.* 2, *fig.* 17.

Natalis porcata, *Lap. in coll. Gory.*

Patrie. — Nouvelle Hollande et Terre de Van-Diemen.

Dimensions. — Long. du corps, 10 lig. — id. du prothorax, 2 et ¼ lig. — id. des élytres, 7 lig. — Larg. de la tête,
1 et ½ lig. — id. du prothorax à son maximum, la même. —
id. de la base des élytres, 2 lignes.

Formes. — Dernier article des antennes, en olive échancrée
au bord interne et terminée en pointe. Dessus du corps, presque glabre. Face, front et vertex, finement pointillés: quelques points plus gros, clair-semés sur le front, plus abondants à
la face ; ligne médiane, plane, lisse et luisante. Portion antérieure du prothorax, n'étant pas déprimée et étant à peine
séparée du disque par une faible impression un peu arquée,
sensible sur les côtés et effacée au milieu: milieu du disque,
déprimé et presque concave, luisant, lisse ou n'ayant que
quelques points épars de moyenne grandeur ; un sillon large et
profond n'atteignant pas le bord postérieur, sur la ligne médiane ; côtés, ne commençant à s'élargir qu'en arrière du sillon
rudimentaire qui sépare le disque et la portion antérieure, en
arcs de courbes atteignant leur maximum un peu au delà du milieu;
flancs, rugueux, rugosités formées par des plis irréguliers et

28

sinueux dont les cavités sont imponctuées et les élévations lisses
et luisantes; deux sillons transversaux, étroits et parallèles, près
du bord postérieur ; celui-ci , sans rebord, plus étroit que le
bord opposé et moins élevé que le disque. Dix stries de très
gros points enfoncés , sur chaque élytre , commençant à
la base et arrivant très près de l'extrémité : cloisons transversales , droites et perpendiculaires aux intervalles longitudinaux,
ensorte que chaque point paraît ou rectangulaire ou carré :
espaces longitudinaux , de la largeur des stries , mais plus
larges et plus élevés que les cloisons , convexes , n'ayant sur
le dos qu'une seule rangée de petits points équidistants , mais
ayant de plus deux rangées latérales de petits grains arrondis tels que chacun d'entr'eux répond au milieu d'un des en-
foncements de chaque strie ; revers antérieur de la base des
élytres , leurs extrémités très près du bord postérieur , fortement et confusément ponctués; callus huméraux , lisses. Ponctuation du dessous du corps , plus fine et plus distincte : une
large bande lisse, le long du bord postérieur de chaque plaque ventrale. Poils hérissés , courts et très rares.

Couleurs. — Antennes, brunes. Corps et pattes , d'un brun
plus foncé et noirâtre. Dessous de la tête , parties cornées de
la bouche , tarses et souvent hanches et trochanters, bruns-
rougeâtres ou ferrugineux. Labre , autres parties membraneuses
de la bouche , appendices des tarses , bord lisses des plaques
ventrales et souvent la pointe antérieure de la première entre
les hanches de la troisième paire , pâles ou jaunâtres. Pélage,
blanchâtre.

Sexe. — Les mâles ont les articles intermédiaires de leurs
antennes plus minces et plus allongés. Mais ce caractère est bien
peu tranché, et il faut avoir, sous ses yeux, les deux su-
jets de comparaison, pour s'en assurer. — Un mâle de la Terre
de Van-Diemen , dans l'ancienne collection Dejean. — Les deux
sexes, de Swan-River, dans la collection Reiche.

2. Natalis cribricollis, *M.*

65. Nat. prothoracis dorso crebrius punctato, lateribus rugosiusculis. — *Tab.* xvi, *fig. 4.*

Notoxus cribricollis, *D. Dupont litteris.*

Patrie. — Nouvelle Guinée, second voyage de l'Astrolabe.

Dimensions. — Long. du corps, 6 lig. — id. du prothorax,
1 et ¼ lig. — id. des élytres, 4 lig. — Larg. de la tête, ⅔
lig. — id. du prothorax à son maximum, la même. — id. de
la base des élytres, 1 ligne.

Formes. — Cette espèce inédite, presque moitié plus petite
que la précédente, est aussi proportionnellement plus étroite et
plus allongée. Le grossissement terminal des antennes est plus
fort et le dernier article est en ovale oblong sans échancrure
du bord interne. La ponctuation du corps est plus forte et plus
serrée, et en conséquence, le pélage est plus épais. La tête
est matte et il n'y a pas d'espace lisse sur la ligne médiane.
Il en est du même du disque du prothorax : le sillon médian est
plus court ; la ponctuation du milieu est forte, serrée et distincte ; à mesure qu'ils s'éloignent de la ligne médiane, les
points deviennent plus irréguliers et confluents au point que
sur les flancs ils forment insensiblement des rugosités moins
profondes et plus confuses que dans l'espèce précédente.

Couleurs. — Antennes, corps et pattes, bruns : teinte du
devant de la tête, du dos du prothorax et des élytres le long
de la suture, un peu plus foncée. Labre, jaunâtre. Dernier article des palpes labiaux et bord postérieur des plaques ventrales, pâles. Pélage, blanchâtre.

Sexe. — Une femelle, de la collection Dupont. Mâle,
inconnu.

5. NATALIS LAPLACEI , *Lap.*

66. **NAT.** prothoracis disco lateribusque pariter distinctè punctatis. — *Tab.* XVI, *fig.* 5.

Natalis Laplacei , *Lap. rev. de sitb.* 4 , 41.

   »   punctata, *Gory coll.*

PATRIE. — Le Chili.

DIMENSIONS. — Long. du corps, 4 et ½ lig. — id. du prothorax , ⅔ lig. — id. des élytres, 3 et ¼ lig. — Larg. de la tête, ½ lig. — id. du prothorax à son maximum , la même. — id. de la base des élytres, ²⁄₇ ligne.

FORMES. — Antennes, grossissant moins sensiblement vers l'extrémité, comme dans la *Porcata*: dernier article, presque carré, extrémité tronquée obliquement de dehors en dedans et d'arrière en avant, bord interne un peu échancré. Tête et prothorax, mats. Devant de la tête, uniformément et finement pointillé: un petit sillon, le long de la ligne médiane. Dos et flancs du prothorax, également ponctués: points, également distincts, mais plus gros et plus distants que ceux de la tête; côtés, brusquement renflés au delà du milieu. Stries des élytres, plus étroites que les intervalles longitudinaux: ceux-ci, planes, lisses ou finement pointillés ; cloisons transversales, de la même forme et souvent aussi grandes que les points interceptés. Dessous du corps, finement pointillé: bandes lisses et marginales des plaques ventrales, n'atteignant pas les deux côtés.

COULEURS. — Couleur générale, brun de marron: teinte du devant de la tête et du dos du prothorax, plus foncée; celle des antennes, du labre, des palpes et des pattes, plus claire et un peu rougeâtre. Pélage, cendré.

SEXE. — Incertain, dans l'exemplaire de la collection Gory, exemplaire type étiqueté par M.ʳ le C.ᵗᵉ de Castelnau.

XX. G. THANEROCLERUS, *Lefebvre et Wertwoord.*

Antennes, plus écartées que dans les *Cléroïdes* précédents, *naissant au-dessous des yeux, mais en dehors de l'échancrure oculaire et sur les joues proprement dites, moniliformes et grossissant insensiblement vers l'extrémité, de onze articles :* le premier, court, épais, obconique; le second, moitié plus court et beaucoup plus mince: art. 3—5, encore un peu obconiques, mais augmentant successivement en largeur et diminuant en longueur: art. 6—8, en grains de chapelets transversaux, augmentant un peu en largeur sans diminuer visiblement en longueur; art. 9.^{c} et 10.e, grossissant progressivement, en sphéroïdes tronqués; le dernier, de la même forme, arrondi à l'extrémité, plus grand que l'avant-dernier et moindre que les deux précédents pris ensemble.

Yeux, très petits et très distants, néanmoins assez saillants proportionnellement à leur grandeur, échancrés en avant: échancrures, moyennes et arrondies.

Tête, grande, ovalaire. *Vertex,* large, sans rétrécissement postérieur, aussi long que le front avec lequel il se confond insensiblement. *Front,* plane, penché en avant, notablement plus large que long, se confondant insensiblement avec la *Face* qui est très courte et qui se confond elle-même avec l'*Epistome:* bord antérieur, largement et faiblement échancré.

Labre, en rectangle transversal, entier.

Palpes maxillaires, filiformes, *de quatre articles:* le premier très court, peu apparent: les 2.^{d} et 3.e, minces, obconiques; *le quatrième,* un peu plus épais que les précédents, *légèrement renflé avant l'extrémité,* celle-ci tronquée.

Palpes labiaux, de trois articles: le premier, très court; le second, sub-cylindrique, allongé; *le troisième, proportionnelle-*

ment *plus grand que le dernier des maxillaires*, mais de la même forme *que lui*, n'étant, ni triangulaire, ni applati, et étant même plus long que large.

Autres *Parties de la bouche*, inobservées.

Prothorax, plus long que large, dépression antérieure, nulle; dos, faiblement convexe, déprimé en arrière; côtés, un peu arqués, mais non dilatés, convergents en arrière sans inflexion rentrante; sillon sous-marginal, oblitéré; bord postérieur, plus étroit que le bord opposé, fortement rebordé, mais ne remontant pas à la hauteur du disque.

Prosternum, peu échancré en avant, plane entre les hanches antérieures. *Fosses coxales*, placées le long du bord postérieur, et largement ouvertes en arrière.

Métasternum, peu renflé.

Ventre, plane ou très faiblement convexe: bord postérieur de touts les anneaux, entier.

Ecusson, petit, en demi-cercle.

Élytres, notablement plus larges que le bord postérieur du prothorax: dos, presque plane; flancs, brusquement penchés en bas; base, droite; côtés, parallèles; bord postérieur, arrondi; angle sutural postérieur, fermé.

Pattes, courtes et fortes. *Fémurs*, épais et renflés, mais non en massue: ceux de la troisième paire, n'atteignant pas l'extrémité de l'abdomen. *Tibias*, droits. *Tarses*, *de quatre articles*; restes de l'article avorté, inapparents; les trois premiers articles mobiles, notablement plus larges que longs et fortement bifides, munis en dessous d'appendices pareillement bifides ou bilobés; quatrième article, aussi long que les trois autres pris ensemble, terminé par deux crochets simples.

Ce genre a été le sujet d'un mémoire intéressant de M.ʳ Lefebvre. Il en a été question, dans nos considérations générales, et il serait hors de propos d'en reparler. L'ensemble de son *Facies* contraste, au premier abord, avec celui des genres entre lesquels nous avons dû le placer et il a plus d'analogie avec celui du *G. Platyclerus* qui en est d'ailleurs très distant par les formes des antennes et des palpes, comme on l'a vu dans le tableau synoptique, et par d'autres traits secondaires, comme on le verra quand nous en serons à son article. Nous n'en connaissons jusqu'à présent que deux espèces dont une appartient à l'ancien continent et l'autre au nouveau. Elles diffèrent par la ponctuation de l'avant-corps, comme le diront, les phrases spécifiques qui tiendront lieu de tableau synoptique.

1. Thaneroclerus Buquetii, *Westw.*

67. Thaner. capitis prothoracisque punctis rotundis et discretis. — *Tab.* xxii, *fig.* 2.

Clerus Buquetii, *Lefebvre ann. soc. ent.* 5 , 577.

Thaneroclerus Buquetii, *Westw. ibid.*

Clerus sanguinolentus, *Dej. loc. cit. p.* 127.

Var. A. Clerus pondycherianus, *Dup. coll.*

Patrie. — Indes orientales.

Dimensions. — Long. du corps, 2 et ¼ lig. — id. du prothorax, ⅔ lig. — id. des élytres, 1 ⅕ lig. — Larg. de la tête, ⅔ lig. — id. du prothorax à son maximum, la même. — id. de son bord postérieur, ½ lig. — id. de la base des élytres. — La tête ne compte que pour une demi-ligne, dans la longueur totale, parce qu'elle est penchée en bas, et cependant sa longueur propre est réellement le double. Mais cette demi-ligne n'en est pas moins une grandeur assez remarquable comparativement à la part ordinaire de cette pièce dans la longueur totale des autres *Cléroïdes à tête ovalaire.*

Formes. — Grossissement terminal des antennes, plus marqué que dans l'espèce suivante. Corps, ponctué et pubescent : ponctuation du devant de la tête et du dos du prothorax, fine, serrée, mais toujours distincte, points petits et arrondis. Élytres plus fortement ponctuées, points plus gros et plus distincts, mais épars sans ordre quelconque et sans traces de stries.

COULEURS. — Antennes, corps et pattes, d'un rouge tendant au brun : tête et prothorax, d'une teinte plus foncée, brunâtres.

VARIÉTÉ. — Dans la VAR. A, tout le corps est de la même teinte, couleur de poix. — Pondicherry, un individu de la collection Dupont.

SEXE. — Douteux, dans touts les exemplaires observés des collections Dejean, Buquet et Dupont.

2. THANEROCLERUS SANGUINEUS, *M.*

68. THANER. capitis prothoracisque punctis confluentibus striasque longitudinales efficientibus. — *Tab.* XVII, *fig.* 3.

Clerus sanguineus, *Say in coll. Dupont.*

PATRIE. — L'Amérique septentrionale.

DIMENSIONS, FORMES et COULEURS. — Elles m'ont paru si ressemblantes à celle de l'espèce précédente, que je les ai long-temps confondues ensemble, quoique le contraste des localités eut dû me faire supçonner le contraire. Le *Sanguineus* diffère en effet, 1.º par le grossissement de ses antennes qui est progressif du second au dernier article, 2.º par la ponctuation du devant de la tête et du dos du prothorax où les points sont oblongs et confluents et où leur assemblage engendre de véritables rides étroites et longitudinales. Les couleurs sont aussi plus brillantes, la teinte générale est le rouge et celle des élytres est le rouge de sang.

SEXE. — Douteux, dans l'exemplaire de la collection Dupont.

XXI. G. TROGODENDRON, *Guérin*.

Antennes, ayant leur origine au devant des yeux, dans l'intérieur de l'échancrure oculaire, épaisses, plus courtes que la tête et le prothorax réunis, *moniliformes, grossissant insensiblement du second au dernier article inclusivement, de onze articles :* le premier, le plus grand de touts, remontant au-dessus du sommet de l'échancrure oculaire, obconique ; *articles 2—8, en grains de chapelet, ayant leur maximum de largeur un peu avant leur extrémité:* le second, très court; le troisième, deux fois plus long; les suivants, diminuant progressivement en longueur et augmentant en épaisseur; articles neuvième et dixième, un peu comprimés, obconiques; le dernier, aussi grand que les deux précédents pris ensemble, en olive applatie qui a son maximum de largeur très près de l'origine, le bord interne droit, l'externe fortement arqué et l'extrémité en pointe.

Yeux, petits, convexes, mais non saillants en dehors du prothorax, écartés, transversaux, échancrés en avant : échancrure, moyenne, en demi-cercle.

Tête, ovalaire. *Vertex,* faisant à-peu-près le tiers de la longueur totale de la tête, non rétréci en arrière. *Front,* aussi large que long, se confondant insensiblement avec la *Face* et avec l'*Epistome* : bord antérieur, droit et déprimé.

Labre, corné, transversal : bord antérieur, échancré et cilié.

Mandibules, moyennes, de la forme ordinaire, fortement arquées et terminées en pointe aiguë: deux petites dentelures, vers les deux tiers de leur arête interne.

Menton, corné, en trapèze un peu rétréci en avant.

Machoires, embrassant le menton: tige, cornée, coudée et anguleuse ; extrémité, bilobée ; lobes, cornés à leur origine, membraneux vers les bords, velus et frangés, étroits et allongés: l'externe, deux fois plus grand que l'interne.

Langue (*Labium*), membraneuse, bifide.

Palpes maxillaires, *de quatre articles:* le premier, assez épais, mais excessivement court et souvent enfoncé dans le trou articulaire ; le second, mince, obconique ; le troisième, de la même forme et de la même épaisseur que le précédent, mais deux fois plus long ; *le quatrième, de la même forme que le dernier des labiaux*, très applati et en triangle isocèle renversé, plus long que large, pédonculé pour ainsi dire à son origine ; la base du triangle ou côté opposé à l'origine, arqué.

Palpes labiaux, plus grands que les maxillaires, *de trois articles:* le premier, court, mais aisément visible, cylindrique; le second, plus mince à son origine, très allongé, un peu comprimé, faiblement obconique ; *le troisième*, plus grand que les deux autres pris ensemble, *applati et en triangle renversé, comme le dernier des maxillaires*, mais plus large et tel que les trois côtés sont inégaux et que l'interne est le plus court.

Dos du *Prothorax*, uniformément convexe: dépression antérieure, nulle; sillon sous-marginal postérieur, bien prononcé ; bord postérieur, notablement plus étroit que l'antérieur et ne s'élevant pas à sa hauteur.

Prosternum, moitié plus court que le *Tergum*, plane, profondément échancré en avant. *Fosses coxales*, rondes, écartées, placées le long du bord postérieur et entièrement ouvertes en arrière.

Mésosternum, prolongé en avant de manière que le prosternum puisse aisément glisser au-dessous de lui.

Métasternum, peu renflé. Il résulte de l'ensemble de ces caractères que le *Trogodendron* est un des *Clérites* les mieux conformés pour fléchir au besoin son avant-corps et pour porter ses mandibules à la rencontre des corps qui se trouvent au-dessous de sa poitrine.

Ecusson, très court, ne consistant qu'en une petite ligne transversale.

Elytres, uniformément convexes, coupées carrément à leur base : côtés, parallèles ; bord postérieur, arrondi ; angle sutural postérieur, fermé.

Ventre, faiblement convexe : bord postérieur des cinq premières plaques ventrales, droit et entier dans les deux sexes ; la sixième, le plus souvent en évidence, arrondie dans les femelles, tronquée ou échancrée dans les mâles.

Pattes, fortes et allongées : fémurs, droits et non renflés ; les postérieurs, atteignant l'extrémité des élytres ; tibias, cylindriques, les antérieurs un peu arqués.

Tarses, moitié plus courts que les tibias, larges et déprimés : restes de l'article avorté, à peine visibles à la troisième paire, plus apparents aux autres ; les trois premiers articles vrais de toutes les pattes, fortement bifides, munis en dessous d'un appendice membraneux largement échancré, à-peu-près égaux entr'eux ; le premier des tarses postérieurs, notablement plus long que chacun des suivants ; le quatrième, court, épais, de la longueur du troisième, terminé par deux crochets simples.

Ce genre a été fondé par M.ʳ Guérin sur une belle espèce de la Nouvelle Hollande qui est une des plus grandes de la famille. Je l'ai maintenu, en faisant cadrer son signalement avec le plan que je me suis tracé. M.ʳ Dejean a placé cette espèce unique à la tête des *Cléres* de son catalogue. L'absence d'une massue antennaire brusquement tranchée et la conformité du dernier article des palpes maxillaires avec le dernier des labiaux s'opposent à cet assemblage. L'espèce aurait été moins déplacée au milieu des *Notoxes*. Mais je crois qu'elle en est assez éloignée par la structure de ses antennes ainsi que par celle de son prothorax.

Espèce unique. — TROGODENDRON FASCICULATUM. *Guér.*

69. TROGOD. — *Tab.* XVIII, *fig.* 1.
Trogodendron fasciculatum, *Guér. regn. anim.*
Clerus fasciculatus, *Dej. loc. cit.* 127.
Trichodes fasciculatus, *Schön. syn. insect.* 2, 50, 13.
PATRIE. — Nouvelle Hollande.
DIMENSIONS. — Long. du corps, 9 lig. — id. du prothorax,
2 et ⅓ lig. — id. des élytres, 6 lig. — Larg. de la tête, 2
et ¼ lig. — id. du prothorax à son maximum, la même. —
id. de la base des élytres, 3 lignes.
FORMES. — Les proportions relatives nous montrent que cette
espèce diffère des *Notoxes,* par des formes plus ramassées et notamment par l'arrière-corps proportionnellement plus court. Le *Facies*
qui en résulte, ressemble davantage à celui des *Clères.* Ce sont
ces apparences sans doute qui ont induit en erreur les auteurs
qui l'ont confondue avec ceux-ci. Antennes, glabres. Corps, ponctué
et pubescent : points, inégaux et confluents au devant de la
tête et sur le dos du prothorax où ils forment des rugosités
confuses et peu relevées, petits, serrés et peu enfoncés à la moitié antérieure des élytres ; intervalles longitudinaux et cloisons
transversales, moins larges que les stries, convexes et luisants.
Poils, ras et couchés en arrière à la moitié postérieure des
élytres, aux quatrième et cinquième plaques ventrales, longs,
fins et hérissés partout ailleurs : une touffe de poils hérissés
très serrés, près de la base des élytres, de la seconde à la
troisième strie à partir de la suture. Une faible impression latérale, près du bord antérieur du prothorax, étant le seul
reste de la dépression antérieure ordinaire. Côtés du même,
atteignant leur maximum de largeur vers le milieu : sillon sous-
marginal, étroit et peu enfoncé ; bord postérieur, peu relevé
au-dessus du sillon, ponctué et finement rebordé.

Couleurs. — Antennes, jaunes. Corps et pattes, noirs : deux taches jaunâtres, sur chaque élytre ; la première, plus petite, entre la seconde et la troisième strie à partir du bord, vers le premier tiers; la seconde, marginale, remontant du bord extérieur à la quatrième strie au point où les stries disparaissent entièrement. Appendices des tarses, pâles. Touffes de poils à la base des élytres, noirs: autres poils hérissés, blanchâtres. Duvet de la seconde moitié des élytres hors à l'extrémité, noir; duvet de l'extrémité et des dernières plaques dorsales, blanchâtre.

Sexe. — Un mâle, de la collection Dupont, avait l'étui de la verge en évidence, il m'a aidé à deviner les sexes dans les individus dont les pièces génitales étaient complètement retirées.

XXII. G. NOTOXUS, *Fabr.*

Antennes, comme dans le genre précédent, mais *articles intermédiaires filiformes, faiblement obconiques et visiblement plus longs que larges.*

Yeux, plus ou moins saillants, toujours échancrés en avant.

Tête, ovalaire. *Vertex*, court. *Front*, différant en grandeur selon les espèces, mais étant au moins aussi large que long; *Face* et *Epistome*, comme dans le précédent.

Labre, large, transversal, plus ou moins échancré.

Mandibules, fortes, terminées en pointe aiguë, arête interne tranchante, largement échancré en rond près de son extrémité.

Mâchoires Langue et *Menton*, comme dans le *Trogodendron.*

Palpes maxillaires, *de quatre articles*: le premier, très court, sub-cylindrique; le second, quatre fois plus long que le premier, de la même épaisseur, faiblement obconique; le troisième, plus court et aussi épais que le précédent, sub-cylindrique, tronqué obliquement de dedans en dehors et d'arrière en avant : *le qua-trième de la même forme* et à peu près de la même grandeur *que le dernier des labiaux, en triangle renversé* porté sur une tige courte, mince et cylindrique ; côté externe du triangle ap-plati, le plus grand des trois ; les deux autres à-peu-près égaux entr'eux.

Palpes labiaux, de trois articles: les deux premiers, minces et sub-cylindriques ; le second, trois fois plus long que le premier ; *le troisième, de la même forme que le dernier des maxillaires,* tige basilaire proportionnellement plus courte et triangle applati un peu plus large.

Prothorax, plus long ou au moins aussi long que large : iné-galités dorsales et contours latéraux, différant selon les espèces.

Prosternum, un peu plus court que le *Tergum,* mais pro-portionnellement plus allongé que dans le *Trogodendron;* bord antérieur, n'étant pas sensiblement échancré ; bord postérieur, entier. *Fosses coxales,* un peu en arrière du milieu, très rap-prochées et complètement fermées.

Pattes, moyennes, assez minces. *Fémurs,* non renflés: les pos-térieurs, n'atteignant pas l'extrémité de l'abdomen. *Tibias,* droits.

Tarses, n'ayant que quatre articles à articulations mobiles: les trois premiers, munis en dessous d'appendices membraneux ; le quatrième, terminé par deux crochets simples.

Les *Notoxes proprement dits* sont des insectes propres à l'an-cien continent. De six espèces que je connais, trois sont du continent de l'Afrique, deux habitent en Europe, et l'autre, encore douteuse, pour moi, parceque je n'ai pas vu les derniers articles de ses antennes, est de Madagascar. En voici le tableau, dressé exclusivement d'après les différences des formes.

A. *Premier article des tarses posté-rieurs,* moins long que les deux suivants réunis.

B   *Disque du prothorax*, striato-
   rugueux.

   C. *Stries ponctuées des élytres*,
   ne dépassant pas le milieu. - 1. Not. funebris, *Dup.*

   CC. *Stries ponctuées des élytres*,
   atteignant presque l'extrémité. 2. » Buquetii, *M.*

  BB. *Disque du prothorax*, finement
   pointillé. - - - - - - - 3. » gigas, *Lap.*

AA. *Premier article des tarses posté-*
   rieurs, aussi long ou plus long que
   les deux suivants pris ensemble.

  B. *Appendice membraneux de l'ar-*
   ticle avorté, également bien dé-
   veloppé aux trois paires de tarses. 4. » Dregei, *Gory.*

  BB. *Appendice membraneux de l'ar-*
   ticle avorté, rudimentaire aux
   tarses postérieurs.

   C. *Yeux*, fortement grénus. - - 5. » mollis, *Fab.*

   CC. *Yeux*, finement grénus. - - 6. » cruentatus, *Dup.*

1. Notoxus Funebris, *Dup.*

70. Not. tarsorum posticorum articulo primo duobus intermediis unâ breviore, prothoracis dorso medio striato-rugoso,
elytris striato-punctatis, striis a basi ad medium vix accedentibus.
— *Tab.* xix, *fig.* 2.

Notoxus funebris, *Dup. coll.*

Patrie. — Madagascar.

Dimensions. — Long. du corps, 4 lig. — id. du prothorax,
1 et ¼ lig. — id. des élytres, 2 ½ lig. — Larg. de la tête, ½
lig. — id. du prothorax à son maximum, la même. — id. du
même au bord postérieur, ¼ lig. — id. de la base des élytres, ¾ ligne.

FORMES. — Antennes, mutilées, les derniers articles ont disparu (19). Tête, finement pointillée : vertex apparent, de moyenne grandeur; front, un peu plus large que long. Yeux saillants en dehors : échancrure oculaire, petite, étroite, en demie ellipse. Prothorax, déprimé en avant et rétréci en arrière : dos, lisse et luisant; milieu du disque, applati ou plutôt concave, couvert de gros points enfoncés, oblongs et distincts, formant autant de rides ou de petites stries longitudinales : sur chaque élytre, dix stries longitudinales et parallèles de gros points enfoncés, partant de la base et disparaissant d'autant plus près du milieu qu'elles sont plus près de la suture; les trois stries extérieures, ne dépassant pas le premier quart de l'élytre : stries dorsales, limitées postérieurement par une bande large et arquée, couverte d'un duvet épais, ras et couché en arrière. Une étroite lisière longeant la suture avant le milieu et extrémités postérieures, couvertes d'un pareil duvet. Écusson, soyeux. Autres parties du corps, finement ponctuées et légèrement pubescentes : pubescence, fine, rare et hérissée. Pattes, un peu plus fortes que dans les espèces d'Europe : fémurs, assez épais. Premier article mobile des tarses postérieurs, à peine un peu plus long que le second : rudiment inférieur de l'article avorté, très court et dépourvu d'appendice membraneux.

COULEURS. — Corps et antennes, noirs : pattes, brunes ou noirâtres; labre et palpes, bruns. Duvet ras, blanc de neige. Autres poils hérissés, cendrés.

SEXE. — Un mâle, de la collection Dupont. Cinquième plaque ventrale, largement et faiblement échancrée en arc de cercle : sixième, en évidence, ayant son bord postérieur arrondi latéralement et échancré au milieu; échancrure médiane, petite, étroite et semi-circulaire. Femelle, inconnue.

_____

(19) Si ces articles forment, contre mes présomptions, une espèce de massue brusquement tranchée, il faudra placer cette espèce dans un autre genre.

2. Notoxus buquetii , *M.*

71. Not. tarsorum posticorum articulo primo duobus intermediis unâ breviore, prothoracis dorso rugoso, elytris striato-
punctatis, striis a basi ad apicem ferè productis. — *Tab.* xvi,
fig. 5.

Patrie. — Afrique.

Dimensions. — Long. du corps, 3 lig. — id. du prothorax,
$\frac{5}{7}$ lig. — id. des élytres, 2 lig. — larg. de la tête, $\frac{1}{4}$ lig. —
id. du prothorax à son maximum, la même. — id. du même
à son bord postérieur, $\frac{1}{5}$ lig. — id. de la base des élytres,
$\frac{1}{3}$ ligne.

Formes. — Antennes, aussi longues que la tête et le prothorax pris ensemble, grossissant insensiblement vers l'extrémité : dernier article, un peu plus long que l'avant-dernier, en
ovale oblong, non terminé en pointe. Dessus de la tête, fortement ponctué ; ponctuation, confluente et rugueuse. Vertex,
court. Front, visiblement plus large que long. Yeux, saillants,
fortement grénus, très faiblement échancrés en avant. Prothorax, déprimé et non rétréci en avant : bord antérieur, lisse ;
dos, rugueux à rugosités sinueuses et irrégulières ; milieu du
disque, profondément concave : côtés, droits et sub-parallèles
dans les deux premiers tiers de leur longueur, se rétrécissant
ensuite insensiblement jusqu'au bord postérieur qui est peu
relevé et sans rebord ; sillon sous-marginal, peu sensible sur
les flancs, effacé sur le dos. Ecusson apparent, nul. Élytres,
coupées carrément à leur base : callus huméraux, arrondis,
lisses et peu saillants ; côtés, droits et parallèles, ne commençant à se courber et à se rapprocher que vers les cinq sixièmes
de la longueur ; extrémités, conjointement arrondies en arcs
de cercle ; surface du dos, finement pointillée ; dix stries longitudinales de points plus gros et plus enfoncés, droites, paral-

30

lèles , équidistantes., commençant plus au moins près de la base et atteignant presque l'extrémité. Corps, mat, pubescent. Pélage, rare, fin et hérissé. Pattes, aussi fortes que dans le *Funebris* et proportionnellent un peu plus courtes. Les quatre tarses antérieurs ont disparu , ainsi que l'abdomen. Premier article des tarses postérieurs , moins long que les deux suivants pris ensemble : rudiments de l'article avorté , inapparents et dépourvus d'appendices membraneux.

CouLEURS. — Antennes, pattes, labre, palpes et autres parties de la bouche , testacés. Devant de la tête et dos du prothorax., bruns : prosternum et poitrine., d'une teinte un peu plus claire. Élytres, testacées: sur chaque, une bande étroite longeant la suture, une tache allongée entre la quatrième et la huitième strie commençant à peu de distance de la base et dépassant le milieu , une large bande transversale atteignant les deux bords près de l'extrémité , brunes. Poils, cendrés.

SEXE. — Incertain , dans l'exemplaire unique de la collection Buquet.

3. Notoxus gigas , *Lap.*

72. Nοτ. tarsorum posticorum articulo primo duobus intermediis unâ breviore , prothoracis dorso medio læviore subtilius punctulato. — *Tab.* xix. *fig.* **1.**

Notoxus gigas , *Lap. rev. de silb.* **4**, **42.**
»　　 dorsalis, *Dej. loc. cit. p.* **126.**
PATRIE. — Le Sénégal.
DIMENSIONS. — Long. du corps , **7** lig. — id. du prothorax, **1** et ½ lig. — id. des élytres , **5** lig. — larg. de la tête , ½ lig. — id. du prothorax à son maximum, la même. — id. du même à son bord postérieur , **1** lig. — id. de la base des élytres, **1** et ⅓ ligne.

Formes. — Proportionnellement plus ramassées que dans les autres congénères, mais bien moins que dans le *Trogodendron*. Dernier article des antennes, d'un tiers plus long que l'avant-dernier, en ovale oblong et terminé en pointe. Corps, ponctué et pubescent. Points de la tête, ronds, distants et assez grands. Vertex, plus court que dans le *Funebris*. Front, moins large, presque carré. Dépression antérieure du prothorax, peu prononcée, mais nettement séparée du disque par une forte impression en sautoir ouvert en avant: disque, un peu concave, sillonné au milieu, sillon partant du sommet du sautoir et n'atteignant pas le bord postérieur; dos et flancs, également ponctués; points, de moyenne grandeur et distants; côtés, en arcs de courbe à très faible courbure et sans inflexion; sillon sous-marginal, étroit et profond; bord postérieur, rebordé, mais ne remontant pas à la hauteur du disque. Élytres, plus fortement ponctuées dans toute leur longueur : dix stries longitudinales et parallèles de points enfoncés plus gros, partant de la base et disparaissant d'autant plus tard qu'elles sont plus voisines de la suture, ensorte que les extérieures n'atteignent pas le milieu tandis que les intérieures atteignent les deux tiers de la longueur. Pattes assez fortes et proportionnellement plus courtes que dans le *Funebris*, fémurs néanmoins moins épais, tarses plus larges, le premier article des postérieurs étant à-peu-près de la grandeur du second.

Couleurs. — Antennes, brunes. Tête, prothorax, poitrine, élytres et pattes, d'une teinte plus foncée et noirâtre. Palpes et appendices des tarses, pâles. Une grande tache commune formant une espèce de bande rétrécie en dehors et n'atteignant pas le bord extérieur, au-delà du milieu des élytres, jaune-rougeâtre ou orangée. Poils, cendrés.

Variétés. — Le ventre est quelquefois unicolore, tantôt brun, tantôt rougeâtre : plus souvent la teinte, noirâtre aux premiers anneaux, s'éclaircit peu à peu et enfin est rougeâtre

aux derniers. Dans quelques individus, les quatre premières plaques sont noires et postérieurement bordées de brun rougeâtre. Un de ces exemplaires a servi de type à la description
de M.^r le Conte de Castelnau, c'est une femelle.

Sexe. — Les femelles ont toutes leurs plaques ventrales entières. Les mâles ont l'avant-dernière largement et profondément échancrée en arc de cercle et la dernière tronquée en
ligne droite.

4. Notoxus Dregei, *Gory.*

73. Not. tarsorum posticorum articulo primo duobus intermediis unâ longiore, articuli abortivi appendice membranaceo
sequentibus subæquali. — *Tab.* xix, *fig.* 5.

Notoxus Dregei, *Gory coll.*

Patrie. — Le Cap de Bonne Espérance.

Dimensions. — Long. du corps, 4 lig. — id. du prothorax,
1 lig. — id. des élytres, 3 lig. — larg. de la tête, $\frac{1}{4}$ lig.
— id. du prothorax à son maximum, $\frac{3}{4}$ lig. — id. de la base
des élytres, 1 ligne.

Formes. — Antennes, comme dans le *Gigas*, un peu moins
épaisses, dernier article en ovale peu allongé et non terminé
en pointe. Corps, finement pointillé et pubescent. Pélage, hérissé. Yeux, saillants en dehors du prothorax. Dos de celui-ci,
luisant : dépression antérieure, peu prononcée ; disque, faiblement et uniformément convexe ; côtés, en arcs de courbe à
très faible courbure, atteignant leur maximum de largeur à
peu de distance du bord antérieur, prolongés ensuite parallèlement à l'axe du corps jusqu'aux deux tiers de la longueur,
se rétrécissant enfin insensiblement et sans inflexion jusqu'au
sillon sous-marginal qui est aussi bien prononcé que dans les
espèces précédentes ; bord postérieur, fortement rebordé. Dix
stries de gros points enfoncés, sur chaque élytre ; les exté-

rieures, disparaissant à peu de distance de la base ; les autres, dépassant le milieu et s'approchant plus ou moins de
l'extrémité. Pattes, longues et effilées. Tarses postérieurs, à-
peu-près de la longueur des tibias : premier article mobile,
aussi long que les deux suivants pris ensemble ; rudiments de
l'article avorté, plus apparents en dessous et munis d'appendices
membraneux bifides ou bilobés aussi grands que ceux des trois
premiers articles à articulations mobiles.

Couleurs. — Antennes, mandibules, palpes, pattes, dessous de la tête et du corps, dos du prothorax, fauves. Dessus de la tête, brun. Deux premiers tiers des élytres, testacés
avec une bande noire étroite et irrégulière placée un peu en
avant du milieu. Dernier tiers, noir avec une grande tache
discoïdale ronde et testacée. Extrémités tibiales des quatre fémurs postérieurs et dernières plaques ventrales, brunes. Poils,
blanchâtres.

Sexe. — Une femelle, de la collection Gory. — Mâle, inconnu.

5. Notoxus mollis, *Fab.*

74. Not. tarsorum posticorum articulo primo duobus inter-
mediis unâ longiore, articuli abortivi appendice membranaceo
vix conspicuo, oculis subtilius granulatis — *Tab.* xix, *fig. 4.*
Notoxus mollis, *Fab. ent. syst.* 1, 211, 5.
   »   »   *id. syst. eleuth.* 1, 283, 3.
   »   »   *Sch. syn. insect.* 2, 52, 3.
   »   »   *Panz. fn. germ. fasc.* v, *tab.* 5.
Clerus mollis, *Oliv. ent.* IV. 76, *tab.* 1, *fig.* 10.
Opilus mollis, *Latr. gen. ins. et crust.* 1, 272, 1.
Dermestes mollis, *Schranck, ins. aust.* 22. 37.
Attelabus mollis, *Linn. fn. svec. n.* 642.

Vᴀʀ. **A.** — Notoxus subfasciatus , *Dej. loc. cit.* **126.** — *Tab.* xıx , *fig.* 5.

» » » domesticus, *St. fn. germ.* xı , **16** , **2.** *pl.* ccxxıx , *fig.* n—p.

» **B.** » unifasciatus , *Dahl. coll.*

» **C.** » centromaculatus , *De-Crist. in litteris.*

» **D.** » pallidus, *Oliv. ent.* IV. **76.** *pl.* **1,** *fig.* **11.** — *Tab.* vııı , *fig.* **2.**

Pᴀᴛʀɪᴇ. — L'Europe et les côtes asiatiques de la Méditerrannée.

Dɪᴍᴇɴsɪoɴs. — Long. du corps , 4 et ¼ lig. — id. du prothorax, 1 lig. — id. des élytres, 3 lig. — larg. de la tête, ¾ lig. — id. du prothorax à son maximum, la même. — id. du même au bord postérieur , 2 lig. — id. de la base des élytres, 1 ligne.

Foʀᴍᴇs. — Antennes, plus effilées que dans les trois espèces précédentes, plus longues ou au moins aussi longues que la tête et le prothorax pris ensemble : art. 3—8, ne grossissant pas sensiblement ; le onzième, en olive terminée en pointe , notablement plus court que les deux précédents réunis. Corps , ponctué et pubescent : ponctuation, plus serrée sur le dos du prothorax ; pélage, hérissé. Yeux, distants et de moyenne grandeur, finement grénus : échancrure oculaire, étroite et peu enfoncée. Front, plus large que long. Dépression antérieure du prothorax , effacée : milieu du disque, déprimé ou concave ; côtés, en arcs de courbe à très faible courbure, commençant à s'élargir à partir du bord antérieur, atteignant le maximum de leur largeur avant le milieu et se rétrécissant au delà sans subir d'inflexion ; sillon sous-marginal, peu enfoncé ; bord postérieur, faiblement rebordé , mais remontant presqu'à la hauteur du milieu du disque. Dix rangées longitudinales et parallèles de points enfoncés, sur chaque élytre , partant de la base et s'approchant d'autant plus de l'extrémité qu'elles sont plus voisi-

nes de la suture. Pattes, plus courtes et plus fortes que dans
le *Dregei*: tibias postérieurs, un peu arqués; tarses de la même
paire, visiblement plus courts que les tibias; restes de l'article
avorté, rudimentaires et dépourvus d'appendices membraneux.

Couleurs. — Tête, prothorax et poitrine, couleur de marron.
Antennes, labre, palpes et autres parties de la bouche, d'une
teinte un peu plus claire. Élytres, brunes ou noirâtres, avec
trois bandes transversales jaunâtres ou testacées: la première,
partant de l'angle extérieur de la base, dirigée obliquement
de dehors en dedans et d'avant en arrière, atteignant la suivante vers le premier tiers de la longueur; la seconde, droite,
échancrée en avant, atteignant le deux bords; la troisième, occupant l'extrémité. Pattes, jaunâtres ou pâles, une grande tache
brunâtre, aux extrémités tibiales des fémurs. Pélage, cendré.

Variétés. — *Formes et grandeur.* — Un individu de l'ancienne
collection Dejean a cinq lignes de longueur. Il est, de la Styrie.
D'autres exemplaires, de la Bavière, appartenants à la *Var.* A et
donnés par M.ʳ Sturm, n'ont pas plus de trois lignes. Les formes et les proportions relatives sont néanmoins les mêmes. La
ponctuation du dos est la seule particularité qui offre de légères
différences. Dans les uns, elle est très prononcée, les points du
milieu du prothorax sont serrés et souvent confluents ou rugiformes: les stries des élytres sont aussi larges que les intervalles longitudinaux que l'enfoncement des points fait paraître
plus convexes, les stries latérales dépassent le milieu et les
dorsales atteignent presque l'extrémité. Dans d'autres, le dos
est luisant et sa ponctuation est fine et distincte, les stries
des élytres sont plus étroites que les intervalles longitudinaux,
les dorsales dépassent à peine le milieu et les latérales ne l'atteignent pas. On trouve une infinité de nuances de transition
entre ces deux extrêmes qui n'ont d'ailleurs aucun rapport
constant avec les différences sexuelles et encore moins avec les
accidents des couleurs. L'épaisseur du pélage est toujours en raison
directe de la force de la ponctuation.

Couleurs. — Les parties obscures varient du brun clair au noirâtre, et les parties claires, du blanc jaunâtre au jaune testacé. Nous ne tiendrons aucun compte de ces différences fugaces et nous nous bornerons à signaler les principaux accidents qui ont lieu dans la distribution des deux teintes lorsque l'une d'entr'elles prédomine dans l'ensemble.

Var. A, semblable au type, mais avec prédominance de la couleur claire. Elle occupe la base des élytres, leur bord extérieur et la suture jusqu'au bord postérieur de la seconde bande ensorte que les élytres sont de cette couleur avec deux taches discoïdales brunes avant le milieu et une large bande commune vers les deux tiers de la longueur.

Var. B, semblable à la Var. A, hors les deux taches brunes antérieures des élytres qui ont disparu.

Var. C, semblable à la Var. B, mais ayant la bande brune des élytres interrompue à la suture et reduite à une petite tache médiane.

Var. D, semblable à la Var. C, mais avec la tache médiane des élytres effacée. Dans cette variété et dans la précédente, la prédominance de la couleur claire s'étend même aux parties obscures des autres parties du corps, ensorte qu'il y a des exemplaires de la Var. D qui sont entièrement testacés. Ce sont les albinos les plus achevés.

Var. E, semblable au type, mais avec prédominance de la couleur obscure: première bande claire, plus étroite et plus courte, ne rejoignant pas la seconde bande le long de la suture. — Sicile, ma collection.

Sexe. — Dans les femelles, le contour postérieur de la dernière plaque est arrondi. Il est tronqué en ligne droite, dans les mâles. Il n'y a pas d'autre caractère sexuel apparent, quand les parties génitales ne sont pas en évidence. Cependant en général, les mâles sont plus minces, plus petits, plus fortement ponctués, leurs tibias sont moins arqués et leurs couleurs sont plus foncées.

6. Notoxus cruentatus, *Dup.*

75. Not. tarsorum posticorum articulo primo duobus intermediis unâ longiore, articuli abortivi appendice membranaceo vix
conspicuo, oculis fortius granulatis. — *Tab.* xxvii, *fig.* 6.

Notoxus cruentatus, *Dup. coll.*
    »   syriacus, *D. Solier in litteris.*
Clerus thoracicus *D. Friwaldsky in litteris.*

Patrie. — La Turquie d'Europe et le Lévant.

Dimensions. — Long. du corps, 5 lig. — id. du prothorax,
$\frac{1}{2}$ lig. — id. des élytres, 2 lig. — larg. de la tête, $\frac{1}{2}$ lig. —
id. du prothorax à son maximum, $\frac{1}{3}$ lig. — id. de la base des
élytres, $\frac{2}{3}$ ligne.

Formes. — La seule forme bien prononcée qui distingue
cette espèce de la précédente qui en est d'ailleurs si distante
par ses couleurs, est celle des yeux qui sont proportionnellement plus saillants et plus fortement grénus. Le corps est aussi
plus luisant. Le devant de la tête et le dos du prothorax
sont finement pointillés tandis que les points des stries sont
plus forts et qu'ils s'effacent vers les deux premiers tiers des
élytres. Il y a, dans ce contraste, un second caractère spécifique. En effet, dans les nombreuses variétés du *Mollis*, on voit
que la ponctuation des élytres et que la longueur des stries
augmentent constamment avec la ponctuation de la tête et avec
celle du prothorax.

Couleurs. — Antennes, testacées. Tête, corcelet, écusson,
et abdomen, rouges: moitié antérieure des élytres, de la même
couleur; moitié postérieure, noire avec une bande blanche partant du bord extérieur et n'atteignant pas la suture, un peu
en arrière du milieu. Pattes, noires: hanches et trochanters,
rougeâtres. Poils hérissés, blanchâtres.

Variétés. — Un exemplaire de la Turquie d'Europe diffère du

type , par la couleur noire de la tête. Je l'ai eu de M.ᵉ
Friwaldsky.

Sexe. — Incertain.

XXIII. G. OLESTERUS , *M.*

Antennes , distantes , *ayant leur origine en face de l'échancrure oculaire , de onze articles :* le premier , épais et de la
forme ordinaire ; le second , plus mince , court et cylindrique ;
le troisième , deux fois plus long que le précédent , aussi mince
que lui , obconique ; art. 3—8 , de la même forme , diminuant
progressivement en longueur , sans augmenter sensiblement en largeur ; *art.* 9—11 *, formant ensemble une massue allongée , applatie et à articulations bien distinctes ;* les deux premiers articles
de la massue antennaire , à-peu-près égaux , triangulaires ; le dernier , plus applati que les deux autres , plus grand que chacun
d'eux , mais plus petit que les deux réunis , en forme d'olive
terminée en pointe mousse et telle que le contour extérieur
est plus grand et plus arqué que l'intérieur.

Yeux , distants , transversaux , peu saillants , fortement échancrés : échancrure , moyenne et demi-circulaire.

Tête , ovalaire , enfoncée sous le corcelet. *Vertex ,* inapparent , couvert par le bord antérieur du prothorax. *Front ,*
plane , vertical , presque carré , se confondant insensiblement
avec la *Face* qui est très courte et pour ainsi dire rudimentaire et avec l'*Epistome* qui est plus déprimé et qui est en
trapèze rétréci en avant.

Labre , entier , en rectangle transversal.

*Palpes maxillaires , de quatre articles : le quatrième , très
grand , sécuriforme et de la même forme que le dernier des
labiaux.*

Palpes labiaux , de trois articles : le dernier , en forme de

hache sans manche, ou en triangle tel que le côté externe
est le plus long de touts et que l'interne est le plus court :
l'un et l'autre, en courbes rentrantes ; côté opposé à l'origine,
trois fois plus long que l'interne, en courbe saillante ; angle antéro-interne, droit ; angle antéro-externe, emoussé et
arrondi.

Mandibules et autres parties de la bouche, inobservées. Un des
lobes terminaux des *Machoires* dépasse l'extrémité des mandibules croisées : il est membraneux, large, arrondi et cilié (20).

Prothorax, arrondi antérieurement et s'avançant au-dessus
de la tête : dépression antérieure, nulle ; dos, très bombé et
uniformément convexe, notablement rétréci et abaissé en arrière ; bord postérieur, moitié plus étroit que l'antérieur et
descendant beaucoup plus bas que dans les autres genres de
la même famille.

Prosternum, egalant tout-au-plus le tiers de la longueur du
Tergum, largement et profondément échancré en avant, reduit
à une lame très mince entre les hanches antérieures, un peu
dilaté au-delà et terminé par une petite palette arrondie qui
peut se loger dans un échancrure du *Mésosternum*. *Fosses
coxales*, très grandes et très rapprochées, longeant le bord
postérieur du prosternum et ouvertes en arrière.

Mésosternum, très court, plus mince et plus étroit que le
prothorax qui peut aisément glisser au-dessous de sa surface :
celle-ci, remontant un peu de bas en haut et d'arrière en avant.
Une cannelure médiane recoit l'extrémité du prosternum qui
s'arrête au fond d'une fossette, près du bord postérieur.

Métasternum, peu renflé.

Elytres, parallèles : bord postérieur, arrondi ; angle sutural
postérieur, fermé.

Abdomen, ne dépassant pas l'extrémité des élytres : ventre,

---

(20) Je n'aurais pas pu pousser mes recherches plus loin, sans détruire l'exemplaire unique qui m'avait été confié.

plane ; bords postérieurs des cinq premier segments, droits et entiers.

Pattes, assez fortes: celles de la troisième paire, plus longues que les autres.

Fémurs, sans renflement : les *postérieurs, dépassant visiblement l'extrémité des élytres.*

Tibias, très longs et plus ou moins arqués.

Tarses de toutes les pattes, larges, courts et déprimés, n'étant guères que le tiers de la longueur des tibias, de quatre articles à articulations mobiles: restes de l'article avorté, n'étant pas visibles en dessus et étant dépourvus d'appendices membraneux; les trois premiers articles vrais , bifides en dessus et munis en dessous d'un appendice large et faiblement échancré ; le premier, plus long que chacun des suivants, mais plus court que les deux réunis ; le quatrième, terminé par deux crochets simples à arête interne tranchante et largement échancrée à peu de distance de l'origine.

Le *G. Olesterus* est un des plus naturels de la famille des *Clérites*. Mais les caractères qui lui méritent ce titre privilégié, ne sont pas de ceux qui ont été exposés dans le tableau synoptique. La conformation très remarquable des principales pièces de l'avant-corps et celle de leur articulations me semblent bien plus importantes que le nombre des articles des tarses et que les terminaisons des palpes et des antennes. L'*Olestère* aura de l'avantage, sur tout autre *Clérite*, lorsqu'il aura à parcourir ou à percer des sentiers courbes , tortueux et prolongés dans des directions variées et opposées. Il tiendra cet avantage de la double faculté qui lui a été donnée , de renverser sa tête sous son prothorax et de faire glisser l'un et l'autre au-dessous de son mésopectus.

Espèce unique. — OLESTERUS AUSTRALIS , M.

76. OLEST. — *Tab.* XX, *fig.* 2.

PATRIE. — Swan-River.

DIMENSIONS. — Long. du corps , 5 et $\frac{1}{7}$ lig. — id. du prothorax , 1 et $\frac{1}{7}$ lig. — id. des élytres , 3 et $\frac{1}{7}$ lig. — larg. de
la tête , 1 lig. — id. du bord antérieur du prothorax , la
même. — id. du prothorax à son maximum , 1 et $\frac{1}{4}$ lig. — id.
du même à son bord postérieur , $\frac{1}{7}$ lig. — id. des élytres à la
hauteur des callus huméraux , 1 et $\frac{1}{2}$ lig. — hauteur du prothorax au milieu du disque , 1 et $\frac{1}{7}$ lig. — id. du même à son
bord postérieur , $\frac{2}{3}$ lig. — id. du mésothorax , la même. — id.
du métathorax , 1 ligne.

FORMES. — Antennes , un peu plus courtes que la tête et
le prothorax pris ensemble , un peu velues : poils , ras et dirigés en avant. Corps , ponctué et pubescent : pélage , hérissé ;
celui du front , très épais , court et presque cotonneux.
Palpes, velus comme les antennes. Dos du prothorax , plus
fortement ponctué : points , serrés et par-fois confluents. Sur
le dos de chaque élytre , dix rangées de gros points enfoncés , commençant à peu de distance de la base , s'effaçant
sans disparaître entièrement au-dessus des callus huméraux ,
reparaissant immédiatement après , plus fortes qu'auparavant,
pour disparaître brusquement vers les trois quarts de l'élytre et d'autant plutôt qu'elles sont plus près de la suture : diamètres des points , plus grands que ceux des cloisons transversales et des intervalles longitudinaux ; ces derniers , plus élevés
que les cloisons et assez fortement ponctués pour que certains
espaces du dos semblent crénelés. Entre les callus ordinaires
et la suture , il y a , deux gros tubercules coniques , sur le dos
desquels , les stries ponctuées passent sans souffrir aucune
interruption. Portion des élytres en arrière des stries, finement

pointillée et couverte d'un duvet épais, ras et couché en arrière. Poils des pattes, hérissés.

Couleurs. — Antennes, palpes et pattes, noirs. Vers le milieu de chaque élytre, une bande étroite en arc de courbe dont la convexité est tournée en avant, partant du bord extérieur et prolongée antérieurement jusqu'à la seconde strie à partir de la suture, blanc d'ivoire. Poils cotonneux du front, dorés. Duvet ras de l'extrémité des élytres, rouge de brique. Poils hérissés des deux tubercules des élytres, noirs. Autres parties du pélage, blanchâtres.

Sexe. — Un mâle, de la collection Reiche: la sixième plaque ventrale est largement et faiblement échancrée. Femelle, inconnue.

XXIV. G. SCROBIGER, *M*.

Antennes, distantes, *ayant leur origine en face de l'échancrure oculaire, de onze articles:* le premier; épais, sub-cylindrique: art. 2—8, en ovoïdes allongés, ayant leur maximum de largeur un peu au-delà du milieu, le troisième étant le plus long, les suivants diminuant progressivement en longueur sans augmenter en largeur, le second à-peu-près égal au cinquième; *art.* 9—11, *formant une massue un peu applatie, à articles bien détachés et également dilatés;* les deux premiers, à-peu-près égaux entr'eux; *le dernier, plus grand que chacun des précédents, mais moindre que les deux réunis,* en olive presque aussi large que longue, brusquement déprimée près de l'extrémité, terminée en pointe courbe; bord externe arrondi; *bord interne, largement échancré* à partir du point où commence la dépression terminale jusqu'à l'extrémité.

Yeux, distants, transversaux, peu saillants, profondément échancrés en avant.

Tête, comme dans le *G. Notoxus.*

Labre, échancré.

Palpes maxillaires, de quatre articles, le dernier, plus grand que les autres, *applati, en triangle renversé rectiligne, isocèle* et tel que le côté opposé à l'origine ou la base est visiblement plus étroite que chacun des deux autres.

Palpes labiaux, de trois articles: le dernier, applati, dilaté, *sécuriforme et beaucoup plus grand que le dernier des maxillaires:* côté extérieur, le plus long de touts, faiblement arqué, un peu rentrant près de l'origine; côté interne, droit et trois fois plus long que l'externe; côté opposé à l'origine, droit; angle antéro-externe, aigu.

Mandibules et autres parties de la bouche, inobservées.

Prothorax, déprimé en avant, dilaté au milieu, rétréci et déprimé en arrière: bords latéraux, arrondis au-delà de la dépression antérieure; sillon sous-marginal, bien prononcé; bord postérieur, fortement rebordé, plus étroit que le bord opposé.

Prosternum, faiblement échancré en avant, très rétréci entre les hanches antérieures, et terminé postérieurement en une petite lamelle plane et tronquée. *Fosses coxales*, comme dans le genre précédent.

Mésosternum, rétréci et incliné de manière que le prothorax peut aisément glisser au-dessous de lui, mais sans enfoncement contre lequel l'extrémité postérieure du prosternum vienne s'appuyer.

Métasternum, renflé et raccourci.

Abdomen, allongé, de six anneaux bien apparents et également libres qui permettent à l'insecte de le fléchir au-dessous de sa poitrine ou de le prolonger à volonté au-delà des élytres.

Ventre, faiblement convexe.

Élytres, étroites, parallèles: bord postérieur, en arc de courbe à très faible courbure; angle sutural postérieur, fermé.

Écusson, petit, en demi-ovale transversal.

Pattes, moyennes et assez fortes. *Fémurs*, épais: les *posté-rieurs*, *ne dépassant pas le quatrième anneau de l'abdomen*. *Tibias*, visiblement arqués.

Tarses, à peine un peu plus courts que les tibias, de quatre articles à articulations mobiles: restes de l'article avorté, ru-dimentaires; trois premiers articles des quatre pattes antérieures, triangulaires, bifides en dessus et munis en dessous d'un appen-dice membraneux et bilobé; les mêmes articles des pattes postérieures, plus allongés, comprimés a leur base, le premier étant presque aussi long que les deux suivants réunis ; quatrième article, à-peu près de la longueur du premier et terminé par deux crochets qui m'ont paru simples, mais qui étaient endom-magés dans les exemplaires que j'ai eus sous les yeux.

L'espèce australasienne qui a servi de type au G. *Scrobiger*, réunit le *Facies* d'un *Notoxe* aux antennes d'un *Trichode* et aux palpes d'un *Clère*. C'est dire assez qu'il ne peut rester dans aucun de ces vieux genres. Il diffère d'ailleurs de touts les *Clérites*, avec lesquels il a le plus de ressemblance, *par le raccourcissement de sa poitrine proportionnellement à la lon-gueur de son abdomen*.

Espèce unique. — S\ᴄʀᴏʙɪɢᴇʀ ꜱᴘʟᴇɴᴅɪᴅᴜꜱ.

77. Sᴄʀᴏʙ. — *Tab.* xɪᴠ, *fig* 1.
Scrobiger Reichei, *mihi olim.*
Clerus splendidus, *Newm. the ent. pag.* 15.
Pᴀᴛʀɪᴇ. — Swan-River

Dɪᴍᴇɴꜱɪᴏɴꜱ. — Long. du corps, 5 ¼ lig. — id. du prothorax, 1 lig. — id. des élytres, 1 lig. — larg. de la tête, ¼ lig. — id. du prothorax a son maximum, ⅗ lig. — id. de la base des élytres, 1 ligne.

Fᴏʀᴍᴇꜱ. — Les proportions svelles du corps qui est presque six fois aussi long que large, contrastent avec celles des mem-

bres. On pourra juger des pattes, par le dessin, *Pl.* xiv, *fig.* **1.**
Les antennes sont visiblement plus courtes que la tête et le
prothorax. Les yeux ne font pas de saillie sensible sur les côtés
et le bord antérieur du prothorax n'est pas aussi large que la
tête. La dépression antérieure de celui-ci se confond en arrière avec une fossette médiane et profonde du disque. Les
côtés atteignent leur maximum de largeur vers le milieu de
leur longueur. Les élytres sont faiblement et uniformément
convexes, hors à la base où la saillie des callus huméraux produit un certain contraste entre l'applatissement hori-
zontal du dos et le renversement vertical des flancs, contraste
qui s'affaiblit insensiblement en arrière et qui disparaît entièrement avant le milieu. Les côtés ne commencent à converger
et à s'arrondir qu'à une très petite distance de l'extrémité. On
remarque à l'angle sutural postérieur des élytres, une petite
épine droite et très courte qui n'est qu'un prolongement de la
côte suturale. Le corps est ponctué et pubescent. La ponctuation est partout, hors aux élytres, de moyenne grandeur et
bien distincte. Les poils sont, en général, hérissés et clair-sémés,
un peu plus épais à la poitrine et près du bord postérieur du
prothorax. On voit, une bande transversale d'un duvet ras et
couché en arrière vers le milieu de chaque élytre, quelques
traces d'un duvet pareil à leur extrémité et à l'écusson. On
compte aussi, sur chaque élytre, dix stries très apparentes qui
commencent, le unes à peu de distance de la base, les autres
un peu en arrière des callus huméraux. Ces stries sont d'abord
régulières, parallèles entr'elles et faites de points enfoncés arrondis et égaux entr'eux, mais d'un diamètre visiblement plus
grand que ceux des cloisons transversales et des intervalles longitudinaux. Ces points s'allongent, grossissent et rompent le
parallélisme primitif, en s'éloignant de la base. Ils se changent
progressivement en autant de fossettes oblongues et difformes séparées par des cloisons obliques très étroites et très sail-

lantes. Passé le milieu, ces fossettes se confondent ensemble,
ensorte que le nombre de celles qui sont censées sur la même
ligne transversale diminue rapidement de dix à six ou même
à cinq.

Couleurs. — Antennes, palpes et tarses, jaunes: dernier
article des palpes labiaux, obscur; appendices des tarses, pâles.
Tête et prothorax, bronzés à reflets bleuâtres. Sur chaque élytre, deux bandes blanches, l'antérieure glabre, étroite et n'atteignant pas le bord extérieur, l'autre plus large et entièrement
couverte d'un duvet ras de la même couleur. Poils hérissés,
blanchâtres.

Sexe. — Deux mâles, de la collection Reiche: ce savant a
eu la bonté de m'en céder un. Les cinq premières plaques
ventrales sont entières: la sixième est tronquée. Femelle,
inconnue.

XXV. G. CLERUS, *Fab.*

Entre tous les *Clérites*, le genre auquel j'ai réservé le nom
primitif dont nous avons tiré celui de la famille, est en effet
le plus nombreux en espèces connues. C'est à ce titre qu'il
ma paru mériter la préférence. Cependant il ne répond pas
exactement au *G. Clerus Fab.* L'espèce que le savant entomologiste de Kiel avait indiquée comme le type du sien, dans
le *Syst. Eleuth.*, est la même que Latreille avait choisie pour
type de son *G. Thanasimus* et que nous avons décrite à notre
numéro 57. Latreille, venu après Fabricius, a eu tort sans doute
en s'écartant de son prédécesseur. Il aurait dû faire autrement. Mais il a fait ainsi et *multa facta tenent quæ fieri prohi-
bentur.* Il a eu d'ailleurs l'avantage de n'admettre dans ses *Thanasimes* que les espèces qui peuvent y rester, tandis que sur
les neuf *Clères* du *Syst. Eleuth.*, il n'y a que les N.os 1, *Cl.
mutillarius*, — 5, *Cl. formicarius*, — 8, *Cl. 4—maculatus*

qui soient congénères. Ainsi, sous le double rapport de la justesse des vues et de la rigueur du raisonnement, l'avantage
était à celui qui n'avait pas pour lui le hazard de la priorité. Aussi sa nomenclature a-t-elle été suivie par ceux de ses
compatriotes qui ont écrit après lui et dans la plupart des
grands ouvrages d'histoire naturelle qui ont été publiés en
France depuis 1802.

Le nom de *Clerus* a été néanmoins conservé par Latreille.
Mais il l'a appliqué a un autre groupe composé d'autres *Clères*
de l'*Ent. syst.* que *Fabricius* avait rapportés à son genre *Trichodes*, dans le *Syst. Eleuth.* Ce second genre Fabricien est
mieux composé que l'autre. De ses neuf espèces, sept lui appartiennent incontestablement et une huitième, le *Tricolor*, est
douteuse: la neuvième, *Trich. cyaneus*, lui est seule étrangère.
Elle appartient au *G. Cylidrus*. Ici Fabricius avait égalité de
mérite avec Latreille et antériorité de travail. Aussi la plupart
des savants de l'école Fabricienne ont-ils adopté la nomenclature de leur maître et sont-ils restés en opposition avec les
savants français

Il semblerait que je n'aurais eu qu'à choisir entre ces deux systè-
mes. Mais en me décidant pour l'un ou pour l'autre, j'aurais été
forcé de créer un troisième nom pour un troisième groupe bien
distinct, et cela, dans un ouvrage où j'en avais déjà introduit assez pour n'y être que trop exposé aux reproches de
ceux qui sont toujours prêts à s'effaroucher à l'arrivée d'un
nouveau mot. Le parti que j'ai pris est une espèce de *Juste milieu*
dont on pensera ce qu'on voudra et que j'ai accepté parce que
je n'ai pas su en imaginer un meilleur. J'ai conservé le nom
de *Thanasimus*, parceque le genre de Latreille m'a paru bien
établi. J'ai conservé pareillement le nom de *Trichodes*, parceque le genre de Fabricius était aussi bon que celui de Latreille
et parceque le nom proposé par le premier avait le mérite de
la priorité. J'ai trouvé le nom de *Clerus* en disponibilité. Je

m'en suis emparé, comme d'un vacant dévolu au premier occupant, et je l'ai assigné au groupe le plus nombreux de la famille, parceque ce groupe est tel que toutes ses espèces auraient pu entrer dans les *Clères* de l'*Ent. Syst.* et parceque plusieurs d'entr'elles sont même restées dans ceux du *syst. Eleuth.* En voici les caractères généraux.

Antennes, le plus souvent moins longues que la tête et le prothorax pris ensemble, de onze articles: le premier, épais et de la forme ordinaire; art. 2—6, minces, plus longs que larges, sub-cylindriques ou faiblement obconiques; art 7—8, au moins aussi larges que longs et fortement obconiques; *art.* 9—11, dilatés et applatis, *formant une massue à articles serrés, le dernier, ovato-oblong,* terminé en pointe mousse.

Yeux, distants et échancrés.

Tête, ovalaire: front, large et faiblement convexe.

Labre, en rectangle transversal: bord antérieur, plus ou moins échancré.

Mandibules, trièdres: face extérieure, convexe et peu élevée; faces supérieure et inférieure, planes ou faiblement concaves, semblables, triangulaires; bord externe, en arc de courbe; bord interne, mince, tranchant, droit et terminé par deux dents aiguës et égales.

Palpes maxillaires, de quatre articles: le premier, très court, ordinairement enfoncé dans un sinus de la machoire: second et troisième, allongés, obconiques; *le dernier,* plus long que le précédent, *cylindrique et tronqué,* plus rarement un peu renflé au milieu.

Palpes labiaux, de trois articles: le dernier, très applati, et *sécuriforme,* comme dans le *G. Scrobiger.*

Machoires, cornées, terminées par deux lobes membraneux inégaux, l'interne étant beaucoup plus grand que l'autre.

Menton, corné, en trapèze un peu rétréci en avant.

Langue, (*Labium*) membraneuse, plus ou moins échancrée.

Prothorax, aussi large que long: dos, uniformément convexe, peu déprimé en avant, plus ou moins rétréci en arrière; sillon sous-marginal, plus ou moins profond; bord postérieur, toujours plus étroit que le bord opposé ; bords latéraux, arrondis. *Prosternum,* plus court que le *Tergum,* plus ou moins échancré en avant et plus ou moins rétréci entre les hanches antérieures. *Fosses coxales,* comme dans le *Scrobiger.*

Mésosternum, prolongé et rétréci antérieurement, en demi-cylindre au dessous duquel le prosternum peut glisser aisément.

Métasternum, peu renflé, le plus souvent de la longueur de l'abdomen.

Ventre, plane ou très faiblement convexe: plaques ventrales, entières dans les deux sexes.

Écusson, de différente grandeur selon les espèces, mais moins transversal que dans le *Scrobiger,* le plus souvent en demi-cercle.

Élytres, sans applatissement près de leur base et uniformément convexes: callus huméraux, peu saillants; côtés, parallèles; extrémités, conjointement arrondies; angle sutural postérieur, fermé.

Pattes, comme dans le genre précédent.

Tarses, de quatre articles à articulations mobiles : restes de l'article avorté , plus ou moins apparents en dessous aux quatre pattes antérieures (**21**); les trois premiers articles vrais, fortement échancrés et bifides en dessus, munis en dessous d'un appendice large et plus ou moins profondément échancré; quatrième article, terminé par deux crochets, rarement simples, le plus souvent à arête interne largement échancrée, en arc de cercle, du milieu à l'extrémité: dent interne de l'échancrure, obtuse ou aiguë selon les espèces.

Le *G. Clerus* est si rationnel que la plupart de ses espèces présentent à-peu-près le même *Facies.* Les différences des con-

---

(21) Ces restes sont quelquefois si bien développés que le *Clère* peut être pris alors pour un *Hétéromère,* si on le regarde en dessous.

tours sont si petites et les inégalités des surfaces sont si variables que toute tentative pour distinguer les espèces, indépendamment des couleurs, aurait été vaine. J'ai renoncé, bien malgré moi, à cette entreprise. Mais en ayant recours, faute de mieux, à un caractère qui m'inspirait peu de confiance, je l'ai fait, avec une certaine sobriété, et surtout, je me suis abstenu de dresser l'ensemble des diagnoses en tableau synoptique. Ce travail aurait été prématuré. Plusieurs espèces que je n'ai pas osé rejeter ne sont peut-être que des variétés de taille ou de couleur.

Les *Cléres proprement dits* sont des insectes exotiques. On en connaît deux espèces de l'ancien continent. Toutes les autres viennent des différentes régions de l'Amérique où elles ont été recoltées et non observées.

1. CLERUS LÆVIGATUS , *Dup.*

78. CL. niger, luridus, elytrorum fasciâ mediâ albido pilosâ. — *Tab.* **XXI**, *fig.* 2.

Clerus griseo-pilosus, *Dup. coll.*

» nebulosus , *Buq. coll.*

VAR. A. Clerus lævigatus, *Dup. coll.* — *Tab.* **XXI**, *fig.* 1.

» B. » nigricans, *id. ib.*

» C. » » *id. ib.*

» D. » brunnipes, *Buq. coll.*

PATRIE. — Les régions équinoctiales de l'Amérique, le Mexique, la Colombie , etc.

DIMENSIONS. — Long. du corps, 2 et ½ lig. — id. du prothorax , ⅓ lig. — id. des élytres, 1 et ⅓ lig. — larg. de la tête, ½ lig. — id. du prothorax à son maximum, la même. — id. du même au bord postérieur, ⅓ lig. — id. de la base des élytres , ¾ ligne.

FORMES. — Massue des antennes, très serrée : dernier article, oblong à pointe mousse, sans échancrure au bord interne. Dernier article des palpes labiaux, toujours sécuriforme, mais moins large que dans la plupart des espèces suivantes. Échancrure oculaire, petite, étroite, en demie ellipse. Corps, luisant, finement pointillé et légèrement pubescent. Ponctuation des élytres, semblable à celle des autres parties du corps et sans traces de stries. Pélage, hérissé, rare et caduque. Une bande de poils plus épais et un peu couchés en arrière, vers le milieu de chaque élytre, partant du bord extérieur et remontant au milieu du dos.

COULEURS. — Antennes, corps en pattes, noirs. Pélage, blanc.

VARIÉTÉS. — Dans la VAR. A, le noir tend au bronzé ou au violet. Brésil, collection Dupont. — Dans la VAR. B, la bande veloutée des élytres a disparu, les tibias et les premiers articles des antennes sont bruns. Mexique, collections Dupont et Dejean. — La VAR. C est semblable à la VAR. B, moitié plus petite: long. du corps, 1 et ¼ ligne. Colombie, collection Dupont. — La VAR. D semblable à la VAR. B, a de plus toutes ses pattes entièrement brunes. Brésil, collection Buquet.

SEXES. — Je crois qu'il aurait été très mal aisé de les discerner, si les parties génitales n'eussent pas été en évidence dans plusieurs individus. Les plaques ventrales ont le même contour postérieur dans les deux sexes, arrondis à la dernière, droit et entier à toutes les autres. Les femelles m'ont paru, en général, un peu plus larges, leur prothorax plus arrondi, leur massue antennaire plus courte. Mais je n'ai pas grande confiance en de pareilles indications.

2. CLERUS FLAVOSIGNATUS, *Dej.*

79. CL. niger, nitidus, elytrorum fasciâ mediâ punctoque basilari flavidis. — *Tab.* XXI, *fig.* 4,

Clerus flavosignatus , *Dej. loc. cit.* 127.

Patrie. — Le Brésil.

Dimensions et Formes. — Parfaitement semblables à celles du *Lævigatus* et telles que l'exemplaire unique que j'ai sous les yeux pourrait bien n'être qu'une variété locale.

Couleurs. — Antennes , corps et pattes, noirs : premier et second article des antennes, palpes et autres parties de la bouche hors les mandibules, pâles. Mandibules , noirâtres. Sur chaque élytre , une tache ponctiforme et sub-basilaire entre le suture et le callus huméral et une bande transversale assez large partant du milieu du bord extérieur, se rétrécissant sur le dos et n'atteignant pas la suture , jaunâtres. Tarses et tibias , bruns. Poils hérissés , blanchâtres , rares sur le dos, plus nombreux au devant de la tête , très épais aux extrémités des élytres où ils forment une espèce de tache qui semble grise parceque le pélage blanc laisse appercevoir la couleur obscure du fond.

Sexe. — Incertain , dans l'exemplaire unique de l'ancienne collection Dejean.

3. Clerus bilobus , *M.*

80. Cl. niger , nitidus , elytrorum fasciâ mediâ maculisque tribus flavo-albidis — *Tab.* xxi , *fig.* 4.

Patrie. — Le Brésil.

Dimensions et Formes. — Très voisines de celles des deux précédentes. L'Espèce n'en est pas moins bien distincte. Long. du corps , 2 lignes. Massue antennaire , à articulations moins serrées , dernier article proportionnellement plus allongé et visiblement échancré à son bord interne. Dernier article des palpes labiaux , plus dilaté et aussi large que dans la plupart des espèces suivantes. Pélage , hérissé , également rare et fin sur tout le dessus du corps.

Couleurs. — Antennes, corps et pattes, noirs. Premier, second et dernier article des antennes, rougeâtres. Palpes, d'une teinte un peu plus claire. Sur chaque élytre, une bande transversale et trois taches, jaunes blanchâtres : bande assez large, partant du bord extérieur un peu au-delà du milieu, n'atteignant pas la suture ; première tache, petite, ponctiforme, entre la suture et le callus huméral ; seconde tache, plus grande, difforme, entre la première et la bande transversale ; la troisième, arrondie, près de l'extrémité et ne touchant à aucun des bords. Pélage, cendré : quelques poils obscurs, épars sur le dos.

Sexe. — Un mâle, de ma collection. Il m'a été fourni par M.ʳ Antoine Pico de Gênes qui l'avait acquis de M.ʳ Curelli marchand naturaliste de Rio-Janeiro.

4. Clerus sobrinus, Lap.

81. Cl. niger, nitidus, elytrorum maculâ basilari fasciisque tribus flavo-albidis, secundâ arcuatâ. — Tab. xxii, fig. 4.

Clerus sobrinus, Lap.ᵗᵉ rev. de silb. 4, 45, 4.

» rubripes, Dej. loc. cit. p. 127.

Patrie. — Le Brésil.

Dimensions et Formes. — Comme dans le Bilobus.

Couleurs. — Antennes, palpes, labre et pattes, jaunes rougeâtres. Corps, noir : sur chaque élytre, une tache et trois bandes transversales jaunes blanchâtres; tache, ovalaire, entre la suture et le callus huméral ; première bande, peu distante en arrière de la tache basilaire, un peu échancrée en avant, ne touchant aucun des deux bords ; seconde bande, vers le milieu, plus étroite que la précédente, en arc de courbe dont la convexité est tournée en avant et dont la branche interne se prolonge en arrière le long de la suture sans la rejoindre ; troisième bande, près de l'extrémité, plus arrondie et maculiforme.

Sexe. — Une femelle, de ma collection, fournie par M.ʳ Buquet. Deux mâles, de l'ancienne collection Dejean. Les organes génitaux y sont accidentellement en évidence. Sans cet heureux hazard, je n'aurais eu aucun moyen de constater la différence des sexes.

5. Clerus plano-notatus, *Lap.*

82. Cl. niger nitidus, elytrorum maculâ basilari fasciisque tribus arcuatis flavo-albidis. — *Tab.* xxii, *fig.* 2.

Clerus luctuosus, *Dej. loc. cit. p.* 127.

» plano-notatus, *Lap. rev. de silb.* 4, 45, 3.

Patrie. — Le Brésil.

Dimensions et Formes. — Comme dans les deux précédents.

Couleurs. — Antennes, noires: premier, second et dernier articles, jaunes rougeâtres. Palpes, d'une teinte un peu plus claire. Corps et pattes, noirs. Sur chaque élytre, une tache basilaire comme dans le *Sobrinus* et trois bandes arquées, jaunes de paille : première bande, sur le premier tiers de l'élytre, dirigée obliquement de dehors en dedans et d'avant en arrière, en arc de courbe à faible courbure dont la convexité est tournée en avant, ne touchant aucun des deux bords ; la seconde, vers le milieu, partant du bord extérieur, se rétrécissent sur le dos, décrivant une courbe à plus forte courbure, mais semblable à celle de la première, suivant la même direction et n'atteignant pas pareillement la suture ; la troisième, près de l'extrémité, partant aussi du bord extérieur et n'atteignant pas la suture, en arc de courbe à faible courbure dont la convexité est tournée en arrière et qui est dirigée de dehors en dedans et d'arrière en avant.

Sexe. — Incertain, dans l'individu de l'ancienne collection Dejean et qui venait de M.ʳ Goudot.

Quoique ces trois espèces aient à-peu-près le même port et

la même taille, quoique les teintes différentes des pattes et des antennes puissent être des accidents individuels, je n'en suis pas moins enclin à les regarder, comme bien distinctes, eu égard seulement à la distribution de la couleur jaune sur le fond noir des élytres. Les dessins des bandes offrent tant de contrastes qu'il est impossible de les ramener à un seul et même type, en dépit de toute hypothèse en défaut ou en excès.

6. CLERUS ARTIFEX, *Dej*.

83. CL. niger, nitidus, elytrorum fasciis tribus arcuatis, primis duabus obliquis, alterà transversâ, flavido-albidis. — *Tab.* xxii, *fig.* 3.

Clerus artifex, *Dej. loc. cit. p.* **127.**

PATRIE. — Cayenne, M.ʳ Lacordaire.

DIMENSIONS et FORMES. — Comme dans les précédents. Taille, plus petite. — Long. du corps, 1 et ½ ligne.

COULEURS. — Antennes, corps et pattes, noirs. Labre, rougeâtre. Palpes, pâles. Sur chaque élytre, trois bandes d'un blanc jaunâtre: la première, de la forme d'une larme de Sainte Ménéhould, partant de la base entre le callus et l'écusson, longeant celui-ci, se dirigeant obliquement de dehors en dedans et d'avant en arrière, terminée en pointe près de la suture vers le premier tiers de l'élytre; la seconde, partant du bord extérieur vers le premier quart de la longueur, en arc de courbe à assez forte courbure, suivant la même direction que la première sur le dos et finissant pareillement en pointe vers le milieu et à peu de distance de la troisième; celle-ci, un peu au-delà du milieu, partant du bord extérieur comme la seconde, n'atteignant pas la suture comme les deux autres, transversale, en arc de courbe dont la convexité est tournée en arrière. Un espace commun, près de l'extrémité des élytres, couvert de poils cendrés plus épais qui laissent cependant apperçevoir la couleur obscure du fond, comme dans le *Flavosignatus*.

SEXE. — Incertain.

7. CLERUS DISTINCTUS, *Dej*.

84. CL. niger, nitidus, elytrorum maculis quatuor flavis. — *Tab*. XXII, *fig*. 6.

Clerus distinctus, *Dej. loc. cit. pag*. 127.
  » veriegatus, *Mannerheim apud D. Dejean*.

DIMENSIONS et FORMES. — Comme dans l'*Artifex*. — Long. du corps, 1 et ⅓ lig. — Extrémités des élytres, couvertes d'un duvet ras et couché, mais peu épais.

COULEURS. — Antennes, labre, palpes et autres parties de la bouche hors les mandibules, tarses et tibias, rougeâtres. Autres parties du corps, noires, luisantes. Sur les deux premiers tiers de chaque élytre, quatre taches d'un blanc jaunâtre: la première, petite, oblongue, près de la base, entre la suture et le callus huméral: la seconde, sur la même ligne longitudinale que la première, peu distante de celle-ci, en forme de rhombe, allant d'avant en arrière et de dehors en dedans; la troisième, partant du bord extérieur, transversale, triangulaire, terminée en pointe vers le milieu du dos : la quatrième, sur la même ligne que les deux premières, petite, étroite et allongée. Duvet de l'extrémité des élytres, cendré: autres poils épars, de la couleur obscure du corps.

SEXE. — Incertain, dans l'exemplaire unique de l'ancienne collection Dejean.

8. Clerus arcuatus , *Dej.*

85. Cl. niger, nitidus, elytrorum puncto elevato propè basin fasciis-que duabus flavo-albidis. — *Tab.* xxii, *fig.* 1.

Clerus arcuatus , *Dej. loc. cit. pag.* **127.**

     »   columbianus, *Dup. coll.*

Patrie. — La Colombie, M.ʳ Lebas.

Dimensions et Formes. — Semblables à celles des espèces précédentes. Taille, plus petite. Long. du corps, 1 ligne. Près de la base de chaque élytre, entre la suture et le callus huméral, une petite élévation arrondie et pustuliforme. Point de duvet, à l'éxtrémité des élytres (22).

Couleurs. — Antennes, corps et pattes, noirs: à la moitié antérieure des élytres, une tache et deux bandes jaunâtres ; la tache, sur l'élévation pustuliforme; la première bande, au premier tiers de l'élytre, partant du bord extérieur, droite et dirigée en sens oblique, d'avant en arrière et de dehors en dedans, terminée à peu de distance de la suture; la seconde, vers le milieu, partant également du bord extérieur et ne rejoignant pas la suture, en arc de courbe transversale dont la convexité est tournée en avant.

Variétés. — Var. A, semblable au type, base des antennes et tibias rougeâtres.

Var. B, semblable a la Var. A, antennes et pattes entièrement rougeâtres.

Sexe. — Deux individus de ma collection sont certainement des femelles, car leur oviducte est en évidence. Les autres ne m'ont offert aucun caractère décisif. Cependant je me garderais bien d'en conclure qu'ils sont du même sexe. Les mâles de quelques autres espèces auraient été pris aussi pour des

---

(22) Ce duvet est caduque et il est peut-être tombé dans les individus que j'ai sous les yeux.

femelles, s'il n'y eut pas eu un commencement de sortie des organes génitaux.

9. CLERUS ANTIQUUS , *Dej.*

86. CL. niger, nitidus, elytrorum medietate anticâ flavâ nigro obliquè trifasciatâ, medietate posticâ nigrâ flavo unifasciatâ. — *Tab.* XXII, *fig.* 5.

Clerus antiquus, *Dej. loc. cit. p.* 127.

PATRIE. — Incertaine.

DIMENSIONS et FORMES. — Comme dans les précédents. Taille plus grande: long. du corps, 5 lignes. Dernier article des palpes labiaux, proportionnellement un peu plus large.

COULEURS. Antennes, corps et pattes, noirs. Extrémité du dernier article des palpes maxillaires, base des second et troisième des labiaux, lobes membraneux des machoires, testacés pâles. Moitié antérieure de chaque élytre, jaune sale avec trois bandes obscures allant d'avant en arrière et de dehors en dedans : la première, noire, à l'angle antéro-interne, longeant l'écusson; la seconde, également noire, partant du callus huméral et n'atteignant pas la suture ; la troisième, partant du bord extérieur, parallèle à la seconde et finissant de même avant d'atteindre la suture, d'un teinte grise d'abord qui s'obscurcit graduellement et qui est entièrement noire à son extrémité dorsale. Moitié postérieure des mêmes, noire avec une seule bande transversale jaune , étroite, arquée, tournant sa convexité en arrière, dirigée de dehors en dedans et d'arrière en avant, ne touchant à aucun des bord et située très près de l'extrémité.

SEXE. — Un mâle que M.ʳ Dejean avait eu de M.ʳ Hoff-mann et dont il ignorait la provenance.

10. Clerus Crabronarius, *Dej.*

87. Cl. niger, elytris velutinis medium propè flavo unimaculatis, apice sericeo albidis nigroque maculatis. — *Tab.* xxiii,
fig. 1.

Clerus crabronarius, *Dej. loc. cit.* **127.**

Patrie. — L'Amérique septentrionale, M.ʳ Leconte.

Dimensions. — Long. du corps, 7 lig. — id. du prothorax,
2 lig. — id. des élytres, 4 et ¼ lig. — larg. de la tête, 1
et ¼ lig. — id. du prothorax à son maximum, 1 et ¼ lig. —
id. du même à son bord postérieur, 1 lig. — id. de la base
des élytres, 2 lignes.

Formes. — Ce *Clère* est le plus grand de touts ceux que
nous connaissons. Dernier article de la massue antennaire, assez
allongé, bord interne largement échancré. Dernier article des
palpes labiaux, très largement sécuriforme. Yeux, peu saillants,
à très petits grains, largement échancrés en arcs de cercles.
Dépression antérieure du prothorax, peu prononcée : bords latéraux, arrondis, s'élargissant à partir du bord antérieur, atteignant le maximum de la largeur vers le premier quart de la longueur, se rétrécissant ensuite insensiblement et sans s'infléchir;
disque, uniformément convexe ; sillon sous-marginal, étroit et
assez profond ; bord postérieur, un peu relevé, non rebordé,
d'un tiers plus étroit que le plus grand diamètre du disque. Dos,
velu et assez finement pointillé pour paraître luisant pourvu
qu'on le dépouille de la couverture qui le fait paraître mat ou
velouté. Vers le milieu de chaque élytre, un espace assez large
remontant du bord extérieur jusqu'à une certaine distance de
la suture et ayant son bord interne arrondi, presque glabre,
parsemé de points enfoncés plus gros et plus distants, moins
luisant en effet que les parties mieux vêtues. Hors ces espaces,
le pélage est généralement très épais: poils, le plus souvent assez

longs et hérissés, penchés un peu en avant sur les flancs du prothorax et près de son bord postérieur, un peu en arrière mais non couchés à plat à l'écusson et à la base des élytres, réellement couchés et formant un duvet ras et épais à l'extrémité où ils entourent un autre espace arrondi finement pointillé, glabre et luisant. Point de traces de stries ponctuées, sur le dos des élytres: un petit sillon inponctué, le long de la suture, celle-ci un peu saillante.

COULEURS. — Antennes, corps et pattes, noirs. Espace non velouté du milieu des élytres, jaune-orangé. Pélage de la tête, des flancs du prothorax, de son bord postérieur, de l'écusson, de la base des élytres, des pattes et du dessous du corps, blanchâtres. Poils des autres parties du dos, noirs.

SEXE. — Incertain, dans l'exemplaire unique de l'ancienne collection Dejean.

11. CLERUS MEXICANUS, *Lap.*

88. CL. niger, elytris velutinis medium propè flavo unimaculatis, apice sericeo albido immaculato.

VAR. A. Clerus Mexicanus, *Lap. rev. de silb.* 4, 44, 2 — *Tab.* XXVII, *fig.* 2.

» » » assimilis, *D. Buquet in litteris.*

» B. » Lesueurii, *Dup. coll.* — *Tab.* XXIII, *fig.* 2.

PATRIE. — Le Mexique.

DIMENSIONS. — Long. du corps, 3 lig. — id. du prothorax, ½ lig. — id. des élytres, 2 lig. — larg. de la tête, ⅓ lig. — id. du prothorax à son maximum, la même. — id. de la base des élytres, 1 ligne.

FORMES. — Ce ne sont, ni les accidents des couleurs, ni les différences de la taille, qui m'ont engagé à regarder cette espèce comme bien distincte de la précédente. Il y a, entr' elles, des différences de formes trop bien prononcées pour ne pas être de bons caractères spécifiques. La plus importante, à mon avis, se voit dans le contour du prothorax. Le maximum de la largeur est au bord antérieur, dans le *Mexicanus*, ses côtés sont peu arqués et ils se rapprochent insensiblement ensorte que sa projection orthogonale serait à-peu-près un trapèze rétréci en arrière. La ponctuation et le pélage des élytres nous fourniront d'autres caractères que nous aurions tort de négliger. La portion de chaque élytre qui est en avant du grand espace glabre, est aussi fortement ponctuée que cet espace et elle serait aussi peu luisante, si elle était dépouillée de sa couverture. Le pélage penché de la base se prolonge d'avantage en arrière et arrive presqu'au grand espace glabre, mais il est interrompu par une bande transversale de poils hérissés d'une autre couleur. Il n'y a point d'espaces nus vers l'extrémité et le dernier quart de l'élytre est entièrement couvert d'un duvet ras et couché en arrière.

COULEURS. — Antennes, corps et pattes, noirs. Grand espace glabre des élytres, blanc jaunâtre. Poils de la tête, des bords extérieur et postérieur du prothorax, du premier tiers des élytres, des pattes et du dessous du corps, clairs, blancs ou jaunes: duvet de l'extrémité des élytres, de la même couleur. Poils des autres parties du dos et notamment ceux de la bande hérissée de la base des élytres, noirs et tranchant brusquement avec la couleur claire des autres.

VARIÉTÉS. — La VAR. A a la tête et le tiers antérieur du prothorax rouges, la ponctuation claire du pélage jaunâtre. Souvent quelques poils hérissés surgissent sur des gibbosités granuleuses des élytres, dans les espaces couverts de poils penchés ou couchés en arrière.

La VAR. B a la tête et le prothorax entièrement noirs et la portion claire du pélage argentée.

SEXE. — Incertain, dans les exemplaires de la VAR. A. — Deux mâles de la VAR. B, collections Buquet et Dupont.

12. Clerus variegatus, *Dej.*

89. Cl. niger, elytris pilosis opacis, anticè flavis nigro obliquè bifasciatis, posticè nigris flavido unimaculatis, apice sericeo
albido. — *Tab.* xxiii, *fig.* 4.

Var. A. Clerus variegatus, *Dej. loc. cit.* 127.
    » B.   »   myops, *id. ibid.*
Patrie. — Le Brésil.
Dimensions. — Long. du corps, 4 et ½ lig. — du prothorax,
1 lig. — id. des élytres, 3 ¼ lig. — larg. de la tête, ⅓ lig.
— id. du prothorax à son maximum, 1 lig. — id. de la base
des élytres, 1 et ⅓ ligne (22).

Formes. — Massue antennaire, assez allongée, mais à articulations très serrées: bord interne du dernier article, peu
sensiblement échancré, presque droit. Bords latéraux du prothorax, commençant à s'élargir à partir du bord antérieur,
comme dans le *Crabronarius*, mais décrivant une courbe à plus
forte courbure, atteignant le maximum de la largeur un peu
plutôt en avant du milieu, se rétrécissant beaucoup en arrière
ensorte que le bord postérieur n'est que la moitié du diamètre
du disque mesuré à son maximum. Tête et prothorax, finement pointillés et luisants en dessous de la fourrure qui les couvre: pélage hérissé, long et épais. Élytres, fortement ponctuées et légèrement pubescentes dans les premiers trois quarts
de leur longueur, finement pointillées et couvertes d'un duvet
ras et couché en arrière à leur extrémité: points enfoncés,
gros, distincts, quelquefois assez régulièrement disposés pour
simuler quelques traces de stries; poils hérissés, rares et fins:
duvet, court et épais.

(23) Les mesures ont été prises sur les exemplaires de la Var. B. Ceux de la Var.
A. sont proportionnellement plus minces et plus petits. Longueur du corps, un peu
moins de trois lignes. Seraient-ils des mâles?

COULEURS. — Antennes, corps et pattes, noirs. Tiers antérieur de chaque élytre, jaunâtre avec une bande oblique noire qui part du callus huméral et qui finit à quelque distance de la suture vers le premier quart de la longueur. Reste de la surface, noir avec une grande tache jaune un peu au-delà du milieu. Duvet ras, blanc de neige. Autres poils hérissés, de la couleur du fond.

VARIÉTÉS. — Dans la VAR. A, le jaune prédomine sur les élytres, il occupe plus d'espace à sa portion antérieure, la tache jaune est plus grande et elle s'étend du milieu du dos jusqu'au bord extérieur.

Dans la VAR. B, le noir prédomine, la tache jaune, de grandeur variable, est ronde ou ovale et n'atteint pas le bord extérieur.

SEXE. — Incertain.

13. CLERUS VERSICOLOR, *Lap.*

90. CL. niger, pilosus, prothorace posticè elytrisque anticè rufis, elytrorum fasciâ unicâ albâ, apice sericeo albido. — *Tab.* XXVI, *fig.* 6.

Clerus versicolor, *Lap. rev. de silb.* 4, 45, 2.
» basalis, *Dej. loc. cit. pag.* 127.
» nobilis, *Dup. coll.*

VAR. A. Clerus cruentatus, *Dup. coll.* — *Tab.* XXVI, *fig.* 5.

PATRIE. — Le Brésil où l'espèce ne paraît pas rare.

DIMENSIONS et FORMES. — Comme dans le *Variegatus.*

COULEURS. — Antennes, palpes, poitrine, pattes, tiers postérieur du prothorax, tiers antérieur des élytres, rouge de brique. Autres parties du corps, noires. Deux bandes d'une blanc jaunâtre, sur la portion noire des élytres : la première, près du milieu, en arc de courbe à faible courbure dont la convexité est tournée en avant et qui n'atteint pas la suture ; la se-

conde, près de l'extrémité, moins arquée, en ligne oblique de
dedans en dehors et d'avant en arrière, n'atteignant pas le
bord postérieur. Duvet apical, blanc de neige : autres poils
hérissés, de la couleur du fond.

VARIÉTÉ. — La VAR. A est un mâle, de la collection Dupont, recueilli dans la Colombie par M.ʳ Lebas. Il est semblable au tipe, moitié plus petit, plus glabre: la ponctuation
de ses élytres est plus forte et on y entrevoit quelques traces de
stries. Une partie du duvet postérieur était tombée. De-là, les
deux taches apicales de la figure. Elles avaient été réunies dans
l'origine.

SEXE. — Les dernières plaques ventrales n'offrent aucune différence appréciable. Mais les mâles ont leurs antennes plus
effilées, le dernier article est surtout plus allongé, étant à-
peu-près les trois quarts des deux autres pris ensemble.

14. CLERUS RUFUS, *Oliv.*

91. CL. rufus, pubescens, elytris nigro bifasciatis. — *Tab.* XXIV,
fig. 3.

Clerus rufus, *Oliv. ent.* IV. 76, *tab.* 1, *fig.* 16.
» ichneumoneus, *Say apud Dej. loc. cit. p.* 127.

PATRIE. — L'Amérique septentrionale où l'espèce n'est pas
rare.

DIMENSIONS et FORMES. — Comme dans le précédent. Taille,
ordinairement plus grande. Long. du corps, quatre lignes et
quelquefois davantage.

COULEURS. — Antennes, pattes et poitrine, noires. Tête,
rouge: bord antérieur de la face, yeux, mandibules et derniers
articles des palpes, noirs. Prothorax et abdomen, rouges. Élytres, de la même couleur avec deux bandes transversales noires;
la première, plus étroite, à peu de distance de la base, n'atteignant pas la suture; la seconde, à peu de distance de l'extré-

mité, atteignant les deux bords; espace compris entre la seconde bande et le bord postérieur, couvert d'un duvet ras et
épais blanc de neige. Autres poils hérissés, blanchâtres.

Variétés. — Dans un grand nombre d'individus, l'écusson
et la portion des élytres comprise entre la base et la première
bande sont d'une teinte rouge plus foncée qui se rembrunit
progressivement en arrière et qui se confond insensiblement
avec la bande noire. Il est très rare que cette première portion soit entièrement de cette dernière couleur. L'espace, compris
entre les deux bandes, est quelquefois d'un rouge plus clair et
un peu jaunâtre. On en a un exemple dans l'individu réprésenté
Pl. xxiv, *fig.* 5. Enfin l'espace compris entre la seconde bande
et le bord postérieur, varie, en tout ou en partie, du noir au
brun et du brun au rougeâtre.

M.ʳ Say a cru que ce *Clère* était le *Cl. ichneumoneus Fab.
syst. eleuth.* 1, 286, 3. Cela est possible. Mais il en est de cette
espèce, comme de tant d'autres qui ont été décrites si inexac-
tement par ce laborieux compilateur, on ne saurait en vérifier
la synonimie sans le secours de la tradition. Que devons-
nous penser, par exemple de la *striga apicis alba* des élytres?
Fabricius a-t-il voulu désigner une portion quelconque de la
surface, quoiqu'elle soit réellement brune ou noirâtre et qu'elle
ne paraisse blanche qu'en raison de sa fourrure de cette
couleur?

Sexe.— Quoique j'aie observé plus de vingt exemplaires de
cette espèce, je n'en ai vu aucun qui ait ses parties génitales
en évidence et je n'ai apperçu entr'eux aucune différence remarquable. Devrai-je croire qu'ils appartiennent au même sexe?
J'ai bien de la peine à me le persuader.

15. Clerus æneicollis, *Dej.*

92. **Cl.** pubescens, viridi-æneus, elytris saturatè rubris, fasciis duabus dilutioribus — *Tab.* xxiv, *fig.* 1.

Clerus æneicollis, *Dej. loc. cit. p.* 127.

» purpureus *St. et Dup. coll.*

Patrie. — Le Mexique, M.ʳ Hopfner.

Dimensions. — Long. du corps, 3 et ½ lig. — id. du prothorax, ¾ lig. — id. des élytres, 2 et ½ lig. — larg. de la tête, ½ lig. — id. du prothorax à son maximum ¾ lig. — id. de la base des élytres, 1 ligne.

Formes. — Corps, plus étroit et plus cylindrique que celui des précédents, comme on pourra s'en convaincre en comparant ses dimensions avec celles du *Variegatus*. Articles de la massue antennaire, mieux distincts : le dernier, terminé en pointe, sans échancrure au bord interne. Dépression antérieure du prothorax, mieux prononcée: côtés, ne commençant à s'écarter et à se courber qu'à une certaine distance du bord antérieur; maximum de largeur, vers le milieu de la longueur; bord postérieur, égalant au moins les deux tiers du bord opposé. Corps, finement pointillé et brillant d'un bel éclat métallique, même dans les endroits ou sa surface est cachée par sa fourrure: ponctuation des élytres, plus forte ; points, d'autant plus gros et plus distants qu'ils sont plus près de la base. Épaisseur de la fourrure, en raison inverse de la grosseur des points, très serrée au devant de la tête et sur le dos du prothorax; pélage, hérissé partout.

Couleurs. — Antennes, labre et autres parties de la bouche hors les mandibules, pattes et ventre, rougeâtres. Yeux et mandibules, noirâtres. Tête, prothorax et poitrine, verts bronzés. Élytres, d'un rouge pourpré qui tend d'autant plus au violet qu'il s'approche davantage du bord postérieur: deux bandes transversales, d'une couleur claire qui tranche nettement avec celle du fond ; la première , vers le milieu, inégale, ondulée, brusquement fléchie en arrière près de la suture , atteignant les deux bords, blanc d'ivoire ; la seconde , près de l'extrémité, arrondie, maculiforme, n'atteignant aucun des bords, jaune ou blanchâtre. Fourrure de la tête et du prothorax , dorée : une bande transversale de poils noirs, sur le milieu de celui-ci; autres parties du pélage, blanchâtres; quelques poils noirs, sur le dos des élytres.

SEXE. — Sur six individus que j'ai observés, un fourni par M.ʳ Buquet , deux de l'ancienne collection Dejean , deux de la collection Dupont et un de la collection Buquet , il n'y en a aucun qui n'ait toutes ses plaques ventrales entières et la dernière arrondie. Mais les uns ont leurs antennes plus courtes, la massue antennaire plus large et le dernier article égalant tout-au-plus les deux tiers des deux autres pris ensemble. Parmi ceux-ci, il y a certainement des femelles, car leur oviducte est en évidence. Dans les autres, les antennes sont plus effilées , la massue antennaire plus étroite et son dernier article égale au moins les trois quarts des deux autres réunis. Je présume que ce sont des mâles.

16. CLERUS LUNATUS, *Say.*

93. CL. rufus, nitidus, elytrorum fasciâ ponè medium lunatâ albâ nigro cinctâ. — *Tab.* XXIV, *fig.* 8.

Clerus lunatus, *Say apud DD. Sturm et Dupont.*

 » rufulus, *Dej. loc. cit.* p. 127.

PATRIE. — L'Amérique septentrionale.

DIMENSIONS. — Long. du corps, 5 lignes — Grandeurs relatives, comme dans le *Rufus.*

FORMES. — Corps, moins cylindrique que dans l'*Æneicollis*: antennes, proportionnellement plus courtes; dernier article, n'é-

galant jamais les trois quarts de la longueur des deux autres
réunis; yeux, aussi finement grénus, mais faisant un peu plus
de saillie en dehors du prothorax. Dépression antérieure de celui-ci, peu marquée; côtés, s'écartant à partir du bord antérieur
et atteignant le maximum de la largeur vers le premier quart
de la longueur, comme dans le *Crabronarius*; disque, moins
convexe que dans ce dernier. Dos, finement pointillé, luisant,
très légèrement pubescent; ponctuation, un peu plus forte sur les
élytres; pélage, toujours hérissé, très fin, très rare et laissant
par-tout la surface du fond à découvert.

CouLEURS. Corps, rouge. Antennes, labre, yeux, mandibules,
palpes et pattes, de la même couleur. Elytres, d'un rouge un
peu plus foncé surtout au milieu : extrémité, plus claire, un
peu orangée ; bande médiane, en croissant dont les cornes
sont tournées en arrière, blanche ou d'un jaune très pâle et
entourée de noir. Poils, blanchâtres.

SEXE. — Les femelles ont toutes leurs plaques ventrales
entières et la dernière arrondie. Dans les mâles, celle-ci a une
petite échancrure : les antennes y sont aussi un peu plus dé-
liées. Mais cette dernière particularité est chez eux moins sensible que dans plusieurs mâles des espèces précédentes.

VARIÉTÉ. — VAR. A, semblable au type, métapectus noir. —
Une femelle, de l'ancienne collection Dejean. Elle avait été
donnée par M.ʳ Leconte.

VAR. B, semblable au type, menton et extrémités des palpes,
rouges. Un mâle, fourni par M.ʳ Buquet.

17. CLERUS HOPFNERI, *Dej.*

94. CL. niger, nitidus, prothoracis dorso elytrorumque basi
obscurè rubris, elytris ponè medium albido bifasciatis, fasciâ
anticâ flexuosâ, posticâ rectâ transversâ. — *Tab.* XXV, *fig.* 1.
Clerus Hopfneri, *Dej. loc. cit. p.* 127.

Patrie. — Le Mexique où il a été recueilli par M.ʳ Hopfner.

Dimensions et Formes. — Comme dans le précédent. Taille, plus grande : longueur du corps, 4 lignes. Ponctuaction de la tête et du prothorax, plus serrée ; pélage, plus épais ; yeux, moins saillants.

Couleurs. — Antennes, yeux, mandibules et autres parties de la bouche, prothorax, pattes et dessous du corps, rouge cramoisi. Tiers antérieur des élytres, rouge plus foncé (24). Reste de la surface des mêmes, noir avec deux bandes blanches : la première, partant du milieu du bord extérieur, faiblement arquée et convexe en avant jusqu'au milieu du dos, plus fortement courbée et non infléchie au-delà, longeant ensuite la suture en arrière et allant à la rencontre de la seconde bande, subissant enfin, au point où elle change brusquement de direction, un fort rétrécissement qui la fait paraître interrompue (25) ; la seconde, peu distante de l'extrémité et ne touchant aucun bord. Poils hérissés, blanchâtres et entremêlés de poils noirs à la portion noire des élytres, dorés au devant de la tête.

Sexe. — Incertain, dans l'exemplaire unique de l'ancienne collection Dejean. L'État du pélage conviendrait à un individu frais. Mais il m'a paru qu'il avait été mis dans l'esprit de vin et que ses couleurs étaient altérées.

18. Clerus ornatus, *Dup.*

95. Cl. niger, nitidus, prothoracis dorso elytrorumque medietate anticâ lætè rubris, corumdem medietate posticâ nigrâ albido quadrimaculatâ. — *Tab.* xxv, *fig.* 2.

Clerus ornatus, *Dup. coll.*

(24) La teinte a été peut-être plus claire, dans le vivant.
(25) Cette interruption apparente est trop chargée dans la figure.

Patrie. — Le Haut-Mexique.

Dimensions et Formes. — Égales à celles du précédent. Pélage de la tête, moins abondant. Cette circonstance tient probablement à l'age plus avancé de notre individu.

Couleurs. — Antennes, pattes et dessous du corps, noirs. Dos du prothorax, rouge. Élytres, d'un beau rouge écarlate avec quatre taches blanchâtres à leur moitié postérieure : la première, dorsale, un peu en arrière du milieu ; les seconde et troisième, sur la même ligne transversale, l'une à la suture, l'autre au bord extérieur ; la quatrième, en bande transversale, près de l'extrémité.

Sexe. — Incertain, dans l'exemplaire unique de la collection Dupont.

N'ayant pu observer qu'un seul individu de cette espèce et de la précédente, je n'ai pas cru qu'il me fut permis de les confondre. Cependant je dois avouer que je les regarde comme des variétés de la même espèce. L'*Hopfneri* me semble un individu dans lequel le noir a prédominé sur le dos du prothorax et des élytres et où il y a eu un commencement de mélanisme. Dans l'*Ornatus*, au contraire, le rouge a prédominé sur le dos du prothorax, et il a empiété, non seulement sur le noir des élytres, mais même sur les deux bandes blanchâtres, en reduisant l'antérieure à trois taches disjointes et en diminuant la grandeur de la seconde. Il est probable qu'après voir vu d'autres d'exemplaires des mêmes localités, on découvrira les passages intermédiaires qui prouveront l'à-propos de leur réunion.

19. Clerus laportei, *Guér.*

96. Cl. niger, nitidus, prothorace rubro anticè nigro, elytris nigris anticè rubris, fasciâ mediâ lunatâ flavâ. — *Tab.* xxvi, *fig.* 4.

Clerus Laportei, *Guér. regn. anim.*

VAR. A. Clerus imperialis, *Dup. coll.*

PATRIE. — Le Mexique.

DIMENSIONS et FORMES. — Comme dans l'*Æneicollis*. Long.
du corps, 3 lignes. Bord postérieur du prothorax, proportionnellement plus étroit, étant à-peu-près la moitié du diamètre
de la plus grande largeur. Yeux, peu saillants et finement grénus : échancrure oculaire, étroite, profonde, en demie ellipse.
Élytres, aussi finement pointillées que la tête et le prothorax :
surface du dos, très luisante, mais sans éclat métallique. Poils
hérissés, très fins et très rares. Sur chaque élytre, deux bandes arquées, couvertes d'un duvet ras et couché en arrière : la
première, un peu en arrière du milieu, tournant sa convexité
en avant ; la seconde, longeant le bord postérieur et remontant un peu le long de la suture. Lorsque ces deux bandes se
joignent par leurs extrémités, elles forment ensemble un anneau circulaire et velouté.

COULEURS. — Antennes, noires : premier, second et dernier
articles, rouges. Tête, noire ; palpes, rougeâtres. Prothorax et poitrine, rouges : dépression antérieure du premier, noire. Élytres,
noires : tiers antérieur, rouge ; couleur foncière de la première
bande veloutée, blanche ou jaunâtre. Pattes, rouges. Poils hérissés, de la couleur du fond, souvent une bande de poils blanchâtres sur la lisière qui sépare les portions rouge et noire des
élytres. Duvet ras, blanc de neige.

VARIÉTÉ. — La VAR. A est semblable au type. Mais ses
pattes sont toutes noires et la bande blanche des élytres est
accidentellement dépourvue de duvet.

SEXE. — Incertain.

20. Clerus bicinctus, *Klug*.

97. Cl. flavo-rufescens, elytris propè basin et ponè medium nigro rectà fasciatis. — *Tab.* xxiv, *fig.* 4.

Clerus bicinctus, *Kl. apud Dej. loc. cit. p.* **127.**

Patrie. — Le Mexique, M.ʳ Hopfner.

Dimensions et Formes. — Comme dans le *Lunatus.* Taille, plus grande : long. du corps, 4 lignes. Dépression antérieure du prothorax, plus fortement prononcée. Ponctuation, plus fine : pélage, rare. Surface des élytres, plus lisse et plus luisante.

Couleurs. — Base des antennes, corps et pattes, jaunes roussâtres. Extrémités des antennes, des palpes et des tarses, noirâtres. Deux bandes transversales noires, droites et parallèles, sur chaque élytre : la première, un peu en arrière des callus huméraux ; la seconde, un peu au-delà du milieu.

Sexe. — Trois mâles, de l'ancienne collection Dejean, deux donnés par M.ʳ Klug, un troisième envoyé par M.ʳ Hopfner. Si l'étui de la verge n'eut pas été en évidence, j'aurais pu les prendre pour des femelles et j'aurais été induit en erreur, en voulant argumenter, *par analogie,* d'après la forme de la massue antennaire et d'après celle des plaques ventrales.

21. Clerus ruficollis, *Lap.*

98. Cl. niger, nitidus, capite thoraceque rufis, élytris flavo quadrifasciatis, fasciis duabus primis propè suturam coalitis. — *Tab.* xxvi, *fig.* 2.

Clerus ruficollis, *Lap. rev. de silb.* t. 2 p. 45. n. 5.

   » histrio, *Dej. loc. cit. p.* **127.**

Patrie. — Cayenne, M.ʳ Lacordaire.

Dimensions. — Long. du corps, 4 lig. — id. du prothorax, 1. lig. — id. des élytres, 2 et ⅓ lig. — larg. de la tête, ¿

lig. — id. du prothorax à son maximum, la même. — id. de la base des élytres, 1 et ⅓ ligne.

FORMES. Yeux, finement grénus et néanmoins assez saillants en dehors du prothorax. Dépression antérieure de celui-ci, bien prononcée : côtés, ne commençant à s'écarter et à se courber qu'à une certaine distance du bord antérieur ; maximum de la largeur, vers les premier tiers de la longueur ; bord postérieur, égalant à-peu-près les trois quarts du diamètre de la plus grande largeur. Pélage, ponctuation et poli de la surface dorsale, comme dans le *Bicinctus*.

COULEURS. — Antennes, noires : premier et second articles, rouges. Tête et prothorax, rouges : yeux et mandibules, noirs. Élytres, noires ou d'un violet très foncé avec quatre bandes linéaires jaunes pâles ou blanchâtres : les deux premières, obliques, sub-parallèles entr'elles, commençant, la première un peu en avant, la seconde un peu en arrière du callus huméral, se prolongeant de devant en arrière et de dehors en dedans, se rejoignant enfin près du bord interne, au moyen d'une ligne droite commune et parallèle à la suture ; la troisième, droite, transversale, partant du bord extérieur vers le milieu et n'atteignant pas la suture ; la quatrième, encore oblique, partant du bord postérieur, remontant d'arrière en avant et de dehors en dedans.

VARIÉTÉS. — Dans quelques individus, la dépression antérieure du prothorax est de la couleur noire ou violette des élytres.

SEXE. — Deux femelles, de l'ancienne collection Dejean, ont les antennes plus courtes et la dernière plaque ventrale plane et arrondie. Quatre mâles, deux de la même collection et deux de la collection Dupont, ont les antennes plus effilées et leur dernière plaque ventrale concave en dessous et tronquée en ligne droite.

22. Clerus tricolor, *Lap.*

99. Cl. flavo-rufescens, nitidus, prothoracis maculis duabus nigris, elytris basi nigris, medium propè flavo fasciatis, apice rufis. — *Tab.* xxiv, *fig.* 6.

Clerus tricolor, *Lap. rev. de silb. 4, 46, 7.*

Patrie. — Le Mexique.

Dimensions. — Long. du corps, 3 lig. — id. du prothorax, $\frac{2}{3}$ lig. — id. des élytres, 2 lig. — larg. de la tête, $\frac{2}{3}$ lig. — id. du prothorax à son maximum, la même. — id. du même à chacun des deux bords opposés, $\frac{1}{2}$ lig. — id. de la base des élytres, 1 ligne.

Formes. — Taille, plus ramassée que dans les espèces précédentes. *Facies*, d'une *Criocère*. Antennes, minces, plus longues que la tête et le prothorax pris ensemble : massue antennaire étroite, allongée et toutefois à articles assez serrés ; le dernier, à peine un peu plus court que les deux autres pris ensemble, terminé en pointe, sans échancrure au bord interne. Yeux, saillants et néanmoins finement grénus : échancrure oculaire, moyenne, en arc de cercle. Dépression antérieure du prothorax, encore visible, mais moins prononcée que dans les précédents : côtés, ne commençant à se courber et à s'écarter qu'en arrière de cette dépression, décrivant une courbe à très faible courbure et sans inflexion ; bords opposés, égaux en largeur ; le postérieur, moins élevé que l'antérieur, fortement rebordé à rebord en bourrelet. Largeur des élytres, tranchant brusquement avec celle de l'avant-corps et proportionnellement plus forte que dans les autres *Clères*. Corps, luisant, très finement pointillé : ponctuation, plus forte et avec quelques traces de stries à la base des élytres : duvet ras, nul ; poils hérissés, rares et fins.

Couleurs. — Antennes, jaunâtres : articles intermédiaires

3—8, obscurs. Tête, rouge de brique en dessus, pâle en dessous. Dos du prothorax, encore rouge de brique : sur le milieu
du disque, deux grandes taches noires, ovales, oblongues et peu
distantes entr'elles. Les deux premier tiers des élytres, noirs
comme l'écusson et traversés par une large bande jaune qui
se prolonge en avant et en arrière le long de la suture. Dernier
tiers des élytres, de la couleur de la tête et du prothorax.
Yeux, noirs. Extrémités des mandibules, brunes. Dessous du
corps, hanches, trochanters et fémurs, jaunes : tarses et tibias,
noirs. Poils épars, blanchâtres.

SEXE. — Incertain, dans l'exemplaire unique de la collection Dejean.

25. CLERUS NIGRIPES, *Say.*

100. CL. rufus, pubescens, elytris dimidiatim rubris et nigris,
fasciá mediá albá, apice albo sericeo, pedibus nigris. — *Tab.*
XXV, *fig.* 3.

Clerus nigripes, *Say apud Dej.*

    »   »   *Dej. loc. cit. p.* **127.**

VAR. A. Cl. rufiventris, *id. ibid.* — *Tab.* XXIII, *fig.* 3.

PATRIE. — Amérique septentrionale, M. Leconte.

DIMENSIONS. — Long. du corps, 2 et ⅓ lig. — id. du prothorax, ⅔ lig. — id. des élytres, 1 et ⅓ lig. — larg. de la
tête, ¼ lig. — id. du prothorax à son maximum, la même. —
id. du même à son bord postérieur, ⅓ lig. — id. de la base
des élytres, 1 ligne.

FORMES. — Comme dans le *Ruficollis* et dans les espèces qui
le précèdent. Corps, ponctué et pubescent, comme dans la *Crabronarius :* points, rapprochés, mais distincts, plus gros et plus
profonds à la base des élytres. Yeux, finement grénus, saillants :
échancrure antérieure, étroite, en arc d'ellipse. Poils, généralement hérissés et d'autant plus nombreux que les points sont

plus petits et plus serrés. Extrémités des élytres, couvertes d'un duvet ras et couché en arrière.

COULEURS. — Antennes, brunes: extrémités, noirâtres. Corps, rouge. Moitié postérieure des élytres et pattes, noires. Vers le milieu de chaque élytre, une bande transversale, assez large, un peu arquée, partant du bord extérieur et n'atteignant pas la suture, blanche ou jaunâtre. Poils hérissés, blancs sur les parties claires du corps, noirs sur le fonds noir. Duvet apical des élytres, blanc argenté.

VARIÉTÉ. — La VAR. A est tout simplement un mélanisme semblable au type, mais dont les antennes et les autres parties rouges ou brunes du corps, hors le ventre, sont tout-à-fait noires. — Même localité que le type. Les deux sexes, donnés par M.ᵣ Leconte à M.ᵣ Dejean.

SEXE. — Le mâle a le dernier article de la massue antennaire visiblement plus allongé, comme on pourra en juger, en confrontant les dessins *Pl.* xxII, *fig.* 5. Les plaques ventrales ne diffèrent pas dans les deux sexes.

24. CLERUS DUBIUS, *Fab.*

101. CL. rufus, pubescens, elytris nigris basi rufis albo bifasciatis, fasciâ anticâ propè medium, alterâ prope apicem, antennis pedibusque nigris. — *Tab.* xxv, *fig.* 4.

Clerus dubius, *Fab. syst. eleuth.* 1, 280, 2.

Malachius nigrifrons, *D. Pecchioli in literis.*

PATRIE. — L'Amérique septentrionale.

DIMENSIONS et FORMES. — Plus petit que le précédent avec lequel on serait tenté de le confondre et proportionnellement un peu plus large. Dépression antérieure du prothorax, moins bien prononcée: côtés, commençant à se courber et à s'écarter à partir du bord antérieur, atteignant le maximum de la largeur vers le premier quart de la longueur. Sur chaque élytre, deux bandes transversales couvertes d'un duvet ras et couché en arrière. Pélage des autres parties et notamment de l'extrémité des élytres, rare, fin et hérissé.

Couleurs. — Antennes et pattes, noires. Tête, corcelet, écusson et abdomen, rouges: une petite tache ponctiforme au milieu du front, derniers articles des palpes et métapectus, noirs. Elytres, noires: tiers antérieur, rouge; deux bandes transversales blanches, sur chaque; la première, vers le milieu, un peu arquée, atteignant les deux bords; la seconde, près de l'extrémité, droite et ne touchant à aucun des deux. Duvet de ces deux bandes, argenté: autres poils hérissés, noirs à la portion noire des élytres, blanchâtres partout ailleurs.

Sexe. — Un mâle, donné par M.ʳ Pecchioli de Pise. — Femelle, inconnue.

25. Clerus Fischeri, *M.*

102. Cl. rufus, villosulus, antennarum apice elytrorum medietate posticâ pedibusque totis nigris, elytris albo bifasciatis, fasciâ anteriore ponè medium, alterâ propè apicem. — *Tab.* xxv, *fig.* 6.

Clerus dubius, *Fischer, sic D. Faldermann in litteris.*

Patrie. — La Perse septentrionale.

Dimensions, Formes et Couleurs. — Cette espèce que M.ʳ *Fischer* a sans doute confondue avec la précédente, a en effet, avec elle, une grande ressemblance. Mais quand même on ne tiendrait aucun compte de la distance des lieux, quand même on serait disposé, comme moi, à ne pas voir des caractères spécifiques dans les accidents des couleurs, je crois que les différences des formes suffiraient pour démontrer l'existence de deux espèces distinctes. Le *Cl. Fischeri* est intermédiaire entre le *Dubius* et le *Nigripes.* Il diffère du premier, par la dépression antérieure du prothorax bien prononcée, par les côtés d'abord

parallèles et ne commençant à se courber que vers la moitié
de leur longueur, par la ponctuation du dos plus forte, par
la première bande veloutée des élytres placée un peu plus en
arrière et par la seconde atteignant le bord extérieur. Il diffère du second, par l'existence de deux bandes veloutées et
par l'absence du duvet à l'extrémité des élytres. Les différences des couleurs sont moins importantes. La couleur rouge domine davantage dans le *Fischeri*. Elle s'étend sur les élytres,
jusqu'au bord antérieur de la première bande blanche et elle
empiète sur la base des antennes dont les articles se rembru-
nissent progressivement, ensorte que la massue seule est noirâtre.

Sexe. — Une femelle, donnée par M.ʳ Faldermann.

26. Clerus brevicollis, *Kuntze.*

103. Cl. rufus, villosus, elytris nigris, basi rubris propè medium bifasciatis, fasciis latis undulatis albis. — *Tab.* xxv,
fig. 5.

Clerus brevicollis, *Kze. in coll. Sturm.*

Patrie. — La Hongrie.

Dimensions, Formes et Couleurs. — Si la massue antennaire était moins bien prononcée, on pourrait prendre ce *Clère*
pour un *Thanasime* et ce serait alors avec le *Thanas. mutillarius*
qu'il faudrait ou le comparer ou le confondre. Mais les antennes sont évidemment celles des *Clères.* Les articles intermédiaires sont sub-cylindriques ou faiblement obconiques, diminuant progressivement en longueur sans augmenter en épaisseur. Les trois derniers tranchent brusquement avec ceux qui
les précèdent immédiatement, par leur grandeur et par leur
applatissement. Ils forment ensemble une massue à articles très
serrés. Les deux premiers de la massue sont sub-triangulaires
et à-peu-près égaux entr'eux : le dernier, un peu moins long
que les deux autres pris ensemble, en ovale terminé en pointe

un peu courbe, ayant une petite échancrure apicale au bord
interne. Sous touts les autres rapports, les formes sont si ressemblantes qu'il serait inutile de répéter ici ce que nous en
avons dit au *G. Thanasimus*. Cette ressemblance se retrouve
même dans les proportions relatives des différents articles des
tarses postérieurs, le premier à articulations mobiles étant
de même plus long que les deux suivants réunis, combinaisons très rare dans le *G. Clerus*. Ce n'est pas sans regrêt que
je me suis vu dans la nécessité de séparer deux espèces aussi
voisines et qui ne diffèrent entr'elles que par un seul trait.
Mais ce trait unique est tel que si on se fut permis de le négliger, dans cette circonstance, et que si on eut voulu ensuite
être conséquent à soi-même, on en serait venu nécessairement
à ne faire qu'un seul ramassis de touts les *Clérites tétramères
à derniers articles des palpes maxillaires et labiaux non conformes*. Ce salmigondis qui aurait enveloppé les *G. Tenerus*.
Tillicera, *Omadius*, *Stigmatium*, *Thanasimus*, *Olesterus*,
Scrobiger, *Clerus*, *Yliotis*, etc. n'aurait pas manqué peut-être
de partisans, mais il n'en aurait pas mieux conduit, pour cela,
à la connaissance des espèces. Les couleurs du *Cl. brevicollis*
sont aussi celles du *Thanasimus mutillarius*. Le dessous est
entièrement rouge. Les huit premiers articles des antennes,
les hanches, les trochanters et les tarses sont encore de cette
couleur. La première bande blanche des élytres est plus large,
encore ondulée, mais moins anguleuse.

Sexe. — Incertain, dans l'exemplaire de la collection Sturm.
Il est possible que les individus de cette espèce aient été confondus, avec ceux du *Thanasimus mutillarius*, dans quelques
collections.

27. Clerus oculatus, *Dej.*

104. Cl. rufus, vix pubescens, elytris basi punctato-striatis, medio obscuris albo fasciatis, posticè flavescentibus. — *Tab.*
xxvi, *fig.* 1.

Clerus oculatus, *Dej. loc. cit. p.* **127**;

PATRIE. — L'Amérique septentrionale, M.ʳ Milbert.

DIMENSIONS. — Long. du corps, 2 lig. — id. du prothorax, ½ lig. — id. des élytres, 1 et ⅓ lig. — larg. de la tête, ½ lig. — id. du prothorax à son maximum, la même. — id. de la base des élytres, ½ ligne.

FORMES. — Tandis que les couleurs du manteau semblent rapprocher cette espèce du *Dubius* et du *Nigripes*, ses formes l'en éloignent beaucoup. Antennes, évidemment plus courtes que la tête et le prothorax réunis : art. 5—6, diminuant brusquement en longueur sans augmenter en épaisseur ; 7.ᵉ et 8.ᵉ, plus larges que longs, presque en grains de chapelets ; massue antennaire, courte, à articulations très serrées ; dernier article, à peine un peu plus long que le second, en ovale peu allongé, terminé en pointe mousse, son bord interne sans échancrure et sans inflexion. Yeux, peu saillants : échancrure antérieure, petite, peu profonde, en demi-cercle. Dépression antérieure du prothorax, à peine sensible : côtés, droits et parallèles du bord antérieur jusqu'aux trois quarts de la longueur, se courbant sans inflexion au-delà et se rapprochant au point que la largeur du bord postérieur est à celle du bord opposé dans le rapport de trois à quatre. Corps, luisant, finement pointillé et légèrement pubescent : *ponctuation des élytres*, plus forte et *formant des stries assez régulières, de la base jusqu'au milieu*, caractère qui suffirait, à lui seul, pour distinguer cette jolie espèce de toutes celles avec lesquelles on pourrait la confondre. Taille, svelte comme dans toutes celles dont les élytres ont peu de largeur proportionnellement aux dimensions de l'avant-corps. Pattes, moyennes : premier article des tarses postérieurs, aussi long que les deux suivants, comme dans le *Brevicollis*. Pélage, très rare, point de duvet ras et couché en arrière.

COULEURS. — Antennes, corps et pattes, d'un rouge clair tendant au jaunâtre. Sur chaque élytre, une grande tache ob-

scure, en ovale un peu allongé, commençant un peu en avant
du milieu et à peu de distance de l'extrémité, longeant les deux
bords. Ventre et tibias, bruns. Pélage, de la couleur du fond.
Poils de l'extrémité des élytres, blancs.

SEXE. — Un mâle qui a l'appareil sexuel en évidence. Femelle, inconnue.

28. CLERUS TROGOSITOIDES, *M.*

105. CL. elongatus, sublævis, saturatè rufus, prothorace
anticè elytrisque posticè nigris, elytrorum fasciâ albidâ mediâ. — *Tab.* xxvii, *fig.* 1.

Cæstron trogositoides, *Dup. coll.*

PATRIE. — Le Haut-Mexique.

DIMENSIONS. — Long. du corps, 5 lig. — id. du prothorax,
½ lig. — id. des élytres, 2 et ¼ lig. — larg. de la tête, ⅓ lig.
— id. du prothorax à son maximum, la même. — id. du même
à son bord postérieur, ¼ lig. — id. de la base des élytres, ⅓
ligne.

FORMES. Dans cette espèce, la plus grande largeur du corps
est le sixième de sa longueur. Nous ne connaissons aucune
autre espèce de *Clère proprement dit* qui soit proportionnellement aussi étroite. C'est sans doute cette particularité qui en a
imposé à M.ʳ Dupont et qui lui a fait prendre cette espèce pour
type d'un genre nouveau qu'il a nommé *Cæstron*. Mais malgré sa
stature si svelte, cette espèce à touts les caractères des *Clères*.
Antennes, palpes et autres parties de la bouche, prothorax,
hanches et tarses, tout est tracé d'après un seul et même modèle.
Antennes, courtes et épaisses, comme dans l'*Oculatus*: massue
antennaire, à articles très serrés; les deux premiers, plus larges
que longs; le dernier, en forme de *Pois-chiche* applati, sans
échancrure au bord interne. Yeux, peu saillants et néanmoins
fortement grénus: échancrure oculaire, petite et en demi-

cercle, comme dans le précédent. Dépression antérieure du prothorax, n'étant reconnaissable qu'à sa lisière postérieure et au
milieu du dos: disque, faiblement et uniformément convexe;
côtés, droits et parallèles du bord antérieur jusqu'au-delà du
milieu, se courbant ensuite sans inflexion et se rapprochant au
point que la largeur du bord postérieur est à celle du bord
opposé dans le rapport de deux à trois. Ponctuation du dos,
fine et serrée, plus forte et plus distante à la moitié antérieure
des élytres où elle ne présente aucune trace de strie, (26)
également forte, mais plus serrée, confluente et rugueuse à la
moitié postérieure. Pattes, courtes et fortes : fémurs postérieurs, ne dépassant pas le quatrième anneau ; premier article
des tarses de la même paire, moins long que les deux suivants
pris ensemble. Ventre, plus allongé proportionnellement au
métasternum que dans les espèces précédentes, mais moins
que dans le *Scrobiger.* Pélage, paraissant avoir été assez rare
et hérissé sur tout le dos.

Couleurs. — Antennes, rougeâtres. Tête, de la même couleur:
vertex et haut du front, noirs. Dos du prothorax, noir avec une
bande rouge très étroite qui longe le bord postérieur. Moitié
antérieure des élytres, rouge: autre moitié, noire; sur la lisière
des deux portions, une bande transversale blanche, en arc
de courbe dont la convexité est tournée en avant, dilatée en
arrière le long du bord extérieur, n'atteignant pas la suture.

Sexe. — Incertain, dans l'exemplaire endommagé et recollé
de la collection Dupont. Il a dû être quelque temps dans
l'esprit de vin. Les couleurs étaient altérées et le pélage avait
souffert.

29. Clerus sphegeus, *Fab.*

106 Cl. æneus, sericeus, elytris albo sericeo fasciatis, ventre
rufo. — *Tab.* xxvii, *fig.* 4.

(26) On en voit cependant dans la figure, *Pl.* XXVII, *fig.* 1, mais c'est une
faute de dessin.

Clerus sphegeus, *Fab. syst. eleuth.* 1, 280, 5.

     »   »   *id. ent. syst.* 1, 206, 5.

PATRIE. — Amérique septentrionale, Montagnes rocheuses.

DIMENSIONS. — Long. du corps, 5 lig. — id. du prothorax, 1 lig. — id. des élytres, 5 et ½ lig. — larg. de la tête, 1 lig. — id. du prothorax à son maximum, 1 et ½ lig. — id. de la base des élytres, 1 et ⅔ ligne.

FORMES. — Yeux, finement grénus et faisant peu de saillie en dehors du prothorax. Dépression antérieure de celui-ci, fortement prononcée et prolongée en pointe sur le milieu du disque : côtés, arrondis, s'élargissant à partir du bord antérieur et atteignant le maximum de la largeur vers le milieu de la longueur ; sillon sous-marginal, étroit ; bord postérieur, peu relevé, faiblement rebordé, plus étroit que le bord opposé et étant avec lui dans le rapport de trois à quatre. Élytres, uniformément convexes : base, droite ; callus huméraux, peu élevés. Corps, luisant d'un bel éclat métallique, ponctué et velu : ponctuation, forte et serrée sur le dos, plus rare et plus fine au dessous du corps ; pélage, hérissé sur le prothorax, épais et velouté à la tête et aux élytres. Poitrine, à peine un peu plus courte que le ventre. Pattes, proportionnellement plus allongées que dans le *Trogositoides :* fémurs postérieurs, atteignant presque l'extrémité de l'abdomen ; premier article des tarses, plus court que les deux suivants réunis.

COULEURS. — Antennes, mandibules et autres pièces cornées de la bouche, noires. Tête, prothorax, poitrine, élytres et pattes, d'un bronzé tendant au verdâtre. Tarses, noirâtres. Ventre, rouge. Poils, hérissés, cendrés. Duvet velouté du devant de la tête, blanc. Duvet pareil du dos des élytres, noir : une bande transversale et ondulée de duvet blanc, vers le milieu ; quelques poils ras de la même couleur, près de l'extrémité.

SEXE. — Incertain, dans les exemplaires de la collection Reiche. Dans celui qui est le mieux conservé, le dernier article de la massue antennaire est à peine un peu plus long que le précédent, sans échancrure au bord interne et avec l'extrémité du bord externe coupée en ligne droite de dehors en dedans et d'arrière en avant. Serait-ce une femelle?

30. Clerus erythrogaster, *Stum.*

107. Cl. supra æneus, subtus rufus, elytris nigro bimaculatis. — *Tab.* xxvii, *fig.* 3.

Clerus erythrogaster, *St. coll.*

Patrie. — L'Amérique septentrionale.

Dimensions et Formes. — Semblables à celles du *Sphegeus.* Long. du corps, 4 lignes. Dernier article de la massue antennaire, plus arrondi à son extrémité et non coupé brusquement en ligne droite. Sur le dos de chaque élytre, deux espaces circonscrits couverts d'un duvet épais et couché en arrière, le premier derrière le callus huméral, le second immédiatement au-delà du milieu. Pélage des autres parties du dos, long, hérissé et assez rare pour laisser appercevoir le brillant métallique du fond.

Couleurs. — Antennes, noires: dessous du premier article, rougeâtre. Dessus du corps, bronzé. Dessous du même et pattes, rouges. Duvet velouté, noir. Poils hérissés, blanchâtres.

Sexe. — Une femelle, de la collection Sturm.

31. Clerus bisignatus; *Dej.*

108. Cl. nigro-æneus, vix pubescens, elytrorum fasciâ unicâ flavâ extus dilatatâ intus abbreviatâ. — *Tab.* xxiii, *fig.* 5.

Clerus bisignatus, *Dej. loc. cit. p.* 127.

Patrie. — Le Mexique, M.ʳ Hopfner.

Dimensions et Formes. — Comme dans les *Cl. rufus* et *lanatus* (voyez nos N.° 92 et 95.). Duvet ras, nul: poils, hérissés, assez rares et laissant apercevoir la couleur du fond.

Couleurs. — Antennes hors les deux premiers articles, labre, mandibules et palpes, noirs: second article des antennes et extrémité du premier, rougeâtres. Corps et pattes, noirs bronzés: vers le milieu de chaque élytre, une bande jaune, dilatée à son origine le long du bord extérieur, brusquement rétrécie en montant sur le dos, s'élargissant de nouveau et terminée en rond à une certaine distance de la suture. Tarses, noirâtres. Poils, cendrés.

Sexe. — Incertain, dans l'exemplaire unique de l'ancienne collection Dejean. La massue antennaire est étroite, allongée, à articles bien distincts: le dernier, oblong, terminé en pointe, sans inflexion et sans échancrure. Ce caractère est-il celui de l'espèce? Est-il celui du sexe masculin?

32. Clerus maculicollis, *Sturm.*

109. Cl. niger, nitidus, abdomine rufo, prothoracis margine antico maculis tribus flavis notato, elytris flavo trifasciatis, fasciâ antica bilunatâ. — *Tab.* xxiii, *fig.* 6.

Clerus maculicollis, *St. coll.*

Patrie. — Le Mexique.

Dimensions. — Long. du corps, 5 et ½ lig. — id. du prothorax, ¾ lig. — id. des élytres, 2 et ¼ lig. — larg. de la tête, ⅔ lig. — id. du prothorax à son maximum, ½ lig. — id. de la base des élytres, 1 ligne.

Formes. — Antennes, minces et allongées: massue antennaire, à articulations bien distinctes; les deux premiers articles, à-peu-près égaux entr'eux; le dernier, un peu plus long que celui qui le précède, terminé en pointe courbe, bord interne un peu échancré. Yeux, moyens, finement grénus: échancrure antérieure, assez large, en arc de cercle. Prothorax, presque carré: bords opposés, à-peu-près de la même largeur; dos,

inégal; dépression antérieure, bien prononcée; disque, convexe,
s'abaissant insensiblement en arrière; sillon sous-marginal postérieur, profond; bord postérieur, brusquement relevé, mais
ne remontant pas à la hauteur du disque; côtés, droits d'abord
et parallèles, ne se courbant qu'en arrière de la dépression
dorsale, atteignant le maximum de la largeur vers le milieu de
la longueur. Corps, luisant, finement pointillé : points, clair-sémés même sur le dos des élytres. Pélage, rare : poils, hérissés.

Couleurs. — Antennes, corps et pattes, noirs : base des
antennes, palpes et tarses, rougeâtres; ventre, de la même
couleur. Trois petites taches jaunes, sur la même ligne transversale à la dépression antérieure du prothorax. Trois bandes, de
la même couleur, sur le dos de chaque élytre : la première,
basilaire, très étroite, formée par la réunion de deux croissants
dont les cornes sont tournées en avant; les deux autres, beaucoup plus larges, ondulées, atteignant les deux bords, la seconde
vers le milieu, la troisième aux trois quarts de l'élytre. Poils,
blanchâtres.

Sexe. — Incertain, dans l'exemplaire de la collection Sturm.

33. Clerus thoracicus, *Say.*

110. Cl. niger, prothorace pallidè rufo, dorsi vittâ mediâ
nigrâ. — *Tab.* xxvi, *fig.* 3.

Clerus thoracicus, *Say. apud Dej. loc. cit. p.* 127.

Patrie. — L'Amérique septentrionale, M.rs Say et Leconte.

Dimensions. — Long. du corps, 2 et ¾ lig. — id. du prothorax, ⅔ lig. — id. des élytres, 2 lig. — larg. de la tête, ⅓
lig. — id. du prothorax à son maximum, ⅐ lig. — id. de la
base des élytres, ¾ ligne.

Formes. — Antennes, à-peu-près de la longueur de la tête
et du prothorax pris ensemble : massue antennaire, proportionnellement assez grande, à articulations très serrées; le dernier

article, n'étant pas plus long que large, bord interne droit, bord externe fortement arqué. Yeux, latéraux, plus fortement grénus que dans chacune des espèces précédentes, assez saillants, ronds et n'ayant qu'une très petite échancrure en avant. Lobe antérieur du prothorax, peu déprimé et n'étant distinct du disque que par une impression linéaire en arc de cercle dont la convexité est tournée en arrière et dont les branches ne s'étendent pas sur les flancs : disque, faiblement et uniformément convexe; côtés, s'élargissant à partir du bord antérieur, en arcs de courbe à faible courbure et atteignant leur maximum un peu au-delà du milieu; sillon sous-marginal, profond; bord postérieur, relevé presqu'à la hauteur du disque. Tête, prothorax et dessous du corps, luisants, très finement pointillés et paraissant lisses à l'œil nu : quelque points un peu plus apparents, épars sur le front et sur le disque du prothorax. Surface des élytres, couverte de points plus gros, difformes et confluents, et étant en conséquence rugueuse et opaque. Pattes, comme dans les précédents : crochets des tarses, paraissant presque bifides parceque l'échancrure de l'arète interne, plus ou moins grande selon les espèces, commence ici à moins de distance de l'extrémité, et parceque sa dent interne est très aiguë et prolongée en avant.

Couleurs. — Antennes, corps et pattes, noirs. Prothorax, jaune ou orangé avec une bande longitudinale noire sur le milieu du dos. Palpes, pâles : extrémités, obscures. Poils, cendrés.

Variétés. — Dans deux individus recueillis par M.ʳ Leconte, la teinte obscure de la tête, des élytres et du dessous du corps, est un bleu de roi très foncé, la bande noire du prothorax y est partout de la même largeur. Un troisième exemplaire que M.ʳ Say avait donné à M.ʳ Dejean, a le bord antérieur de la face, le labre et les autres parties de la bouche hors les mandibules, pâles, la portion noirâtre du manteau devenue couleur de puce, la bande longitudinale du prothorax

insensiblement effacée en avant, les hanches ainsi que les trochanters et les tarses bruns rougeâtres. Je ne vois, dans cet
empiètement des teintes claires, qu'un commencement d'albinisme. Un seul des exemplaires de M.ʳ Leconte m'a offert deux
petites fossettes oblongues, sur le prothorax.

SEXE. — Incertain, dans les trois exemplaires de l'ancienne
collection Dejean.

34. CLERUS GAMBIENSIS, *Lap.*

111. CL. elongatus, rufus, elytris striato-punctatis nigro trifasciatis. — *Tab.* XXIV, *fig.* 5.

Clerus Gambiensis, *Lap. rev. de silb.* 4 , 46 , 8.
    »   amœnus, *Dej. loc. cit. p.* **127.**

PATRIE. — Le Sénégal, M.ʳ Petit.

DIMENSIONS. — Long. du corps, 4 lig. — id. du prothorax,
$\frac{3}{4}$ lig. — id. des élytres, 3 lig. — larg. de la tête, $\frac{1}{3}$ lig. —
id. du prothorax à son maximum, la même. — id. de la base
des élytres, $\frac{4}{3}$ ligne.

FORMES. — Ce *Clère* de l'ancien continent diffère, au premier aspect, de la plupart des espèces Américaines, par ses
élytres régulièrement striées et par la longueur du corps qui le
rapproche du *Trogositoides.* Mais un examen plus attentif va nous
faire relever d'autres différences d'une bien autre importance.

1.º La massue antennaire, étroite, allongée et à articulations
bien distinctes, tranchant nettement avec les articles intermédiaires plutôt par la grosseur de ses articles que par leurs formes,
les deux premiers n'étant pas plus applatis que ceux qui les
précèdent et le dernier étant oblong, un peu applati vers l'extrémité, terminé en pointe mousse avec le bord interne un peu
sinueux.

2.º Les yeux, à grains beaucoup plus gros et en conséquence bien moins nombreux, très saillants en dehors du

prothorax, ronds comme dans le *Thoracicus*, mais n'ayant qu'une échancrure rudimentaire et trop petite pour enclorre le trou antennaire.

3.º L'échancrure antérieure du prosternum, aussi large et beaucoup plus faible, ensorte que la différence de la longueur entre cette pièce et le tergum est bien moindre.

4.º Le ventre, deux fois plus long que la poitrine.

5.º Les crochets des tarses, tout-à-fait simples, c. à. d., sans dents et sans échancrures à leur arête interne.

Ces différences sont bien tranchées. Elles m'auraient décidé à isoler cette espèce, si mes exemplaires eussent été en meilleur état et si j'eusse mieux vu les parties de la bouche.

Antennes, aussi longues que la tête et le prothorax réunis. Vertex, presque aussi grand que le front, se confondant insensiblement avec lui. Dépression antérieure du prothorax, bien prononcée: contour des côtés, comme dans l'espèce précédente; sillon sous-marginal, moins enfoncé; bord postérieur, aussi large que le bord opposé et aussi élevé que le disque qui est d'ailleurs peu convexe et inégal. Élytres, uniformément convexes: callus huméraux, peu saillants. Corps, finement ponctué et très légèrement pubescent: pubescence, rare et courte ; ponctuation du dos des élytres, plus forte et plus serrée; dix rangées de points plus gros et équidistants, longitudinales et parallèles entr'elles, partant de la base, dépassant le milieu et s'effaçant insensiblement près de l'extrémité.

Couleurs. — Corps et antennes, rouges-fauves: extrémité des antennes, plus foncée, dernier article brunâtre. Trois bandes transversales noires, sur chaque élytre: la première, basilaire, atteignant les deux bords; la seconde, vers le milieu, n'atteignant pas le bord extérieur; la troisième, à l'extrémité, longeant le bord postérieur. Pattes, noires: hanches, rougeâtres; tarses, bruns; appendices membraneux, pâles. Pélage épars, cendré.

Variété. — Dans un exemplaire de la collection Buquet, la

seconde bande transversale des élytres n'atteint pas la suture, et ne consiste qu'en une tache dorsale en rectangle transversal.

Sexe. — Incertain, dans les deux exemplaires que j'ai observés, l'un de la collection Buquet, l'autre de l'ancienne collection Dejean (**27**).

XXVI. G. CHALCICLERUS, *M.*

Antennes, distantes, ayant leur origine au devant des yeux, en face et en dehors de l'échancrure oculaire, *de onze articles* : le premier, plus épais, plus fortement obconique, remontant à peine jusqu'au bord postérieur des yeux ; articles 2—7, plus minces et obconiques ; le second, moitié plus court que le premier ; les suivants, diminuant progressivement en longueur sans augmenter sensiblement en épaisseur ; *les quatre derniers, formant ensemble une massue applatie à articulations très serrées*, les trois premiers en trapèzes élargis en avant et à côtés un peu arqués, le dernier plus grand que chacun des précédents et très déprimé, en ovale terminé en pointe courbe, son bord interne largement et profondément échancré.

Tête, ovalaire.

Yeux, de moyenne grandeur, finement grénus, transversaux, réniformes : échancrure antérieure, large et profonde.

Labre, corné, transversal, échancré en avant.

Palpes maxillaires, filiformes, *de quatre articles* : le premier, très court : les second et troisième, à-peu-près égaux, entr'eux très faiblement obconiques ; *le quatrième*, de la même épaisseur que les précédents, plus allongé, *sub-cylindrique et un peu aminci en avant, extrémité tronquée*.

---

(27) *Le Clerus trifasciatus, Lap. rev. de Silbermann* 4, 47, 9, n'est pas un *Clère proprement dit*, puisqu'il a des *antennes allant en grossissant jusqu'à l'extrémité*. Mais je ne saurais en dire rien de plus. Les phrases lacUniques de cet auteur ne m'instruisent pas suffisamment, sur la place rationnelle ou naturelle d'une espèce quelconque, lorsqu'elle m'est d'ailleurs inconnue.

Palpes labiaux, comme dans les *Clères*, *de trois articles :
le dernier*, *très grand*, *applati et sécuriforme.*

Mandibules et autres *Parties de la bouche*, inobservées.

Prothorax, plus long que large, comme dans les *Notoxes.*
Bord antérieur du *Prosternum*, droit. *Fosses coxales* et poitrine
comme dans quelques *Clères* et notamment comme dans le
Gambiensis.

Métasternum, renflé.

Abdomen, de moyenne grandeur : plaques ventrales, entières ;
la dernière, arrondie dans les deux sexes.

Ecusson et *Elytres*, comme dans le genre précédent.

Pattes, minces et de moyenne longueur.

Fémurs, non renflés : les *postérieurs*, *atteignant à peine
l'extrémité de l'abdomen.*

Tibias, droits, un peu comprimés.

Tarses, proportionnellement assez allongés, à peine un
peu plus courts que les tibias, *de cinq articles mobiles aux
premières pattes et de quatre seulement aux autres paires*,
ensorte que les espèces de ce genre sont à la rigueur des
Hétéromérés. Premier article des premières pattes et article
avorté des autres, dépourvus d'appendices membraneux : les trois
articles suivants, fortement bifides en dessus et munis en dessous
d'appendice membraneux profondement échancrés ; le dernier,
terminé par deux crochets simples sans dents et sans éperons.

Ce genre remarquable réunit le *Facies* d'un *Notoxe* aux
antennes de quelques *Trichodes* et aux palpes d'un *Clère.* Il
diffère de ces trois genres, par le huitième article des antennes faisant partie de la massue antennaire et par ses pattes
hétéromères.

1. Chalciclerus unicolor, *M.*

112. Chalc. prothoracis lateribus rectis sub-parallelis. —
Tab. xx, *fig.* 1.

Trichodes unicolor , *St. coll.*

PATRIE. — La Nouvelle Hollande.

DIMENSIONS — Long. du corps, 5 lig. — id. du prothorax, 1 lig. — id. des élytres, 3 et ¼ lig. — larg. de la tête, ¾ lig. — id. du prothorax, la même. — id. de la base des élytres , 1 et ¼ ligne.

FORMES. Antennes , plus courtes que la tête et le prothorax pris ensemble. Tête , moins penchée en avant (28). Front, plus large que long. Prothorax , cylindrique : dos, uniformément convexe; dépression antérieure , nulle ; sillon, sous-marginal, oblitéré; côtés, droits, sub-parallèles ; angles postérieurs, arrondis ; bord postérieur , sans rebord , aussi élevé que le disque , à-peu-près de la largeur du bord opposé. Élytres , longues et étroites, uniformément convexes: callus huméraux , peu saillants ; côtés, parallèles de la base jusqu'aux quatre cinquièmes de la longueur ; bord postérieur , en arc d'ellipse ; angle sutural postérieur, fermé. Corps , ponctué et pubescent: ponctuation , moyenne et apparente au devant de la tête et sur le disque du prothorax, plus fine près des bords opposés du prothorax et au dessous du corps , très forte , très rapprochée et souvent confluente sur le dos des élytres. Épaisseur du pélage , en raison inverse de la grosseur des points: touts les poils , hérissés.

COULEURS. — Antennes , corps et pattes, de la même teinte métallique, bronzée ou cuivreuse. Appendices membraneux des tarses , pâles. Poils , blanchâtres.

VARIÉTÉ. — L'exemplaire donné par M.ʳ Sturm est cuivreux. Un autre , de la collection de ce savant, est bronzé.

SEXE. — Un mâle , donné par M.ʳ Sturm : ses parties génitales sont en évidence. Femelle , douteuse.

_____

(28) Il en est ainsi de touts les *Clérites* dont le bord antérieur du prosternum est peu échancré.

Je soupçonne que le *Clerus obscurus Newm. the ent. p.* 16 doit se rapporter à ce n.° 112.

2. CHALCICLERUS BIMACULATUS, *M.*

115. CHALC. prothoracis lateribus rotundatis. — *Tab.* XXI, *fig.* 5.

Clerus pulcher, *Newm. the ent. p.* 16 ?

PATRIE. — La Nouvelle Hollande.

DIMENSIONS. — Long. du corps, 4 et ½ lig. — id. du prothorax, 1 lig. — id. des élytres, 3 et ¼ lig. — larg. de la tête, ⅓ lig. — id. du prothorax à son maximum, ¾ lig. — id. de la base des élytres, 1 et ½ ligne.

FORMES. — Corps, moins cylindrique que dans l'*Unicolor* : prothorax, plus large; élytres, plus courtes; yeux, moins distants; échancrure oculaire, plus profonde. Front, presque aussi large que long. Dos du prothorax, inégal : lobe antérieur, peu déprimé, mais nettement séparé du disque par une impression linéaire en arc de cercle; disque, faiblement convexe; sillon sous-marginal, étroit, mais bien prononcé; côtés, droits et parallèles le long du lobe antérieur, décrivant au-delà une courbe à très faible courbure et sans inflexion; bord postérieur, visiblement plus étroit que l'antérieur. Écusson, ponctiforme. Élytres, faiblement convexes : côtés, commençant à se courber et à se rapprocher vers les trois quarts de leur longueur. Corps, ponctué et pubescent : ponctuation, distincte partout et généralement assez fine, plus forte sur le dos du prothorax et sur les trois quarts antérieurs des élytres. Surface du corps, brillante d'un bel éclat métallique. Pélage, hérissé; poils, plus épais sur les flancs et à la poitrine, réunis en touffes à l'écusson et à l'extrémité des élytres.

38

Couleurs. — Antennes et tibias, bruns. Tarses, noirâtres. Teinte générale métallique, bronzée à reflets cuivreux et d'autant plus éclatante que la ponctuation est moins forte. Sur chaque élytre, une grande tache jaune un peu au-delà du milieu. Pélage, blanchâtre : poils du prothorax et des élytres, obscurs.

Sexe. — Douteux, dans l'exemplaire unique de la collection Reiche.

XXVII. G. YLIOTIS, *M.*

Antennes, distantes, *ayant leur origine au devant des yeux*, sur le bord de l'échancrure oculaire, *de onze articles :* le premier, épais, cylindrique, ne remontant pas à la hauteur des yeux ; les suivants 2—8, minces et sub-cylindriques, le second plus court que le troisième, les autres à-peu-près égaux entr'eux ; *art.* 9—11, *formant ensemble une espèce de massue* applatie et à articulations bien distinctes ; les deux premiers, sub-triangulaires ; *le dernier, en ovale transversal, terminé un peu en pointe*, n'étant pas plus long que l'avant-dernier.

Tête, ovalaire et assez large. *Vertex*, nul ou caché sous le prothorax. *Front*, en rectangle transversal. *Chaperon*, déprimé et très court.

Yeux, très saillants, fortement grénus, en ovales transversaux, faiblement échancrés en avant : échancrure, large, en arc de courbe à faible courbure.

Labre, large, un peu échancré, très court et ne couvrant pas le bout des mandibules croisées.

Palpes maxillaires, presque aussi grands que les labiaux, *de quatre articles :* le premier, très court et peu apparent ; le second, allongé, obconique ; le troisième, plus court

et plus fortement obconique; *le quatrième, de la même épaisseur, mais deux fois plus long, s'amincissant insensiblement
vers l'extrémité et terminé en pointe mousse.*

Palpes labiaux, de trois articles: le premier, très petit;
le second, épais, obconique, deux fois plus long que large;
*le dernier, applati et en triangle renversé, rectiligne, tel que
le côté opposé à l'origine est le plus étroit et que l'externe est
un peu plus long que l'interne.*

Mandibules et autres *Parties de la bouche,* inobservées.

Prothorax, notablement plus court et plus large que dans
les deux genres précédents, et semblable, sous le seul rapport
de ces deux dimensions, à celui des *Clères* qui ont le corps
le plus ramassé : dépression antérieure et sillon postérieur,
effacés: bords opposés, à-peu-près égaux en largeur et élevés
au même niveau ; côtés, dilatés au milieu et décrivant une
courbe à double inflexion, c. à. d., rentrante en avant et en
arrière, *Dilatation latérale tuberculiforme.* Cette conformation,
assez rare dans les *Clérites,* est d'autant plus remarquable
qu'elle donne, à la seule espèce connue de ce genre, la phy-
sionomie trompeuse d'une *Lamiite.*

Prosternum, profondément échancré en avant et très court
proportionnellement à la longueur du *Tergum. Fosses coxales,
Poitrine, Élytres,* comme dans le *G. Clerus.*

Abdomen, de cinq anneaux apparents seulement.

Pattes, courtes. *Fémurs,* peu épais: les *postérieurs, ne
dépassant pas le troisième segment de l'abdomen.*

Tibias, droits et à-peu-près de la longueur des fémurs.

Tarses, comme dans le *G. Chalciclerus.*

Espèce unique. — YLIOTIS PASSERINII, *M.*

114. YL. — *Tab.* XXVIII, *fig.* 1.
Clerus fatuus, *Newm. the ent. p.* 55 ?

Natalis punctata, *Lap. in coll. Gory.*

PATRIE. — La Nouvelle Hollande.

DIMENSIONS. — Antennes, à-peu-près de la longueur de la tête et du prothorax réunis. Corps, ponctué en dessus, plus finement pointillé en dessous, légèrement pubescent. Dos du prothorax, faiblement convexe, fortement ponctué : points, gros et distants, plus rapprochés vers le milieu du disque; celui-ci, inégal, profondément excavé sur la ligne médiane ; bord postérieur, rebordé. Élytres, luisantes et finement pointillées; sur chaque, dix rangées longitudinales de points enfoncés plus apparents, oblongs, linéaires, visiblement plus longs que les cloisons transversales et plus étroits que les intervalles longitudinaux.

COULEURS. Antennes, pattes et dessous du corps, jaunes testacés. Tête, prothorax, écusson et élytres, bruns ou couleur de marron. Poils épars, cendrés.

VARIÉTÉ. — Un exemplaire, de la collection Gory, a le ventre brun avec les bords postérieurs des anneaux jaunes testacés.

SEXE. — Incertain, dans les deux exemplaires que j'ai eus sous les yeux, l'un de la collection Gory, l'autre de la mienne et dont je suis redevable à l'obligeance de M.ʳ le Docteur Passerini qui a consenti à me le céder quoiqu'il fut unique dans sa collection. Je me fais un devoir de le lui dédier. Toutes leurs plaques ventrales sont entières et la dernière est arrondie.

XXVIII. G. ZENITHICOLA , *M.*

Quoique les différences des contours et des dimensions donnent, à l'*Espèce type*, un *Facies* qui contraste, au premier abord, avec celui de l'*Yliotis Passerinii*, il n'en est pas moins vrai que les deux genres ont la plus grand analogie et qu'ils se ressemblent surtout par la structure presque identique des antennes et des pattes. Ils ne diffèrent essentiellement que par les caractères suivants.

1.º Dans les *Zénithicoles*, le dernier article de la massue antennaire est un peu plus long que large, l'extrémité arrondie.

2.º La tête, proportionnellement plus petite : les yeux, moins saillants et plus finement grénus.

3.º *Le dernier article des palpes maxillaires, applati, en triangle renversé plus long que large et de la même forme que le dernier des labiaux.*

4.º Le dos du prothorax, modélé sur le type ordinaire du *G. Clerus*, c. à. d., déprimé en avant, sillonné en arrière, arrondi latéralement, ayant ses flancs uniformément convexes et non tuberculeux.

5.º *Le bord postérieur du prosternum, échancré* entre les hanches antérieures ; échancrure, étroite, aiguë, *et propre à recevoir une saillie médiane du mésosternum.*

6.º les fosses coxales, situées très près du bord postérieur du prosternum et néanmoins entièrement fermées.

7.º Le *Mésosternum*, court, un peu penché de haut en bas et d'avant en arrière, mais *faisant sur la ligne médiane une saillie qui pénètre dans l'échancrure du prosternum* et qui doit nécessairement limiter la flexion de l'avant-corps.

8.º L'*Abdomen*, composé de six anneaux apparents.

De ces différents caractères, les quatre premiers ne me semblent pas avoir plus d'importance que plusieurs de ceux que nous avons employés ailleurs, et je les regarde comme *provisoirement artificiels.* Le dernier est probablement accidentel, car il est certain que le sixième anneau doit exister dans l'*Yliotis* et qu'il doit comparaître à la sortie des organes génitaux. Mais ceux qui tiennent à la structure du *Propectus* et du *Mésopectus,* me semblent *naturels et du premier ordre*, parcequ'ils influent sur les mouvements de l'animal et parcequ'ils en gênent la liberté.

Espèce unique. — ZENITHICULA AUSTRALIS, *M.*

115. ZENITH. — *Tab.* xxviii, *fig.* 2.
Clerus australis , *Dej. loc. cit. p.* 127.
PATRIE. — La Nouvelle Hollande.
DIMENSIONS. Long. du corps , 5 et $\frac{1}{2}$ lig. — id. du prothorax , 1 et $\frac{1}{4}$ lig. — id. des élytres , 4 lig. — larg. de la tête,
1 lig. — id. du prothorax à son maximum, 1 et $\frac{1}{2}$ lig. — id.
du même à son bord postérieur , 1 lig. — id. de la base des
élytres , 2 et $\frac{1}{4}$ lignes.
FORMES. — Antennes, plus courtes que la tête et le prothorax pris ensemble. Tête, penchée en avant: front, presque
vertical. Dépression antérieure du prothorax , bien prononcée:
disque, gibbeux et uniformément convexe: sillon sous-marginal,
étroit et peu enfoncé ; bord postérieur , non rebordé et peu
relevé au-dessus du sillon; côtés , arrondis et sans inflexions
rentrantes, atteignant le maximum de leur largeur vers le milieu de leur longueur. Écusson, petit, en demi-cercle, couvert
d'un duvet épais de poils ras et couchés en arrière. Élytres,
coupées carrément a leur base: callus huméraux, assez saillants
au-dessus des angles antérieurs ; dos, uniformément convexe; côtés, droits et parallèles dans les deux premiers tiers,
courbés au-delà en arcs d'ellipse; angle sutural postérieur, fermé.
Corps, ponctué en dessus, finement pointillé en dessous: ponctuation, moyenne et distincte à la tête, au prothorax et à la
moitié postérieure des élytres , plus serrée sur le front, très
forte et rugiforme à la moitié antérieure des élytres où l'on
compte de plus dix stries de points enfoncés plus grands que
les intervalles qui les séparent et qui font paraître cette portion de la surface chagrinée et crénelée. Poils, hérissés partout
hors à l'écusson.
COULEURS. — Antennes, tarses, labre et autres parties de la

bouche, jaunes rougeâtres. Corps et pattes, couleur d'airain, brillants d'un bel éclat métallique. Mandibules et onglets tarsiens, bruns. Appendices des tarses, pâles. Poils hérissés, blanchâtres. Duvet de l'écusson, argenté.

SEXE. — La sixième plaque ventrale était visiblement échancrée dans touts les individus que j'ai vus. Dans un seul exemplaire de l'ancienne collection Dejean, les organes mâles étaient en évidence. Cet individu est plus petit que le type: — long. du corps, 3 et ½ lig. — Ses antennes sont proportionnellement plus longues et l'échancrure de sa sixième plaque ventrale est plus profonde. Le type serait-il une femelle?

XXIX. G. TARSOSTENUS, M.

Tête, yeux et *origine des antennes, comme dans le G. Notoxus, celles-ci de onze articles:* le premier, épais, sub-cylindrique, remontant au bord postérieur haut des yeux: art. 2—8, minces, faiblement obconiques, le troisième plus long que le second, les suivants diminuant insensiblement en longueur sans augmenter en largeur: *art. 9—11, formant ensemble une massue étroite, allongée et à articulations bien distinctes:* les deux premiers articles de la massue antennaire, triangulaires, à-peu-près égaux entr'eux; le dernier, une fois et demi plus grand que l'avant-dernier, en ovale oblong, extrémité arrondie.

Derniers articles des quatre palpes et autres parties de la bouche, comme dans les *Notoxes.*

Prothorax, cylindrique: dos, faiblement convexe, sans dépression antérieure et sans sillon sous-marginal; côtés, droits et parallèles: angles postérieurs, émoussés; bord postérieur, sans rebord, aussi élevé que le disque, à peine un peu plus étroit que le bord opposé.

Prosternum, à peine un peu plus court que le tergum, non

échancré en avant, faiblement convexe, plane et rétréci entre les hanches antérieures; bord postérieur, entier. *Fosses coxales,* très rapprochées, placées très près du bord postérieur, rondes et *complètement fermées.*

Mésosternum n'étant, ni penché obliquement, ni rétréci en avant, ne permettant guères à l'avant-corps de glisser au-dessous de lui.

Métasternum, renflé.

Abdomen, à peine un peu plus long que la poitrine : plaques ventrales, entières.

Écusson, très petit, ponctiforme.

Élytres, longues et étroites, entourant l'extrémité de l'abdomen : callus huméraux, peu saillants ; dos, uniformément convexe ; côtés, droits et parallèles de la base aux quatre cinquièmes de la longueur ; bord postérieur, arrondi ; angle sutural postérieur, fermé.

Pattes, minces et de moyenne longueur: fémurs, cylindriques; les postérieurs, n'atteignant pas l'extrémité de l'abdomen ; tibias, droits.

Tarses, minces et allongés, *de quatre articles seulement :* rudiments d'un autre article avorté, nuls ; les postérieurs, aussi longs que les tibias de la même paire : *les trois premiers articles, plus longs que larges, peu dilatés à leurs extrémités, tronqués ou faiblement échancrés*, mais non bifides en dessus, velus en dessous *et munis d'un appendice membraneux très court et entier :* appendice du premier article, rudimentaire ; quatrième article, aussi long que les trois autres pris ensemble, terminé par deux crochets simples minces et peu arqués.

Espèce unique. — Tarsostenus univittatus.

116. Tarsost. — *Tab.* xxxii , *fig.* 3.
Clerus univittatus, *Rossi fn. Et. maut.* 1, 44, 112.

Clerus univittatus, *Sch. syn. ins.* 2, 45 , 12.

Notoxus univittatus, *Dej. loc. cit.* 126.

PATRIE. — L'Europe méridionale, espèce assez commune en Toscane et dans les environs de Pavie.

DIMENSIONS. — Long. du corps, 2 lig. — id. du prothorax, $\frac{1}{3}$ lig. — id. des élytres , 1 et $\frac{1}{4}$ lig. — larg. de la tête , $\frac{1}{3}$ lig. — id. du prothorax, la même. — id. de la base des élytres, la même.

FORMES. — Antennes, à-peu-près de la longueur de la tête et du prothorax réunis. Dessus de l'avant-corps , fortement ponctué : points enfoncés , gros et arrondis , plus distants au front et au milieu du prothorax, plus serrés, mais toujours distincts sur ses flancs et au vertex. Sur chaque élytre , dix rangées longitudinales et parallèles de points enfoncés équidistants , plus grands que les cloisons transversales , au moins égaux aux intervalles longitudinaux , partant de la base , dépassant le milieu et s'effaçant plus ou moins près du bord postérieur. Extrémités des élytres et dessous du corps , finement pointillés. Pélage , épars et hérissé.

COULEURS. — Antennes, fauves : massue, noirâtre. Labre , palpes, tarses et tibias , fauves. Tête , corcelet , élytres et abdomen, noirâtres. Sur chaque élytre et un peu au-delà du milieu , une bande transversale blanche droite et de moyenne largeur. Poils, blanchâtres.

SEXE. — Je crois qu'il est très difficile de s'en assurer, lorsque les parties génitales sont en pleine retraite. Quelques individus m'ont offert des antennes proportionnellement plus minces et plus longues. Il est à présumer que ce sont des mâles.

XXX. G. EBURIPHORA, *M.*

Antennes, distantes, *ayant leur origine au devant des yeux*, en face et en dehors de l'échancrure oculaire, *de onze articles:* les huit premiers, comme dans le genre précédent; *les trois derniers, formant ensemble une massue applatie*, à articulations bien distinctes: les deux premiers articles de la massue, triangulaires, plus longs que larges, leur angle antéro-interne en dent de scie; le dernier, plus grand que l'avant dernier, mais moindre que les deux précédents réunis.

Yeux, petits, distants, transversaux, peu saillants et finement grénus, échancrés en avant: échancrure, large, peu profonde, en arc de courbe à faible courbure.

Labre, bilobé: lobes, arrondis et assez avancés pour dépasser l'extrémité des mandibules croisées.

Palpes maxillaires, de quatre articles: le premier, très court; les deux suivants, sub-cylindriques, le second plus long que le troisième; *le dernier, très grand, de la même forme que le dernier des labiaux*, c. à. d. également *applati et en triangle curviligne*, presque *isocèle* et, pour ainsi dire, en demi cercle dont le diamètre est le côté opposé à l'origine; côtés interne et externe du triangle, fortement arqués et à-peu-près égaux.

Palpes labiaux, plus grands que les autres, *de trois articles:* le premier, court, cylindrique; le second, beaucoup plus long, mince et faiblement obconique; *le dernier*, de la même forme que le dernier des maxillaires, également *applati et en triangle curviligne*, mais proportionnellement plus large, non isocèle, le côté interne étant plus court que l'externe et un peu rentrant en dedans près de l'origine.

Autres *Parties de la bouche*, inobservées.

Prothorax et poitrine, comme dans le *G. Clerus. Écusson* et *élytres*, de même: callus huméraux, nuls.

Pattes, moyennes, simples: fémurs antérieurs, plus épais ; postérieurs, n'atteignant pas l'extrémité de l'abdomen ; tibias, minces, droits.

Tarses, de quatre articles mobiles: rudiments de l'article avorté, peu apparents et dépourvus d'appendices ; premier article réel, un peu comprimé à son origine, dilaté et tronqué à son extrémité, muni en dessous d'un appendice court et échancré, plus long que chacun des suivants, mais plus court que les deux pris ensemble: second et troisième, à-peu-près égaux entr'eux, courts, dilatés, fortement bifides en dessus, munis en dessous d'un appendice bilobé et fendu dans presque toute sa longueur : quatrième article, de la longueur du premier, armé de deux crochets éperonnés près de la base et terminés en pointe simple.

Espèce unique. — EBURIPHORA REICHEI., *M.*

117. EBUR. — *Tab.* xx, *fig.* 3.

PATRIE. — Madagascar.

DIMENSIONS. — Long. du corps, 3 et $\frac{1}{4}$ lig. — id. du prothorax, $\frac{3}{4}$ lig. — id. des élytres, 2 et $\frac{1}{4}$ lig. — larg. de la tête, $\frac{1}{3}$ lig. — id. du prothorax à son maximum, $\frac{1}{2}$ lig. — id. de la base des élytres, $\frac{2}{3}$ ligne.

FORMES. — *Facies* d'un *Notoxe*. Antennes plus épaisses que la tête et le prothorax pris ensemble. Ceux-ci, luisants, paraissant même lisses et glabres à l'œil nu (29). Sur chaque élytre, deux callosités saillantes: la première, au premier quart de la longueur, dorsale, courte, linéaire, allant de dehors en dedans et d'avant en arrière; la seconde, un peu au-delà du milieu, partant du bord extérieur et n'atteignant pas la suture, en arc de cercle transversal. Neuf stries longitudinales de très gros points en-

---

29) Ce n'est qu'avec une lentille, n.º 3 de M.r Chevalier, que je suis parvenu à apercevoir quelques poils clair-semés ainsi que les très petits points dont ils sortent.

foncés, partant de la base de chaque élytre et s'effaçant à différentes distances: les 1.er et 2.e à partir de la suture, au premier quart de la longueur; les 3.e, 4.e, 5.e et 6.e, au bord antérieur de la première callosité; les 7.e, 8.e et 9.e, au bord antérieur de la seconde. La septième strie, arrive à la rencontre de la première callosité, dévie alors de sa direction première et se prolonge obliquement d'avant en arrière et de dehors en dedans. Entr'elle et la huitième strie, on voit deux autres stries ponctuées surnuméraires et moins régulières. Les deux espaces du dos, compris l'un entre la suture, les deux callosités et la septième strie, l'autre entre la seconde callosité et le bord postérieur, aussi lisses et aussi luisants que le dessus de la tête et du prothorax.

Couleurs. — Antennes, brunes: les deux premiers articles de la massue antennaire, obscurs. Tête et prothorax, noirs: labre et autres parties de la bouche hors les mandibules, rouges-bruns. Élytres, couleur de marron: une grande tache noire, prenant tout l'espace compris entre la base, la seconde, la sixième strie et la première callosité; une autre tache, de la même couleur, occupant touts les espaces lisses en arrière de la première callosité, sans atteindre à aucun des bords. Dessous du corps, rouge-brun: derniers anneaux de l'abdomen, noirâtres. Pattes, brunes: face antérieure des quatre fémurs antérieurs, extrémité tibiale des postérieurs, base de touts les tibias, noires. Tarses, obscurs: appendices membraneux, pâles.

Sexe. — Incertain, dans l'exemplaire unique de la collection Reiche. Plaques ventrales, entières: la dernière, arrondie.

XXXI. G. TRICHODES, *Fab.*

Antennes, distantes, *ayant leur origine au devant de la tête,* en face de l'échancrure oculaire, courtes, épaisses, *de onze articles*: le premier, cylindrique, plus épais que les suivants;

art. 2—8, fortement obconiques, le troisième étant le plus long de touts, les suivants diminuant rapidement en longueur sans augmenter en épaisseur ; art. 9—11, applatis, dilatés, *faisant ensemble une espèce de massue* dont les articulations sont encore distinctes et néanmoins assez serrées pour que la massue ressemble à un triangle renversé; son premier article, sub-triangulaire, un peu plus large que long; le second, beaucoup plus court, en trapèze trois fois au moins plus large que long; *le dernier*, presque aussi grand que les deux autres pris ensemble, *sub-quadrilatère, transversal*, angle antéro-externe arrondi, bord apical coupé obliquement de dehors en dedans et d'arrière en avant, angle antéro-interne aigu, bord interne droit.

Yeux, de moyenne grandeur, saillants et finement grénus, distants et transversaux, fortement échancrés en avant: échancrure oculaire, profonde, en demie ellipse.

Tête, de la forme ordinaire. *Vertex*, court. *Front*, plus large que long. *Face* et *épistome*, proportionnellement moins courts que dans les genres précédents.

Labre, assez grand, plus au moins échancré.

Mandibules, moyennes, de la forme ordinaire, n'ayant qu'une dent obtuse un peu au-delà du milieu du bord interne.

Menton, presque carré; bord antérieur, entier.

Langue, membraneuse ou charnue, aussi longue ou plus longue que le menton; extrémité libre, entière ou faiblement et largement échancrée; face inférieure, membranacéo-musculeuse, terminée par une petite plaque cornée triangulaire et aiguë qui est le dernier article du menton pour quelques auteurs.

Machoires, libres à leur base, embrassant le menton : tige, cornée, coudée et anguleuse; lobes terminaux, arrondis, membraneux, ciliés, à-peu-près égaux en largeur, l'extérieur un peu plus long que l'autre.

Palpes maxillaires, insérés dans une échancrure extérieure

de la machoire, près de l'extrémité de la tige cornée, *de quatre articles*: les trois premiers, sub-cylindriques, à-peu-près
de la même épaisseur, le premier très court; le second plus
long que le troisième; *le dernier*, applati, mais non dilaté,
en triangle renversé visiblement plus long que large, bord apical coupé obliquement de dehors en dedans et d'arrière en
avant.

Palpes labiaux, insérés un peu en avant de la petite plaque
triangulaire cornée de la langue, *de trois articles*: le premier,
très court, cylindrique; le second, mince, allongé, faiblement
obconique; *le troisième, très applati et très dilaté, en triangle presque équilatéral*.

Prothorax, commes dans les *Clères*: dos, souvent moins
convexe, dépression antérieure et rétrécissement postérieur,
différents dans les différentes espèces.

Ecusson, petit, ponctiforme, penché en avant et ayant tout-
au-plus l'extrémité de son bord postérieur élevée au niveau de
la surface des élytres.

Élytres, entourant l'extrémité de l'abdomen, coupées carrément et relevées perpendiculairement à leur base: callus huméraux, arrondis et peu saillants; dos, uniformément convexe;
surface, vaguement ponctuée et le plus souvent sans traces de
stries longitudinales; côtés, parallèles dans les trois premiers
quarts de la longueur; extrémités, ordinairement arrondies
ensemble et alors angle sutural postérieur fermé.

Prosternum, moitié plus court que le *Tergum*, largement
échancré en avant, brusquement rétréci en arrière et terminé en pointe entre les hanches antérieures: celles-ci, très
rapprochées à leur naissance. *Fossettes coxales*, grandes et
ouvertes le long du bord postérieur.

Mésosternum, s'avançant un peu en pointe entre les hanches
de la première paire.

Métasternum, plus ou moins renflé.

Abdomen, plus long que le métapectus, surtout dans les mâles.

Ventre, convexe. — La forme des derniers segments diffère dans les deux sexes, et elle subit même quelques modifications dans les différentes espèces. Dans les femelles, les deux dernières plaques ventrales sont moins convexes, le bord postérieur de la pénultième est droit et celui de la dernière est le plus souvent arrondi, quelquefois coupé en ligne droite et plus rarement très faiblement échancré. Dans les mâles, les cinquième et sixième plaques ventrales sont aussi convexes que les précédentes, la cinquième est largement et profondément échancrée en arc d'ellipse, la sixième est beaucoup plus longue, rétrécie insensiblement en arrière et terminée en pointe. Une seule espèce, le *Trichodes alvearius*, fait exception à cette règle. Nous en reparlerons à son article.

Pattes, fortes, de moyenne longueur. *Fémurs*, épais : les postérieurs, n'atteignant pas l'extrémité de l'abdomen. *Tibias*, toujours droits dans les femelles et souvent dans les mâles.

Tarses, n'ayant que quatre articles visibles en dessus : les trois premiers, plus ou mois bifides en dessus, munis en dessous d'un appendice membraneux tronqué ou faiblement échancré, mais n'étant jamais fendu ou divisé en deux lobes oblongs; le quatrième, terminé par deux crochets simples et laminiformes. Premier article des tarses postérieurs, aussi long ou plus long que les deux intermédiaires pris ensemble.

Dans quelques mâles de certaines espèces, les pattes postérieures acquièrent des dimensions anormales. Alors, les fémurs sont très renflés. Les tibias se courbent en dedans, l'épine externe de leur extrémité tarsienne s'allonge beaucoup et prend la forme d'un crochet comprimé latéralement et recourbé en arrière. Sa longueur dépasse toujours celle de l'épine interne et elle égale quelquefois celle du premier article du tarse. Mais il en est, de ce développement excessif, comme de la plupart des différences sexuelles qui sont en dehors des organes génitaux. Il varie beaucoup en intensité. Très remarquable dans quelques individus, il est très faible dans d'autres. Ceux-ci sont, pour moi, des *Mâles féminiformes*. Il y en a, dans toutes les espèces de *Trichodes* que j'ai observées, et il y a même des espèces dans lesquelles je n'en connais pas d'autres. J'aurai soin de les faire remarquer.

Les *Trichodes* connus habitent les régions tempérées des deux continents. Dix-sept espèces appartiennent au bassin de la Méditerannée dans lequel nous comprendrons la Mer Noire et ses annexes. Deux d'entr'elles sont communes dans toute l'Europe, une seule en Angleterre. La Perse occidentale en possède une et je présume qu'elle appartient aussi au bassin de la Mer Noire. On en connaît une du Cap de Bonne-Espérance et trois ont été recueillies dans l'Amérique septentrionale. Je n'en ai vu aucune de l'Australasie. Les *Clérites* de cette contrée, annoncés sous le nom de *Trichodes*, ne sont pas de ce genre. On connaît les mœurs des espèces européennes. J'en ai parlé dans la première partie. On ne nous a rien appris des autres.

Toutes les espèces de *Trichodes* se ressemblent beaucoup entr'elles, tant par l'analogie de leurs formes que par le dessin de leur manteau. Elles ont, pour ainsi dire, une couleur de famille. C'est toujours un corps d'une teinte obscure, noire, violette, bleue ou verte, avec des élytres rouges ou jaunes et tachées ou fasciées de la teinte obscure générale, ou bien avec des élytres de la couleur du corps et tachées ou fasciées de rouge ou de jaune. Cependant ces différentes combinaisons sont assez tranchées et assez constantes pour fournir les caractères spécifiques très admissibles dont j'ai tiré le tableau synoptique ci-contre. J'ai dû m'en contenter. Si j'eusse voulu faire autrement, il m'aurait fallu descendre aux plus menus détails et percer, à mes propres risques, une route nouvelle dans un lieu mal éclairé et sur un terrain plein de difficultés. *Ad quid perditio hœc?* On ne m'y aurait pas suivi.

A. *Elytres*, rouges avec l'extrémité de la même couleur.

  B. *Elytres*, avec des taches noires. - - - - - - - - - - - 1. Trich. 8 punctatus, *Fab.*

  BB. *Elytres*, avec trois bandes noires communes.

    C. *Bande postérieure noire*, en croissant dont les cornes sont tournées en arrière. - - - 2. » umbellatarum, *Dej.*

    CC. *Bande postérieure noire*, terminée en pointe au long de la suture. - - - - 3. » dahlii, *Dej.*

    CCC. *Bande postérieure noire*, en ovale transversal.

      D. *Métasternum*, mutique. - - - - - - - - - - 4. » alvearius, *Fab.*

      DD. *Métasternum*, bidenté. - - - - - - - - - - 5. » affinis, *Dahl.*

AA. *Elytres*, rouges avec l'extrémité et deux bandes transversales obscures.

  B. *Tache humérale*, nulle.

    C. *Tarses et tibias*, testacés. - - - - - - - - - 6. » zebra, *Fald.*

    CC. *Tarses et tibias*, obscurs.

      D. *Suture des élytres*, rouge dans les espaces compris entre les deux bandes obscures ainsi qu'entre l'écusson et la première bande.

        E. *Bandes obscures*, ondulées. - - - - - - 7. » apiarius, *Fab.*

        EE. *Bandes obscures*, droites. - - - - - - - 8. » apivorus, *Germar.*

      DD. *Suture des élytres*, rouge entre l'écusson et la première bande - - - 9. » crabroxiformis, *Fab.*

      DDD. *Suture des élytres*, entièrement obscure.

        E. *Antennes*, jaunes. - - - - - - - - 10. » sanguineo-signatus, *Dup.*

        EE. *Antennes*, ayant au moins la massue obscure. - - - - 11. » favarius, *Illiger.*

  BB. *Tache humérale*, obscure.

    C. *Point de bande blanche*, sur les élytres.

      D. *Première bande obscure*, se dilatant en s'écartant de la suture. - - - - 12. » syriacus, *Dej.*

      DD. *Première bande obscure*, ne se dilatant pas en s'écartant de la suture.

        E. *Surface des élytres*, luisante et finement pointillée. - - - 13. » nuthalli, *Say.*

        EE. *Surface des élytres*, opaque et fortement ponctuée. - - - 14. » leucopsideus, *Oliv.*

    CC. *Une bande blanche*, entre les deux bandes obscures. - - - - 15. » aulicus, *Dej.*

AAA. *Elytres*, obscures avec des bandes claires.

  B. *Bandes claires des élytres*, en nombre moindre que quatre.

    C. *Antennes*, testacées. - - - - - - - - - - - 16. » ammios, *Fab.*

    CC. *Antennes*, obscures. - - - - - - - - - - - 17. » bifasciatus, *Fab.*

  BB. *Bandes claires des élytres*, au nombre de quatre. - - - - - - 18. » ornatus, *Say.*

40

1. TRICHODES OCTOPUNCTATUS, *Fab.*

118. TRIC. nigro-cæruleus, elytris rubris apice concolore, punctis quinque nigro-violaceis. — *Tab.* XXIX, *fig.* 2.

Trichodes octopunctatus, *Fab. syst. eleuth.* 1, 208, 9.
»   »   *Sch. syn. insect.* 2, 47, 1.
Clerus octopunctatus, *Fab. ent. syst.* 1, 208, 9.
»   »   *Oliv. ent.* IV, *n.* 76, *pag.* 9 et 8. *Tab.* I, *fig.* a et b.

PATRIE. — Le Midi de l'Europe : assez commun en Grèce, en Sicile et en Espagne.

DIMENSIONS. — Long. du corps, 7 lig. — id. du prothorax, 1 et ⅓ lig. — id. des élytres, 5 lig. — larg. de la tête, 1 et ⅓ lig. — id. du prothorax à son bord antérieur, la même. — id. du même à son maximum, 1 et ⅓ lig. — id. du même à son bord postérieur, 1 lig. — id. de la base des élytres, 2 et ⅓ lig.

FORMES. — Devant de la tête, ponctué: ponctuation, moyenne, serrée et distincte ; labre et chaperon, plus luisants et paraissant presque lisses. Ponctuation du dos et du prothorax, plus forte que celle de la tête, mais également distincte : dépression antérieure, n'étant sensible qu'à sa limite postérieure, un peu dilatée vers le milieu du dos et moins fortement ponctuée que le disque; celui-ci, faiblement convexe ; sillon sous-marginal, peu enfoncé ; bord postérieur, sans rebord et remontant néanmoins au niveau du disque; bords latéraux, droits et sub-parallèles le long de la dépression antérieure, décrivant ensuite une courbe saillante à faible courbure, sans inflexion et atteignant son maximum vers le milieu de la longueur totale du prothorax. Élytres, luisantes et confusément ponctuées: points, ronds et distants.

COULEURS. — Antennes, noires. Tête, corcelet, abdomen et

pattes, d'un bleu foncé un peu métallique. Chaperon, labre, mandibules et palpes labiaux, bruns noirâtres. Palpes maxillaires et extrémités des machoires, testacés. Écusson, bleu-violâtre. Surface des élytres, rouge avec cinq taches bleues ou violettes; la première, en demi-cercle, près de l'écusson, sur la face antérieure et basilaire de l'élytre: la seconde, au premier tiers de la longueur, ronde et de moyenne grandeur; les 3.° et 4.°, au second tiers, sur la même ligne transversale, de la même forme et plus petites que la seconde, l'extérieure un peu plus grande que l'autre; la sixième, près de l'extrémité, petite et ponctiforme. Poils hérissés, blanchâtres: autres poils plus courts et plus serrés, noirs ou obscurs, sur les 2.°, 3.°, 4.° et 5.° taches des élytres.

SEXE. — Les derniers anneaux de l'abdomen ont, dans chaque sexe, les formes distinctives qui sont communes à la plupart des espèces de ce genre, mais les pattes des mâles n'ont subi aucun grossissement, du moins dans les individus que j'ai eus sous les yeux, ensorte que les mâles féminiformes sont ici des mâles normaux.

VARIÉTÉS. — La grandeur de la taille varie de cinq à huit lignes de longueur. Les espaces obscurs de la surface des élytres sont quelquefois un peu enfoncés. Un mâle, de l'ancienne collection Dejean, individu que le Général avait pris lui-même à Valderas en Espagne, diffère du type, par ses élytres testacées pâles et par une sixième tache noire, petite, ponctiforme, placée sur la lisière du bord extérieur, un peu en avant de la dernière tache dorsale.

2. TRICHODES UMBELLATARUM, *Dej.*

119. TRICH. cœruleus, elytris rubris apice concolore, fasciis tribus nigro-violaceis, posticà lunatà. — *Tab.* XXIX, *fig.* 3.
Trichodes umbellatarum, *Sch. syn. insect.* 2, 49, 2.

Trichodes umbellatarum , *Dej. loc. cit. pag.* **126.**

Clerus umbellatarum, *Oliv. ent. tom.* IV , *n.* **76**, *tab.* **1**, *fig.* **2, a, b.**

PATRIE. — Côte de Barbarie.

DIMENSIONS et FORMES. — Assez ressemblantes à celles de l'*Octopunctatus.* Taille, ordinairement plus petite : long. du corps, de cinq à six lignes. Dos du prothorax, fortement ponctué : ponctuation de la dépression antérieure , semblable à celle du disque ; ligne médiane , lisse et luisante ; côtés, un peu rentrants au delà du milieu. Élytres, proportionnellement plus étroites : ponctuation, généralement confuse et irrégulière , disposée en stries longitudinales dans un petit espace du dos et très près de la base ; points, plus gros et plus rapprochés que dans le précédent ; intervalles lisses, plus convexes ; surface, moins luisante.

COULEURS. — Antennes , corps et pattes, comme dans l'*Octopunctatus.* Élytres , rouges avec trois bandes obscures de la couleur du corps ; la première , oblique, dirigée de dedans en dehors et d'avant en arrière ; la troisième, commune et en croissant dont les cornes sont tournées en arrière. Poils , blanchâtres , hors aux portions obscures des élytres où ils sont de la couleur du fond.

SEXE. — Les tibias postérieurs des mâles sont souvent arqués, mais les fémurs ne sont pas renflés et les pattes sont de la grandeur ordinaire. Dans les femelles , le ventre est postérieurement liséré de rouge.

VARIÉTÉS. — La grandeur des bandes foncées des élytres est très variable. Dans deux individus ♂ et ♀ fournis par M.r Dupont, le rouge prédomine , les deux bandes antérieures ne touchent aucun des deux bords et se reduisent à deux taches obliques et isolées. Le plus souvent, les trois bandes partent de la suture et n'atteignent pas le bord extérieur, une étroite lisière de la même couleur part de la base , entoure l'écusson

et longe la suture jusqu'à la rencontre de la première bande.
Dans un mâle, de l'ancienne collection Dejean, la couleur foncée
prédomine notablement, toutes les bandes sont beaucoup plus
larges, la lisière obscure qui longe la suture parvient à la troisième bande, elle est deux fois plus large entre la première
et l'écusson, enfin elle se dilate, près de l'angle antéro-
interne, au point de faire, avec l'écusson et avec l'espace obscur de l'autre élytre, une quatrième bande commune qui n'atteint pas les callus huméraux.

3. Trichodes Dahlii, *Dej.*

120 Trich. cæruleus, elytris rubris apice concolore, fasciis
tribus nigro violaceis, tertiâ communi lanceolatâ et posticè acu-
minatâ. — *Tab.* xxix, *fig.* 4.
Trichodes Dahlii, *Dej. loc cit. p.* 127.
      »   affinis, *Dahl. coll.*

Patrie. — Le Midi de l'Italie, la Sicile, l'Espagne, la côte
de Barbarie.

Dimensions et Formes. — Très peu distinctes de celles des
deux espèces précédentes et encore moins de celles de l'*Alvearius* qui va suivre et dont ce *Dahlii* n'est peut-être qu'une
variété. Les différences appréciables ne me semblent pas assez
tranchées pour y voir des bons caractères spécifiques. Elles ne
sont pas même constantes; souvent elles s'effacent et elles ces-
sent d'être reconnaissables dans les petits individus.

Couleurs. — La troisième bande obscure et commune des
élytres est en ovale transversal dans l'*Alvearius*, et elle est
terminée postérieurement en fer de lance dans le *Dahlii*. Tel
est le seul trait bien tranché qui semble séparer ces deux
espèces. Pour tout le reste, voyez la description de l'*Alvearius*.

Sexe. — Les mâles sont conformés comme ceux de l'espèce
suivante et ils diffèrent beaucoup de ceux de l'*Umbellatarum*

qui rentrent dans le type du genre: voyez encore, la description de l'*Alvearius*.

VARIÉTÉ. — M.ʳ Dupont m'a envoyé, sans le nommer, un
individu mâle d'Alger dont les élytres sont jaunâtres au lieu
d'être rouges et qui est d'ailleurs parfaitement semblable aux
Dahlii d'Europe.

4. TRICHODES ALVEARIUS, *Fab.*

121. TRICH. cæruleus, clytris rubris apice concolore, fasciis
tribus nigro-violaceis, tertiâ transversim ovatâ, metasterno posticè mutico. — *Tab.* XXIX, *fig.* 5.

Trichodes alvearius; *Fab. syst. eleuth.* 1; 284, 7.
    »   »   *Sch. syn. insect.* 2, 49, 8.
    »   »   *Dej. loc. cit. p.* 126.
Clerus alvearius, *Fab. ent. syst.* 1, 209, 15.
    »   »   *Panz. fn. germ.* XXXI, 14.

PATRIE. — Commune, dans toute l'Europe.

DIMENSIONS et FORMES. — Comme dans l'*Octopunctatus*. Taille
variable; longueur du corps, de quatre à six lignes. Ligne médiane du prothorax, lisse et luisante. Ponctuation des élytres,
moyenne et sans traces de stries.

COULEURS. — Antennes, noires. Tête, corcelet, écusson, dessous du corps et pattes, bleus, plus rarement bleus-verdâtres.
Labre et palpes labiaux, bruns-noirâtres. Palpes maxillaires et
lobes terminaux des machoires, testacés. Élytres, rouges: trois
bandes transversales communes, une tache basilaire en contact
avec l'écusson, la suture à partir du même jusqu'à la troisième
bande, violettes; première bande, vers le premier tiers de la
longueur, large, faiblement ondulée, remontant obliquement
de dedans en dehors et d'arrière en avant, n'atteignant pas le
bord extérieur; la seconde, vers le second tiers, rigoureusement
transversale, plus fortement ondulée et à ondulations arrondies,

atteignant les deux bords; la troisième, près de l'extrémité, plus
étroite, en ovale transversal, n'atteignant pas le bord extérieur.
Pélage hérissé, noir à l'écusson et aux espaces obscurs des élytres, mixte de blanc et de noir au devant de la tête et au
dessous du prothorax, blanchâtre partout ailleurs.

Sexe. — L'abdomen des femelles rentre dans le type ordinaire du sexe, mais celui des mâles présente des particularités
exceptionnelles qui sont bien remarquables. La sixième plaque
ventrale est deux fois au moins plus longue que la cinquième.
Vers la moitié de sa longueur, elle est profondément échancrée
en demie circonférence de cercle ensorte que l'ouverture de
cette échancrure finit par prendre toute la largeur de la face
inférieure du corps et que les deux cornes du croissant se prolongent latéralement en arrière de la plaque dorsale correspondante ; celle-ci, simplement tronquée en ligne droite.

Variétés. — Au pélage de la tête et du prothorax, le noir
prédomine dans les femelles, le blanc dans les mâles. Dans un
exemplaire de la collection Dupont, sexe incertain, la première
bande obscure des élytres ne se confond pas avec la suture.
Dans un mâle de la mienne, j'ai remarqué quelques taches
noires entre la première et la seconde bande. Dans d'autres
individus, la troisième bande est postérieurement anguleuse
à la suture. Ces individus sont intermédiaires entre le *Dahlii*
et l'*Alvearius* et ils nous conseillent de réunir ces deux variétés en une seule espèce.

5. Trichoder affinis, *Dej.*

122. Trich. viridi-cæruleus, elytris rubris apice concolore,
fasciis tribus viridi-cærulcis, tertià transversim ovatà, metasterno
postice producto bifido. — *Tab.* xxix, *fig.* 6.
Trichodes affinis, *Dej. loc. cit. pag.* 126.
Patrie. — L'Egypte.

DIMENSIONS et FORMES. — Comme dans les plus grands individus de l'*Umbellatarum*. Surface des élytres, également ponctuée : points, de moyenne grandeur, très rapprochés, mais
distincts, sans aucune trace de stries même très près de la
base. Métasternum, très renflé, terminé en arrière par une
pointe droite creusée en dessous et bifide à l'extrémité. Ce caractère qui suffirait à lui seul, pour séparer cette espèce
de toutes les précédentes, ne se retrouvera plus, au même dégré, dans celles qui doivent suivre.

COULEURS. — Antennes, labre, mandibules et palpes labiaux,
noirs : dessous du premier article des antennes, verdâtre : lobes
terminaux des machoires et palpes maxillaires, testacés. Tête,
corcelet, écusson, pattes et dessous du corps, bleu-verdâtre
métallique. Élytres, rouges : angles antéro-internes, trois bandes
transversales communes, suture à partir de la base jusqu'à la
troisième bande, d'une teinte bleu-verdâtre plus claire et brillante d'un plus grand éclat métallique ; première bande, au premier tiers de l'élytre, en croissant épais dont les cornes sont tournées en avant, n'atteignant pas le bord extérieur ; seconde bande,
au second tiers, un peu plus large, faiblement ondulée, atteignant les deux bords : la troisième, près de l'extrémité, en ovale
transversal, proportionnellement plus étroite que dans l'*Alvearius*.
Pélage, noir sur le dos des élytres, cendré partout ailleurs.

SEXE. — Une mâle unique, de l'ancienne collection Dejean,
a les derniers anneaux de l'abdomen parfaitement conformes
au type ordinaire du sexe. Ce trait aurait suffi pour ne
pas le confondre avec les mâles de l'*Alvearius*. Ses fémurs postérieurs sont un peu arqués. Ses tibias, de la même paire, sont
visiblement courbés. Leur épine interne est deux fois plus longue que l'externe, sans être aussi longue que le premier article
du tarse auquel elle présente la concavité de sa courbure. Femelle, inconnue. (50)

_____

(50) Le *Trich. lepidus Brull.* a l'extrémité postérieure des élytres, de la couleur
du corps. L'Auteur a eu tort de le confondre avec l'*Affinis Dej.*

6. Trichodes Zebra, *Fald.*

123. Trich. nigro-violaceus, elytris pallidè flavescentibus, fasciis duabus transversis apiceque nigro-violaceis, antennis tibiis tarsisque fulvo-testaceis. — *Tab.* *fig.*

Trichodes Zebra, *Fald. nouv. mém. des nat. de moscou,* 8,
»   » iv, *p.* **207,** *n.* **190,** *tab.* vii, *fig.* 8.

Patrie. — La Perse occidentale.

Dimensions. — Long. du corps, 7 et ¼ lig. — id. du prothorax, 2 lig. — id. des élytres, 5 lig. — larg. de la tête, 1 et ⅓ lig. — id. du prothorax à son maximum, 1 et ⅓ lig. — id. du même au bord postérieur, 1 et ¼ lig. — id. de la base des élytres, 2 lignes.

Formes. — Corps, proportionnellement plus étroit et plus cylindrique que dans les cinq espèces précédentes. Ponctuation du devant de la tête et du dessus du prothorax, moyenne et distincte: points, ronds, plus serrés sur le disque du prothorax; ligne médiane de celui-ci, lisse et luisante. Ponctuation des élytres, plus forte: points, plus gros, plus enfoncés, sans traces de stries longitudinales même près de la base. Métasternum, postérieurement bituberculeux, mais non épineux. Pélage, hérissé partout: poils, longs et épais au-dessus de la tête et du prothorax, aux tarses et aux tibias, longs encore mais moins épais, penchés et non couchés en arrière à la poitrine, courts et rares aux espaces clairs des élytres, très courts et très serrés à leurs espaces obscurs. Bord postérieur des élytres, coupé en ligne droite dirigée obliquement de dehors en dedans et d'avant en arrière: angle sutural postérieur, fermé et aigu.

Couleurs. — Antennes, jaunes (31). Devant de la tête, dos du prothorax, poitrine, abdomen, écusson, hanches et fémurs, d'un

(31) Je l'affirme, d'après l'autorité de M.r Faldermann: mon exemplaire unique n'a plus que les cinq premiers articles intacts.

beau violet un peu métallique. Chaperon, labre et mandibules, noirâtres. Palpes et autres parties de la bouche, tarses et tibias, fauves-testacés. Elytres, couleur de paille avec deux bandes transversales d'un violet plus foncé : bandes, parallèles et d'égale largeur ; la première, au premier tiers de l'élytre, ne touchant aucun des deux bords ; la seconde, au second tiers, partant du bord extérieur et n'atteignant pas la suture ; celle-ci, de la couleur du fond dans toute sa longueur. Poils hérissés, fauves ou roussâtres à la tête, au prothorax et aux pattes, jaunâtres à la poitrine et aux espaces clairs des élytres, noirs aux espaces obscurs de celles-ci.

SEXE. — La femelle unique, donnée à M.ʳ Dejean par M.ʳ Faldermann, a les deux derniers anneaux de son abdomen lisérés de jaune. Mâle, inconnu.

7. TRICHODES APIARIUS, *Fab.*

124. TRICH. cæruleus, elytris rubris, fasciis duabus undatis apiceque nigro-violaceis, pedibus corpori concoloribus. — *Tab.* xxx, *fig.* **2.**

Trichodes apiarius, *Fab. syst. eleuth.* 1, 284, 6.
    »   »   *Sch. syn. ins.* 2, 48, 6.
Clerus apiarius, *Fab. ent. syst.* 1, 208, 14.
    »   »   *Latr. gen. insect. et crust.* 1, 273, 2.
    »   »   *Oliv. ent. tom.* IV, *n.* 76, *pag.* 7. *Tab.* 1,
                      fig. 4.
    »   »   *Panz. fn. germ.* xxxi, 13.
VAR. A. Trichodes apicita, *Ziegl. in coll. Dej.*
  » B.   »   arcuatus, *Beaud.-Laf. in coll. Dej.* — *M.*
                  Tab. xxxi, *fig.* 2. B.
  » »   »   pannonicus, *Ziegl. sic D. Stentz in lit-*
                  teris.
  » D.   »   interruptus, *Meg. ap. Dej. loc. cit. pag.*
                  126. — *M. Tab.* xxi, *fig.* 2. c.

Var. D. Trichodes subtrifasciatus, *St.^m ib. in coll. Dej.*
»   C.   »   corallinus, *Fald. mem, des nat. de Mosc.*
                    4, 208, 191.
»   E.   »   elegans, *Dej. loc. cit. p.* 126. — *M. Tab.*
                    xxxi, *fig.* 2. E. S.

Patrie. — Commun dans toute l'Europe où il est un des fléaux des Abeilles mellifiques.

Dimensions et Formes. — Comme dans l'*Octopunctatus.* Grandeur, variable: long. du corps, de cinq à sept lignes.

Couleurs. — Antennes, fauves : massue, noire. Palpes maxillaires, dernier article des labiaux, lobes membraneux des machoires, quatre tarses antérieurs, dernier article des postérieurs, fauves ou testacés; labre et mandibules, noirâtres. Corps et pattes, bleu métallique. Élytres, rouges avec deux bandes transversales communes et l'extrémité violettes: bandes, larges et ondulées; la première, au premier tiers de l'élytre, ne touchant pas le bord extérieur; la seconde, au second tiers, atteignant les deux bords; point de lisière suturale foncée, entre l'écusson et la première bande, entre la première et la seconde, entre la seconde et l'extrémité. Poils, noirs aux espaces obscurs des élytres, blanchâtres partout ailleurs.

Sexe. — Les femelles sont ordinairement plus grandes et proportionnellement un peu plus larges. La ligne médiane du prothorax est plus lisse, plus luisante et plus enfoncée, de la base jusqu'à la dépression antérieure. Quelques individus ont le cinquième anneau de l'abdomen bordé de rouge. Le ventre du mâle rentre dans le type ordinaire. Mais les fémurs postérieurs sont souvent plus ou moins arqués, sans que leurs épines apicales s'écartent des dimensions normales. Les *Trich. crassipedarius Meg.* ne sont que des mâles de l'*Apiarius* chez les quels ces accidents anormaux sont plus apparents.

Variétés. — Les petits individus des deux sexes, d'ailleurs parfaitement semblables au type, ont été pour Ziegler des *Trich. apicita.* Ils repondent à notre Var. A.

La teinte bleue métallique du corps tend quelquefois au verdâtre et quelquefois au violet: alors, le violet des élytres devient presque noir. La première bande foncée des élytres varie aussi en longueur et en largeur. Plusieurs de ces variétés ont été prises pour des véritables espèces.

Dans la Var. B, la première bande commune se reduit à une grande tache arrondie. — Puy de Dome, un mâle de l'ancienne collection Dejean.

Dans la Var. C, cette bande s'approche davantage du bord extérieur, mais elle est très mince et très ondulée: on pourrait la comparer à une ligne brisée. — Perse occidentale.

Dans la Var. D, la même bande est aussi étroite que dans la Var. C, mais elle est interrompue à peu de distance de la suture et elle ne consiste plus qu'en deux on trois taches d'une grandeur très variable. — La Hongrie et l'Italie méridionale.

Dans la Var. E, les taches elles-mêmes ont disparu. J'en ai pris deux mâles, dans les environs de Gênes, il y a bien près de vingt ans, et j'ai eu le bonheur de retrouver parmi les *Térédiles* de M.ʳ Dejean, l'exemplaire que je lui avais cédé.

8. Trichodes apivorus, *Germar*,

125. Trich. supra violaceus, subtus cæruleus, elytris rubris, fasciis simplicibus apiceque nigro-violaceis, pedibus corpori concoloribus. — *Tab.* xxx, *fig.* 4.

Trichodes apivorus, *Germar. sp. nov. ins.* **1, 71, 159.**
» cribripennis, *Dej. loc. cit. p.* **126.**
» Nuthalli, *Dup. coll.*

Patrie. — L'Amérique septentrionale.

Dimensions. — Long. du corps, 5 et ½ lig. — id. du prothorax, 1 et ½ lig. — id. des élytres, 4 lig. — larg. de la tête, 1 lig. — id. du prothorax à son maximum, la même.

— id. du même au bord postérieur, $\frac{3}{4}$ lig. — id. de la base
des élytres, 1 et $\frac{1}{2}$ ligne.

Formes. — Quoique cette espèce ait beaucoup de ressemblance avec la précédente, je crois qu'il serait aisé de la distinguer, au premier coup d'œil, d'après ses formes et indépendamment de ses couleurs. Prothorax, proportionnellement plus court: ponctuation du dos, plus forte et plus serrée; ligne médiane, effacée; surface du disque, uniformément convexe. Ponctuation des élytres, aussi forte que dans le *Zebra*, et beaucoup plus que dans l'*Apiarius* et que dans l'*Octopunctatus*: points, assez gros, ronds et distants, sans la moindre trace de stries longitudinales; espaces intermédiaires, convexes, plus petits ou n'étant pas plus larges que les points enfoncés.

Couleurs. — Antennes, obscures; quatre premiers articles, testacés. Palpes maxillaires et lobes membraneux des machoires, de la même couleur. Labre, brun. Mandibules, chaperon et palpes labiaux, noirâtres. Devant de la tête, dos du prothorax et écusson, violets. Pattes et dessus du corps, bleus. Élytres, rouges avec deux bandes transversales et l'extrémité d'un violet plus foncé et presque noir; bandes, larges, sans ondulations et sans sinuosités: la première, au premier tiers de l'élytre, n'atteignant pas le bord extérieur; la seconde, au second tiers, atteignant ordinairement les deux bords. Poils hérissés, fauves au-devant de la tête et au-dessus du prothorax, noirs aux espaces obscurs des élytres, blancs ou cendrés partout ailleurs. Dessous du corps, bleu: contour extérieur de l'abdomen, rouge.

Sexe. — Le ceinture rouge de l'abdomen est plus large dans les femelles que dans les mâles. Ceux-ci ont leurs pattes simples et semblables à celles des individus de l'autre sexe. L'avant-dernière plaque est courte et largement échancrée en arc de cercle. La dernière rentre dans le type ordinaire, mais elle est beaucoup plus courte proportionnellement que dans la plupart des mâles congénères et notamment que dans ceux de l'*Apiarius*.

Variétés. — Quoique les deux bandes obscures soient ordinairement communes et quoique partout ailleurs la suture soit généralement rouge, il arrive quelquefois qu'elle est obscure entre les deux ainsi qu'entre la seconde et l'extrémité. Par contre, un mâle des Etats-Unis, donné par M.ʳ Sturm, a la lisière suturale entièrement rouge. Les deux bandes sont le plus souvent uniformément courbées, la convexité de la courbure étant tournée en avant. Plus rarement, la première s'élargit un peu auprès de la suture. Elle se prolonge même un peu en arrière, dans un mâle de l'ancienne collection Dejean.

9. Trichodes crabroniformis, *Fab.*

126. Trich. cæruleus, elytris rubris, fasciis duabus transversis suturâ a fasciâ anticâ ad apicem usque apiceque nigro-violaceis, pedibus corpori concoloribus. — *Tab.* xxx, *fig.* 3.

Trichodes crabroniformis, *Fab. syst. eleuth.* 1, 285, 9.
  »   »   *Sch. syn. ins.* 2, 49, 11.
Clerus crabroniformis, *Fab. ent. syst.* 1, 209, 17.
  »   »   *Oliv. ent.* iv. 76. 5. *Tab.* 7, *fig.* 1. a. b.
Trichodes gulo, *D. Parreyss in litteris.*

Patrie. — Sicile, Grèce, Turquie, Crimée, Asie mineure et Syrie.

Dimensions. — Long. du corps, 10 lig. — id. du prothorax, 2 et ⅟₂ lig. — id. des élytres, 7 lig. — larg. de la tête, 2 lig. — id. du prothorax à son maximum, la même. — id. du même au bord postérieur, 1 et ⅟₂ lig. — id. de la base des élytres, 2 et ⅟₂ ligne.

Formes. — C'est avec le *Zebra* que notre espèce a le plus de rapports. Ils sont même si étroits que le seul caractère constant qui m'ait paru assez apparent, se borne au contour du bord postérieur des élytres. On a vu qu'il est coupé en ligne droite de dehors en dedans et d'avant en arrière, dans le *Zebra*, et que l'angle sutural y est toujours fermé et saillant. Dans le *Crabroniformis*, au contraire, les deux élytres sont séparément arrondies, l'extrémité n'a souvent qu'une très faible courbure, elle est même quelquefois droite, mais l'angle sutural n'en est pas moins ouvert et rentrant.

COULEURS. — Antennes, fauves ou roussâtres: massue, noire. Chaperon, labre, mandibules, palpes labiaux, trois premiers articles des palpes maxillaires, tige cornée des mâchoires, onglets des tarses, bruns-noirâtres ou noirs. Dernier article des palpes maxillaires et lobes membraneux des mâchoires, testacés ou fauves. Devant de la tête, dos du prothorax et écusson, d'un bleu métallique très foncé tendant quelquefois au violet. Pattes et dessous du corps, bleus ou plus rarement noirs. Élytres, roussâtres, plus rarement tantôt jaunes et tantôt rouges: une petite tache à l'angle antéro-interne en contact avec l'écusson, deux bandes transversales communes, la suture à partir de la première bande jusqu'à l'extrémité postérieure, une grande tache apicale, violettes ou plus rarement noires; première bande, vers le premier tiers de l'élytre, rétrécie au milieu du dos et s'effaçant à une certaine distance du bord extérieur; la seconde, au second tiers, notablement plus large, un peu ondulée, atteignant le bord extérieur ou expirant sur sa lisière. Poils hérissés, noirs aux espaces obscurs des élytres, blanchâtres partout ailleurs.

SEXE. — Les mâles ont les fémurs postérieurs plus ou moins renflés et les tibias adjacents épais et arqués: mais leurs épines tibiales sont de la même forme que celles des femelles. Le métasternum est quelquefois terminé postérieurement par un petit tubercule creusé en dessous et un peu échancré, comme dans l'*Affinis*, mais proportionnellement beaucoup plus court. Ce tubercule n'existe pas, dans les femelles dont le métaster-

num est moins renflé et très-faiblement échancré. Les deux
dernières plaques ventrales du mâle ressemblent à celles du
mâle de l'*Apiarius*, la dernière est même deux fois plus longue proportionnellement que sa pareille dans l'*Apivorus*.

10. TRICHODES SANGUINEO-SIGNATUS, *Dup. et Dej.*

127. THICH. cæruleus, elytris rubris, fasciis duabus transversis suturà totà apiceque viridi-cæruleis, pedibus corpori concoloribus, antennis testaceis. — *Tab.* XXX, *fig.* 5.

Trichodes sanguineo-signatus, *Dej. loc. cit. p.* 126.
    »   »   *Dup. coll.*
    »   affinis, *Dup. ibid.*
VAR. A. distinctus, *Dej. loc. cit. p.* 120.
    »   » illustris, *D. Faldermann in litteris.*
    » B, C et D. Trichodes variabilis, *Dup. coll.* — M. *Tab.*
XXX, *fig.* 5. D.

PATRIE. — Grèce, Levant et Perse occidentale.

DIMENSIONS. — Long. du corps, 5 et ⅓ lig. — id. du prothorax, 1 et ¼ lig. — id. des élytres, 5 lig. — larg. de la
tête, 1 et ⅓ lig. — id. du prothorax au bord antérieur, 1 et ¼
lig. — id. du même au bord postérieur, 1 lig. — id. de la
base des élytres, 2 lignes.

FORMES. — Cette espèce s'éloigne visiblement de la précédente, par son corps moins cylindrique, par ses élytres proportionnellement plus larges et moins convexes. Ses dimensions la
rapprochent plutôt de l'*Umbellatarum* et encore davantage du
Favarius qui va suivre et auquel elle ressemble encore par la
distribution des couleurs et surtout par le dessin des élytres.
On a pu la prendre pour une variété à antennes jaunes. Elle me
semble cependant assez distincte. Dos du corcelet, luisant quoique
ponctué: points, de moyenne grandeur, rares et peu enfoncés;
milieu du disque, n'étant jamais plus fortement ponctué que

les côtés et l'étant souvent moins; ligne médiane, effacée. Élytres, plus fortement ponctuées que dans le *Favarius* : espaces
intermédiaires, plus étroits et plus convexes ; extrémités, conjointement arrondies; angle sutural postérieur, fermé.

Couleurs. — Antennes, jaunes ou testacées. Corps, bleuverdâtre métallique. Élytres, rouges : une bande le long de la
suture, deux bandes transversales et une tache apicale, de la
couleur du corps ; première bande, très large, ne dépassant
pas en arrière le premier tiers de l'élytre, remontant en avant
très près de la base, entourant plus ou moins l'écusson et
n'atteignant jamais le bord extérieur ; seconde bande, un peu
moins large, droite, atteignant les deux bords; bande suturale,
large ; tache apicale, commune, en ovale transversal. Pattes,
de la couleur du corps : dernier article des quatre tarses postérieurs, testacé ; onglets, noirâtres. Pélage, blanchâtre.

Sexe. — Dans les femelles de ma collection, la teinte métallique bleue tend davantage au verd. Les mâles ont les derniers anneaux de l'abdomen conformés comme dans l'*Apivorus*;
l'avant-dernière plaque ventrale, largement échancrée; la dernière, plus étroite, mais de la même longueur, son extrémité
arrondie. Les fémurs postérieurs sont renflés, les tibias arqués,
l'épine tibiale interne épaisse sans être courbée et allongée.

Variétés. — La Var. A a la première bande des élytres
très grande : elle atteint le bord antérieur et elle y occupe
tout l'espace compris entre l'écusson et les callus huméraux.
— La Perse occidentale, deux femelles, de l'ancienne collection Dejean.

La Var. B diffère du type per l'excès contraire : la première
bande est plus étroite et elle n'atteint pas le bord antérieur.
— Le Levant, une femelle, de la collection Dupont.

La Var. C est semblable à la Var. A, mais la même bande,
également étroite, est interrompue et ne se compose plus que
de deux ou trois taches isolées. — Même localité, un mâle de
la même collection.

La Var. D est semblable à la Var. C, mais la seconde bande est interrompue, comme la première, et elle est composée également de plusieurs taches isolées. — Même localité, les deux sexes, de la même collection.

11. Trichodes favarius, *Fab.*

128. Trich. cæruleus, elytris rubris, fasciis duabus transversis suturâ totâ apiceque viridi-cæruleis, antennarum apice pedibusque corpori concoloribus. — *Tab.* xxxi, *fig.* 1.

Trichodes favarius, *Illig. mag. fur die insekt.* 1, 80, 3.
»   »   *Sch. syn. insect.* 2, 49, 7.
»   senilis, *Koll. et Mann. apud Dej. coll.*

Var. A. Trichodes punctatus, *Dej. coll.*
» B.   »   illustris, *Steven sic, D. Faldermann.*
» C.   »   favarius, *Dup. coll.*
» »   »   obliquatus, *Brull. exp. de morée, ins. col.*
                        pag. 155, *n.* 233, *pl.* xxxiii, *fig.* 9.
» D.   »   Phedinus, *Godet, sic in coll. Dej.* — *M.*
                        Tab. xxxi, *fig.* 1. D.
» E.   »   hispanicus, *Dup. coll.*
» F.   »   vicinus, *Dej loc. cit.* 126. — *M. Tab.* xxxi,
                        fig. 1. F.
» G.   »   axillaris, *Dup. coll.*
» H.   »   affinis, *Dup. coll.* ♀. — *M. Tab.* xxix,
                        fig. 1.
» »   »   elegantulus, *id. ib.* ♂.
» »   »   latifasciatus, *mihi olim,* ♂. ♀.
» I.   »   elegantulus, *Dup. coll.*

Patrie. — L'Europe méridionale, les Iles de la Méditerranée.

Dimensions. — Comme dans l'espèce précédente. Taille, plus variable: long. du corps, de quatre lignes dans les plus petits individus, de sept à huit dans les plus grands.

Formes. — La ponctuation du dessus du corps est le seul trait qui m'a empêché de confondre cette espèce avec la précédente. Mais ce trait est apparent, tranché et constant : on ne saurait donc le prendre, pour une modification accidentelle. Dans les deux sexes de toutes les nombreuses variétés de couleurs, j'ai toujours vu le disque du prothorax plus fortement ponctué que la dépression antérieure, les points enfoncés très rapprochés, confluents et rugiformes, les espaces intermédiaires convexes, discontinus et graniformes. Ce surcroît de ponctuation locale, ne provient certainement pas d'une cause étrangère ou accidentelle, car si cette cause eut existé, elle aurait nécessairement agi sur les autres parties du dos. Les élytres, par exemple, auraient dû en ressentir les effets. Or c'est précisément ce qui n'est pas arrivé : leur surface est moins fortement ponctuée dans le *Favarius*, que dans le *Sanguineo-signatus*; les points y sont moins enfoncés et plus distants, les espaces intermédiaires y sont moins élevés.

Couleurs. — Le type du *Favarius* ne diffère visiblement du *Sanguineo-signatus* que par ses antennes entièrement noires : mais leur base est jaune, dans plusieurs variétés; le nombre des articles jaunes n'est pas constant, et dans les Var. H et I, les huit premiers sont de cette couleur et la teinte noire normale ne se maintient qu'aux trois derniers.

Sexe. — Dans les mâles, l'extrémité postérieure du ventre est comme dans l'*Apiarius*, tandis que les mâles du *Sanguineo-signatus* ressemblent, sous ce rapport, à ceux de l'*Apivorus*. La dernière plaque ventrale est étroite, un peu acuminée et deux fois plus longue que l'avant-dernière. Ce second caractère vaut bien mieux que celui que nous avons tiré de la couleur des antennes. Il est dommage qu'il ne soit bon que pour l'un des deux sexes.

Variétés. — En prenant, pour types, les exemplaires dont les antennes sont noires, dont le corps et les bandes obscures sont d'un beau bleu foncé, dont les bandes rouges sont égales en largeur aux bandes bleues et dont la bande suturale est étroite et sans dilatation, j'ai observé les variétés suivantes.

Var. A, semblable au type, mais entièrement noir-mat hors dans les portions rouges des élytres. — Crimée, un mâle, de l'ancienne collection Dejean.

Var. B, semblable pareillement au type, mais où le bleu du corps et des élytres passe au verd métallique. — La Russie méridionale, les deux sexes, donnés par M.ʳ Faldermann, sous le nom *Trich. illustris Stev.*

Var. C, semblable au type pour les couleurs, mais ayant les bandes bleues des élytres beaucoup plus larges que les bandes rouges. — Patrie douteuse, un exemplaire qui porte le nom de *Trichodes favarius* dans la collection Dupont.

Var. D, semblable à la Var. B pour les couleurs et à la Var. C pour le dessin des élytres. — Russie, un mâle, donné à M.ʳ Dejean par M.ʳ Godet,

Var. E, couleurs du type, ponctuation des élytres ayant quelques traces de stries rudimentaires, dans les alentours de la base. — Espagne, un exemplaire de la collection Dupont où il porte le nom de sa patrie. Je ne l'ai plus sous les yeux: mais autant que je puis m'en ressouvenir, les premiers articles de ses antennes sont jaunes ou testacées.

Var. F, couleurs du type, première bande commune bleue des élytres étroite comme dans la Var. B du *Sanguineo-signatus* et en croissant dont les cornes sont tournées en avant. — Smyrne, un mâle donné à M.ʳ Dejean par M.ʳ Escher.

Var. G, semblable à la Var. F, première bande des élytres ne réjoignant pas la suture et ne consistant plus qu'en une petite ligne qui court obliquement de dedans en dehors et d'avant en arrière. Le Lévant, un mâle, de la collection Dupont où il porte le nom de *Trich. axillaris.*

Var. H, semblable à la Var. C pour les teintes des couleurs

et pour le dessin de la surface des élytres, bande suturale plus large, des traces de stries rudimentaires à la base des élytres, comme dans la Var. E ; antennes, jaunes : massue obscure. Taille, très grande : long. du corps, huit lignes. — Le Lévant, deux mâles, l'un de l'ancienne collection Dejean où il avait été confondu avec les autres variétés du *Favarius*, l'autre donné par M.ʳ Dupont sous le nom de *Trich. affinis*.

Var. I, semblable à la Var. H, mais moitié plus petite : long. du corps, 4 lignes. — Le Lévant, deux mâles, de la collection Dupont où ils portent le nom de *Trich. elegantulus*.

12. Trichodes Syriacus, *Dej.*

129. Trich. cæruleus, elytris rubris, fasciis duobus extus dilatatis apice suturâ totâ punctoque rotundo humerali cæruleis. — *Tab.* xxx, *fig.* 6.

Patrie. — La Syrie.

Dimensions. — Long. du corps, 5 et ½ lig. — id. du prothorax, 1. et ¼ lig. — id. des élytres, 4 lig. — larg. de la tête, 1 et ¼ lig. — id. du prothorax à son maximum, la même. — id. de la base des élytres, 2 lignes.

Formes. — L'examen des dimensions prouve que cette espèce l'emporte, sur celles qui lui ressemblent le plus, par la largeur des élytres comparée à la longueur du corps. La tête et le prothorax, comme dans le *Sanguineo-signatus* : ligne médiane du dernier, lisse et luisante. Élytres, uniformément convexes ; dos, non déprimé ; suture, non relevée ; ponctuation moyenne, un peu plus forte que dans l'*Apiarius*, mais moins que dans le *Favarius*; espaces intermédiaires, planes, finement pointillés et presque opaques ; bord postérieur, tronqué en ligne droite perpendiculaire à l'axe du corps ; une petite épine, à l'angle sutural postérieur. Pélage, hérissé partout, plus court et très rare sur les élytres.

COULEURS. — Antennes, obscures: premiers articles, moins foncés; massue, noirâtre. Chaperon, labre, mandibules, palpes et autres parties de la bouche, noirs. Corps et pattes, d'un beau bleu foncé métallique. Élytres, rouges: la suture entière, deux bandes transversales, une grande tache apicale et un point huméral, de la couleur du corps; bande suturale, assez large; première bande transversale, étroite au voisinage de la bande suturale, dilatée et arrondie en dehors, terminée à une certaine distance du bord extérieur; seconde bande, un peu plus large, rétrécie au milieu du dos, faiblement ondulée, atteignant les deux bords; tache humérale, arrondie, ponctiforme, surmontant le sommet du callus. Poils, blanchâtres.

SEXE. — Une femelle que M.r Dejean avait trouvée dans la première collection de Latreille. Mâle, inconnu.

13. TRICHODES NUTHALLI, *Say.*

150. TRICH. cæruleus, elytris apicè rotundatis rubris nitidis, fasciis duabus transversis extus non dilatatis apice suturà totà maculâque humerali corpori concoloribus. — *Tab.* XXXI, *fig.* 2.

Trichodes Nuthalli, *Say apud Dej. loc. cit. p.* 126.

» humeralis, *loc. cit. p.* 126.

PATRIE. — L'Amérique septentrionale.

DIMENSIONS. — Long. du corps, 4 lig. — id. du prothorax, $\frac{3}{4}$ lig. — id. des élytres, 3 lig. — larg. de la tête $\frac{1}{3}$ lig. — id. du prothorax à son maximum, $\frac{2}{3}$ lig. — id. de la base des élytres, 1 ligne.

FORMES. — Tête et antennes, de la forme ordinaire: corps subcylindrique, élytres proportionnellement plus étroites; surface du dos, finement ponctuée; points, rares et peu enfoncés comme dans l'*Octopunctatus* et dans l'*Apiarius*; espaces intermédiaires, larges, planes et luisants; extrémités des élytres, conjointement arrondies, en arcs de cercle: angle sutural postérieur, non avancé en pointe.   43

Couleurs. — Antennes, jaunes-rougeâtres : massue, noire. Palpes maxillaires et dernier article des labiaux, de la même couleur. Tête, chaperon, labre, mandibules, premiers articles des palpes labiaux, noirâtres. Corps et pattes, bleus ou d'un verd-bleuâtre métallique. Élytres, rouges : suture entière, deux bandes communes transversales, une grande tache apicale et une autre humérale, de la couleur du corps ; première bande, au premier tiers de l'élytre, ayant son maximum de largeur près de la suture, contour extérieur en arc d'ellipse dont le sommet n'atteint pas le bord de l'élytre ; la seconde, au second tiers, moins large que l'autre près de la suture, moins étroite en dehors, un peu arquée, atteignant les deux bords. Pélage, blanchâtre.

Sexe. — Point de lisière rougeâtre, au ventre des femelles. Dernières plaques ventrales du mâle, conformes au type du sexe : la dernière, proportionnellement plus longue que dans le *Sanguineo-signatus* et que dans l'*Apivorus*, mais moins que dans le *Favarius* et que dans l'*Apiarius*. Pattes simples, tibias droits et fémurs non renflés.

Variétés. — Dans quelques mâles, la couleur du corps, alors plus verdâtre, domine davantage sur la surface des élytres, la lisière suturale s'élargit près de l'écusson, la tache humérale devient oblongue et même sub-linéaire.

14. Trichodes leucopsideus, *Sch.*

131. Trich. cæruleus, elytris apice rubris sub-opacis, fasciis duabus transversis extus non dilatatis apice rectâ truncato suturâ totâ maculâque humerali corpori concoloribus. — *Tab.* xxxi, *fig.* 3.

Trichodes leucopsideus, *Sch. syn. ins.* 2, 49, 9.
Clerus leucopsideus, *Oliv. ent. t.* iv. 76. *p.* 6. *n.* 8. *Tab.*
1, *fig.* 6.

Var. A. Trichodes ceraceus, *Hoffm. sic in coll. Dej.*
» B. » Leucopsideus, *Latr. ibid.* — M. *Tab.* xxxi, *fig.* 3. B.
» C. » fuscicornis, *mihi olim.*

Patrie. — L'Espagne et la France méridionale.

Dimensions. — Les mêmes que dans le *Nuthalli.* Taille, ordinairement plus grande : long. du corps, de cinq à six lignes.

Formes. — Très ressemblantes à celles du *Nuthalli* : Ponctuation du dos, plus forte, notamment aux élytres qui sont aussi moins luisantes et presque opaques. Mais ces différences, quoique assez apparentes lorsqu'on a les deux espèces sous les yeux, sont moins importantes que la suivante qui fournit un caractère tranché et absolu. Les extrémités des élytres, conjointement arrondies dans le *Nuthalli,* sont tronquées en ligne droite dans le *Leucopsideus* comme dans le *Syriacus* et sans que l'angle sutural soit saillant et spiniforme comme dans ce dernier.

Couleurs. — Exactement les mêmes que celles du *Nuthalli.*

Sexe. — Les femelles ont l'abdomen liséré de rouge et les deux dernières plaques ventrales, en tout ou en partie, de cette couleur. Les mâles ont les derniers anneaux de l'abdomen comme dans l'*Apiarius,* les fémurs postérieurs renflés, les tibias arqués, l'épine tibiale interne épaisse, mais courte et droite.

Variétés. — La Var. A est semblable au type, mais la couleur foncée du corps, des pattes et de la surface des élytres, est décidément noire et matte. — L'Espagne, les deux sexes, de l'ancienne collection Dejean, donnés par M.ᵣ le Conte de Hoffmansegg.

La Var. B est noire comme la Var. A. Les élytres sont jaunes avec des taches et des bandes noires. La première bande est très étroite, doublement interrompue et elle ne consiste plus qu'en deux petites taches, comme dans la variété de l'*Apia-rius* qu'on a nommée *Interruptus*. — Patrie, incertaine. Un mâle, de grande taille: long. du corps, six lignes. Je l'ai trouvé dans l'ancienne collection Dejean et il avait appartenu à Latreille.

La Var. C ressemble davantage au type, mais la massue antennaire et quelquefois les 7.e et 8.e articles sont noirs. — La Provence, environs de Digne. Les deux sexes, de la collection Dejean.

15. Trichodes aulicus, *Dej.*

132. Trich. cæruleus, elytris striato-punctatis, rubris, fasciis duabus transversis fasciâ albâ interceptis suturâ totâ apice maculâque humerali corpori concoloribus — *Tab.* xxxi, *fig.* 4.

Trichodes aulicus, *Dej. loc. cit. p.* 126.
» Dejeanii, *D. Drege in litteris.*

Patrie. — Le Cap de Bonne Esperance.

Dimensions. — Long. du corps, 3 et ½ lig. — id. du prothorax, ¾ lig. — id. des élytres, 2 et ½ lig. — larg. de la tête, ½ lig. — id. du prothorax à son maximum, la même. — id. du même à son bord postérieur, ½ lig. — id. de la base des élytres, ¾ ligne.

Formes. — Massue antennaire, proportionnellement plus étroite et plus allongée que dans ses congénères. Devant de la tête, fortement ponctué: ponctuation, confluente et rugiforme. Dos du prothorax, très faiblement convexe, fortement ponctué et rugueux comme dans le *Favarius:* dépression et rétrécissement antérieurs, nuls; côtés, droits et parallèles du bord antérieur jusqu'aux deux tiers de la longueur, convergents dans le tiers postérieur, mais n'y étant, ni infléchis, ni rentrants; sillon sous-marginal, effacé; bord postérieur, peu relevé. *Élytres, striato-ponctuées.* L'*Aulicus* est le seul *Trichode* qui ait

réellement ce caractère. Il y est très tranché et il vaut certainement mieux que ceux que j'ai voulu employer dans le tableau
synoptique. On compte, sur chaque élytre, dix rangées longitudinales, parallèles et équidistantes, de points enfoncés ronds
et distincts, partant de la base et ne disparaissant qu'à une
petite distance du bord postérieur. Cloisons transversales, plus
étroites que les diamètres des points enfoncés, lisses et imponctuées. Intervalles longitudinaux, d'autant plus larges qu'ils sont
plus voisins de la suture, planes, luisants, n'ayant qu'une seule
rangée de petits points peu enfoncés et placés constamment
vis-à-vis des cloisons transversales. Côtés, parallèles dans les
cinq sixièmes de leur longueur au moins: extrémités, conjointement arrondies. Pélage, hérissé partout, assez épais à la tête
et au prothorax, très rare sur le dos des élytres, par la double
raison qu'il y a peu de points piligères et que ceux des stries
longitudinales sont ordinairement dépilés.

Couleurs. — Antennes, noires: premiers articles, testacés
en dessous. Chaperon, labre, mandibules, palpes et autres
parties de la bouche, noirs. Corps et pattes, d'un bleu un
peu métallique et souvent verdâtre. Élytres, rouges: lisière
suturale, tache humérale ponctiforme, deux larges bandes transversales simples, placées vers le milieu de la longueur et in-
terceptées par une bande blanche pareille et plus étroite, une
grande tache commune apicale, de la couleur du corps. Poils,
blanchâtres.

Sexe. — Une femelle de l'ancienne collection Dejean a le
contour du ventre, de la couleur du corps, bleu-métallique.
— Un mâle, fourni par M.ʳ Drege, est plus petit que la femelle; long. du corps, 5 lignes. Le bleu domine davantage sur
le dos des élytres. Les bandes transversales obscures sont dilatées vers la suture. La bande claire intermédiaire est un peu
jaunâtre. Les pattes sont simples et les dernières plaques ventrales sont comme dans l'*Apiarius*.

16. Trichodes Ammios, *Fab.*

135. Trich. viridi-cæruleus, elytris corpori concoloribus, fasciis duabus vel tribus antennisque flav. — *Tab.* xxxii, *fig.* 1.

Trichodes Ammios, *Fab. syst. eleuth.* 1, 284, 5.

》   》   *Sch. syn. ins.* 2, 48, 5.

Clerus Ammios, *Fab. ent. syst.* 1, 208, 13.

》   》   *Ol. ent.* iv, 76, *p.* 6, *n.* 3, *pl.* 1, *fig.* 3.

Var. A. Trichodes arthriticus, *Chevr.ᵗ teste D.º Reiche.* —
          Tab. xxxii, *fig.* A.

》 B.   》   dauci, *Villa coll.* — M. *Tab.* xxxii, *fig.* B

》 C.   》   flavo-cinctus *Dahl in coll. Dej.* — M. *Tab.*
          xxxii, *fig.* C.

》 D.   》   smyrnensis, *Dup. ibid.*

》 E.   》   visnagæ, *D. Friwaldsky in litteris.* —
          M. *Tab.* xxxii, *fig.* E.

》 F.   》   omoplatus, *Dup. coll.*

》 G.   》   sipylus, *Fab. syst. eleuth.* 1, 284, 4. —
          M. *Tab.* xxxii, *fig.* G.

》 》   》   》 *Sch. syn. ins.* 2, 48, 4.

》 》 Clerus sipylus, *Fab. ent. syst.* 1, 208, 4.

》 》   》   》 *Ol. ent.* iv, 76, *p.* 8, *n.* 7, *pl.* 1,
          fig. 7. a. b.

》 》 Trichodes subfasciatus, *Fald. in coll. Dej.*

》 H.   》   4-guttatus, *Menetr. ibid.*

》 》   》   4-pustulatus, *Dej. ibid.*

》 I.   》   4-pustulatus, *Steven et Zoubkoff*, *ibid.*

》 》   》   4-punctatus, *Friw. ibid.*

》 》   》   4-guttatus, *Fald. ibid.*

Patrie. — L'Europe méridionale, le nord de l'Afrique, le Lévant, les bords de la Mer Noire, la Perse occidentale et septentrionale, la Russie méridionale et orientale, les steppes des Kirguises et quelques autres cantons de la Sibérie.

Cette espèce étant très variable en couleur et en grandeur, le choix du type m'a paru arbitraire et j'ai choisi la variété qui m'a offert les plus gros individus.

DIMENSIONS. — Long. du corps, 6 lig. — id. du prothorax, 1 et ⅓ lig. — id. des élytres, 4 lig. — larg. de la tête 1 et ⅓ lig. — id. du prothorax à son maximum, la même. — id. du bord postérieur, 1 lig. — id. de la base des élytres.

FORMES. — Peu distantes de celles de l'*Apiarius*. Dos du prothorax, aussi fortement ponctué que dans le *Favarius*. Élytres, uniformément convexes; extrémités, conjointement arrondies; ponctuation du dos, très serrée, à-peu-près égale à celle du prothorax.

COULEURS. — Antennes, jaunes. Corps et pattes d'un bleu verdâtre métallique. Palpes, testacés. Labre, mandibules et autres parties de la bouche, bruns-noirâtres. Élytres, de la couleur du corps avec trois bandes jaunes qui partent du bord extérieur et qui n'atteignent pas la suture : la première, allant de la base au premier quart de l'élytre, entourant une tache oblongue et humérale de la couleur du corps, rejoignant la seconde le long du bord extérieur; celle-ci, à-peu-près vers le milieu, plus ou moins ondulée et un peu dilatée en dedans; la troisième, aux trois quarts de l'élytre, remontant obliquement de dehors en dedans et d'arrière en avant, en demi-croissant. Poils, cendrés.

SEXE. — Les femelles sont ordinairement plus grandes et proportionnellement plus larges que les mâles. Leurs pattes sont simples et leur ventre n'est pas liséré de rouge.

Dans l'autre sexe, touts les caractères sexuels secondaires, c. à. d., ceux qui ne font pas rigoureusement partie des parties génitales subissent une infinité de modifications individuelles. Ainsi tandis que les dernières plaques ventrales sont conformes au type ordinaire et tandis que la dernière est même aussi courte que dans quelques femelles, telle que nous l'avons vue dans l'*Api-*

vorus et dans le *Sanguineo-signatus*, les pattes postérieures parviennent quelquefois au plus haut degré de développement anormal. Alors, il y a à la fois renflement considérable des fémurs et des tibias. Ceux-ci sont fortement courbés en dedans. Leur prolongement interne n'a plus la forme d'une épine: il est applati en dehors, concave en dedans, recourbé en avant, aussi large que le tibia et aussi long que le premier article du tarse correspondant.

Variétés. — Dans la Var. A, la première bande des élytres est interrompue par la tache humérale qui se prolonge en arrière jusqu'à l'espace obscur qui sépare les deux premières bandes. — L'Algérie. Cette variété a elle-même quelque sous-variétés. Les bandes des élytres passent du jaune pâle à l'orangé et au rouge. La couleur bleue est aussi plus ou moins foncée et tendant au violet ou plus ou moins claire et tendant au verd. Elle comprend des individus de la plus grande taille et des mâles à pattes postérieures volumineuses et difformes. Cette difformité a paru si frappante qu'on a imaginé de la prendre pour un caractère spécifique et qu'on s'en est prévalu pour isoler cette variété et en faire une espèce qu'on a nommée *Trich. arthriticus.*

La Var. B est semblable à la précédente, mais elle est d'un tiers plus petite, la couleur du corps y est bleue et les bandes des élytres y sont rousses. Épines tibiales des mâles, de la forme ordinaire. — Le Midi de l'Europe, la Grèce, la Sicile, etc.

La Var. C n'est qu'une sous-variété de la précédente qui a le corps bleu-verdâtre et les bandes des élytres d'une teinte plus claire, jaune de paille. — La Corse, une femelle, de la collection Dejean, fournie par M.ᵣ Dahl. — La Romélie, une autre femelle qui m'a été donnée par M.ᵣ Faldermann. — L'Espagne, les deux sexes recueillis par M.ᵣ Ghiliani en 1842.

Dans la Var. D, la couleur du corps est un vert-bleuâtre métallique: les bandes des élytres sont plus distantes de la suture et ressemblent d'avantage à des taches arrondies. — La Grèce où elle n'est pas rare.

La Var. E, est semblable à la Var. D, elle en diffère par la dernière bande jaune des élytres interrompue et divisée en deux petites taches. — La Turquie, M.ʳ Friwaldsky.

La Var. F est semblable à la précédente, mais la première bande jaune des élytres est comme dans le type. — La Grèce, un exemplaire de la collection Dupont.

La Var. G est remarquable en ce que la première bande des élytres est entièrement effacée et en ce qu'elle n'offre plus qu'une lisière jaune qui longe le bord extérieur à partir de la base jusqu'à la rencontre de la seconde bande. Celle-ci et la troisième ne sont plus que des taches marginales. — La Grèce, où elle paraît aussi commune que la Var. D. — La Perse occidentale, un exemplaire donné à M.ʳ Dejean par M. Faldermann.

La Var. H est une des sous-variétés de la Var. G, elle a les deux taches marginales plus étroites et sub-linéaires. — La Russie méridionale, une femelle donnée à M.ʳ Dejean par M.ʳ Ménétries.

La Var. I ne diffère de la Var. H que par l'absence de sa lisière jaune à la moitié extérieure de ses élytres. — Mêmes contrées que les variétés précédentes. Turquie, M. Friwaldsky dans la collection Dejean. La Perse et la Turcomanie, M.ʳˢ Zoubkoff et Faldermann ibid. Les steppes des Kirguises, M.ʳ Zoubkoff, ibid. L'Egypte, un exemplaire de la collection Dejean.

17. Trichodes bifasciatus, *Fab.*

154. Trich. violaceo-cœruleus, nitidus, elytrorum fasciis duabus transversis rubris, antennis corpore concoloribus. — *Tab.* xxxii, *fig.* 2.

Trichodes bifasciatus, *Fab. syst. eleuth.* 1, 283, 5.
     »   »   *Sch. syn. insect.* 2, 47, 3.
Clerus bifasciatus, *Fab. ent. syst.* 1, 208, 11.
     »   »   *Oliv. ent. tom.* ɪv, 76, *pag.* 9, *pl.* 1, *fig.* 9.   **44**

PATRIE. — Le sud-ouest de la Sibérie.

DIMENSIONS. — Long. du corps, 5 lig. — id. du prothorax, 1 lig. — id. des élytres, 3 ¦ lig. — larg. de la tête, ¦ lig. — id. du prothorax à son maximum, la même. — id. du même à son bord postérieur, ¦ lig. — id. de la base des élytres, 1 et ¦ lig. — id. des mêmes à leur maximum, 2 lignes.

FORMES. — Les différences des proportions respectives auraient suffi pour ne pas confondre cette espèce avec la précédente, quand même le contraste des autres formes aurait été moins tranché. Mais ce contraste est tel qu'il peut dispenser l'observateur de prendre la règle à la main. D'abord, la surface du dos est bien plus luisante, elle paraît également lisse partout et on a besoin de recourir à la loupe pour reconnaître la présence de quelques points petits, très distants et peu enfoncés. La rareté des points engendre nécessairement la rareté du pélage, ensorte que les individus un peu usés paraissent presque glabres. Les côtés des élytres droits et parallèles, dans les autres *Trichodes*, à partir de la base jusqu'au point où elles commencent à converger, ayant alors leur plus grande largeur à leurs angles antérieurs, sont droits encore, dans le *Bifasciatus*, mais divergents ensorte que le maximum de leur largeur répond aux trois quarts de leur longueur. Le dos est uniformément convexe, les extrémités conjointement arrondies, l'angle sutural postérieur fermé et proéminent.

COULEURS. — Antennes, obscures: premier article, testacé. Chaperon, labre, mandibules, palpes labiaux, bleu-noirâtre. Derniers articles des palpes maxillaires, testacés. Corps et pattes, bleu-violets. Élytres, de la même couleur avec deux bandes transversales rouges, de moyenne largeur: première bande, vers le milieu, ondulée, partant du bord extérieur et n'atteignant pas la suture; seconde bande, près de l'extrémité, entière, faiblement arquée, également distante des deux bords. Poils, cendrés.

SEXE. — Pattes des deux sexes, également simples. Avant-

dernière plaque ventrale des mâles, plus fortement échancrée
que dans les différentes variétés de l'*Ammios*, la dernière proportionnellement plus longue et plus étroite. Quatre exemplaires,
savoir, les deux sexes de l'ancienne collection Dejean et les mêmes
de la mienne, sans différence sensible.

18. Trichodes ornatus, *Say*.

135. Trich. cæruleus, nitidus, elytrorum fasciis maculisve
quatuor albido-flavis. — *Tab.* xxxi, *fig.* 5.

Trichodes ornatus, *Say ed. de Leq. pag.* 152, *n.* 1.

Patrie. — Les États-Unis de l'Amérique septentrionale.

Dimensions. — Long. du corps, 3 lig. — id. du prothorax,
¾ lig. — id. des élytres, 2 lig. — larg. de la tête, ⅓ lig. —
id. du prothorax à son maximum, la même. — id. du même
au bord postérieur, ½ lig. — id. de la base des élytres, 1 ligne.

Formes. — Corps, étroit et cylindrique comme dans l'*Aulicus*.
Dos et contour du prothorax, à-peu-près semblables. Surface
dorsale, aussi luisante, mais plus sensiblement ponctuée que
dans le *Bifasciatus*. Côtés des élytres, droits et parallèles de
la base jusqu'aux trois quarts de la longueur, ensorte que le
maximum de la largeur peut être pris aux angles huméraux
comme dans la plupart des espèces congénères; extrémités, conjointement arrondies; angle sutural postérieur, fermé. Pélage,
rare.

Couleurs. — Antennes, obscures. Chaperon, labre et autres
parties de la bouche, comme dans le précédent. Corps et
pattes, bleus. Quatre taches ou bandes jaunâtres, à chaque
élytre : la première, près de la base, annulaire et entourant le callus huméral; la seconde, au premier tiers, dorsale
et ponctiforme; la troisième, vers le milieu, en bande étroite
et sinueuse ou en S allant de dehors en dedans et d'avant
en arrière; la quatrième, près de l'extrémité, en bande oblique

et linéaire, allant de dehors en dedans et d'arrière en avant.
Pélage, blanchâtre.

Sexe. — Comme dans le précédent.

Variétés. — Dans les petits individus et notamment dans
ceux du sexe masculin, la couleur des antennes est souvent
moins foncée, brune ou ferrugineuse. Les taches des élytres
sont aussi plus ou moins effacées. Par exemple, dans un mâle
de la collection Reiche, long 2 et ½ lig., la moitié interne de
la première a disparu et au lieu d'un anneau il n'y a plus
qu'un croissant longitudinal dont les cornes sont tournées en
dedans, la seconde n'est plus qu'un très petit point à peine visible, la troisième n'est qu'un ligne oblique presque droite, la
quatrième est ronde et ponctiforme. Il est aisé de pressentir
que d'autres variétés intermédiaires doivent continuer le passage du
type à cet individu. En effet, un autre mâle de ma collection
semble tenir le milieu. La première et la troisième taches y
sont conformes au type : la seconde, comme dans la variété, mais plus large et en ovale oblong ; la quatrième, aussi
large que dans le type, mais interrompue au milieu et divisée
en deux petites taches ponctiformes.

XXXII. G. AULICUS, *M.*

Antennes, distantes, *ayant leur origine au devant de l'échancrure oculaire*, *de onze articles*, *les trois derniers*, *applatis*,
dilatés et formant ensemble une espèce de massue à articulations
bien distinctes, assez allongée, mais moins longue que les articles 2—8 pris ensemble ; les deux premiers articles de la
massue, sub-triangulaires ; *le dernier*, en ovale terminé en
pointe, *plus long que chacun des deux précédents*, *mais
moindre que les deux pris ensemble*.

Tête, de la forme ordinaire : labre et chaperon, un peu
moins avancés que dans les *G. Trichodes*.

Yeux, distants, transversaux, réniformes, largement échancrés en avant.

Palpes maxillaires, *de quatre articles: le dernier*, applati, dilaté, *en triangle renversé.*

Palpes labiaux, *de trois articles : le dernier*, à-peu-près *de la même forme et de la même grandeur que le dernier des labiaux.*

Autres *Parties de la bouche*, inobservées.

Prothorax, comme dans les *Clères* dont les *Auliques* se rapprochent plus que des *Trichodes* par l'ensemble de leur *Facies*, quoiqu'ils s'en éloignent par les derniers articles de leurs palpes. *Fosses coxales*, *ouvertes.*

Écusson, de moyenne grandeur, en ovale transversal.

Élytres, parallèles, conjointement arrondies, entourant l'extrémité postérieure de l'abdomen.

Ventre, faiblement convexe: dernières plaques, entières dans le petit nombre d'individus que j'ai eus sous les yeux.

Pattes, moyennes, simples : fémurs postérieurs, non renflés et ne dépassant pas l'extrémité des élytres.

Tarses, n'ayant que quatre articles visibles en dessus : les trois premiers, bifides en dessus et munis en dessous d'un appendice membraneux visiblement échancré ; crochets, simples.

Les deux espèces que j'ai réunies dans ce petit groupe, ont des caractères communs qui ne conviennent à aucun des autres genres établis. Elles diffèrent cependant, l'une de l'autre, plus que ne diffèrent ordinairement entr'elles les espèces congénères de cette famille, lorsque les genres ont été bien circonscrits. Elles diffèrent encore davantage par leur origine, l'une étant du Mexique et l'autre étant de la Nouvelle Hollande. Il est probable qu'on pourra et qu'on devra même les séparer, quand on les connaîtra mieux. Mais le petit nombre et le mauvais état des individus qui m'ont été communiqués, ne m'ont pas permis de hazarder cette innovation.

1. AULICUS NERO.

136. Aul. elytris confusè et creberrimè punctulatis. — *Tab.*
XXVII, *fig.* 5.

Clerus Nero , *Dup. coll.*

Patrie. — Le Mexique.

Dimensions. — Long. du corps, 4 et ½ lig. — id. du prothorax , 1 lig. — id. des élytres 3 lig. — larg. de la tête ,
1 lig. — id. du prothorax à son maximum , la même. — id.
de la base des élytres , 1 et ¼ ligne.

Formes. — Cette espèce a un faux air du *Serriger Reichei*,
mais ses antennes , en massue et non en scie , suffisent pour
la distinguer dès le premier abord. Antennes , assez épaisses
et visiblement moins longues que la tête et le prothorax pris
ensemble. Yeux , peu saillants et débordant néanmoins le prothorax parceque le vertex , d'ailleurs large et court , s'élargit
encore insensiblement d'arrière en avant. Dépression antérieure du prothorax , effacée en avant et peu sensible à sa lisière postérieure: disque , très faiblement et uniformément convexe , brusquement rabaissé en arrière ; sillon sous-marginal,
non rebordé ; bords latéraux , en arcs de courbe à très faible
courbure , atteignant le maximum de la largeur à peu de distance du bord antérieur , convergents en arrière et sans inflé-
xion rentrante ; largeur du bord postérieur , étant à celle du bord
opposé , dans le rapport de quatre à cinq. Ponctuation du dessus
du corps et de la surface des élytres , étant partout également
forte , confuse et serrée. Côtés des élytres , ne commençant à
se courber et à se rapprocher qu'aux quatre cinquièmes de leur
longueur. Pélage hérissé , plus rare sur les élytres.

Couleurs. — Antennes, noires : cinq ou six premiers articles, rougeâtres. Tête, corcelet, écusson et pattes, bleus et
brillants d'un éclat faiblement métallique. Élytres, rouges : suture

et extrémités, de la couleur du corps. Ventre, rouge. Poils, blanchâtres.

SEXE. — Incertain.

VARIÉTÉS. — Semblable au type: au premier tiers des élytres, une bande transversale commune, de la couleur de la suture. Les dimensions de cette bande paraissent très variables. — Collection Dupont.

2. AULICUS INSTABILIS.

137. AUL. splendore metallico fulgens, elytris ferè in totâ longitudine profundè striato-punctatis. — *Tab.* XXVIII, *fig.* 1.

Clerus instabilis, *Newm. the. ent. n.* 1, *pag.* 15.

» auratus, *Gory coll.*

VAR. A. Aulicus episcopalis, *mihi olim in coll.*

PATRIE. — La Nouvelle-Hollande.

DIMENSIONS. — Long. du corps, 3 et ¼ lig. — id. du prothorax, ⅔ lig. — id. des élytres, 2 et ¼ lig. — larg. de la tête, ½ lig. — id. du prothorax à son maximum, la même. — id. de la base des élytres, 1 et ½ ligne.

FORMES. — Antennes, proportionnellement un peu plus courtes que dans le *Nero :* massue antennaire, de la même forme, articles un peu plus serrés. Yeux, distants, de moyenne grandeur, finement grénus, saillants au dehors du prothorax. Vertex, très court, ne s'élargissant pas d'arrière en avant. Dépression et rétrécissement antérieurs du prothorax, bien prononcés: disque, faiblement convexe; ligne médiane, enfoncée; sillon longitudinal, partant du bord postérieur et atteignant la dépression antérieure; sillon transversal postérieur, étroit et peu enfoncé; bord postérieur, relevé et épais, mais non rebordé: bords latéraux, droits et sub-parallèles le long de la dépression antérieure, courbés au-delà en arcs de courbe sans inflexion et dont le maximum répond au milieu de la longueur du prothorax. Corps, luisant d'un bel éclat métallique, ponctué et pubescent : ponctuation, plus forte et plus serrée au devant de de la tête et sur le dos du prothorax ; pélage, hérissé. Sur chaque élytre, dix stries longitudinales de points enfoncés, plus gros et plus profonds, partant de la base et atteignant les trois quarts de la longueur : cloisons transversales, étroites et peu saillantes ; intervalles longitudinaux, pointillés, aussi larges que les stries, convexes et sub-costiformes ; extrémités, confusément ponctuées.

Couleurs. — Antennes, palpes, tarses et extrémités tarsiennes des tibias, jaunes. Dessus du corps, vert-métallique : dessous, bleu ; flancs des élytres, dorés. Poils, blanchâtres.

Sexe. — Incertain, dans les trois exemplaires que j'ai observés. Le premier, de la collection Gory, était en très mauvais état et avait perdu son abdomen. Celui de la collection Reiche a servi de type à la description.

Variétés. — Un troisième exemplaire qui m'a été cédé par Mr Verani diffère des deux autres par sa taille plus grande, long. du corps, 4 lignes, par ses couleurs, le dessus du corps étant entièrement d'un beau violet métallique qui lui aurait mérité le nom d'*Episcopalis* si ce nom n'avait pas dû céder la place à celui de Mr Newman, par une fossette enfin à la dernière plaque ventrale. Cette fossette est sans doute une particularité sexuelle, mais à quel sexe appartient-elle ?

XXXIII. G. PLATYCLERUS, *Spinola*.

Antennes, très distantes, *ayant leur origine au devant des yeux, de onze articles :* le premier, épais, cylindrique : les suivants 2—8, minces, effilés, cylindriques ou très faiblement obconiques, le troisième étant le plus long de touts, les autres diminuant progressivement en longueur sans augmenter sensiblement en épaisseur: *les trois derniers*, applatis, dilatés, *formant ensemble une massue* allongée à articles nettement détachés ; les deux premiers, à-peu-près égaux et en triangles renversés; *le dernier*, plus grand que l'avant-dernier, mais *moindre que les deux précédents pris ensemble*, en ovale allongé, extrémité obtuse.

Yeux, de moyenne grandeur, finement grénus, saillants, transversaux et réniformes : échancrure antérieure, large, peu profonde, en arc de cercle.

Tête, courte et large. *Vertex*, peu apparent. *Front*, en rectangle transversal, se confondant insensiblement avec la *Face*. *Epistome*, très petit.

Labre, large, profondément échancré, ne s'étendant pas jusqu'à l'extrémité des *Mandibules* croisées. Celles-ci, inobservées.

Palpes maxillaires, *de quatre articles*: *labiaux*, *de trois*. *Derniers articles des uns et des autres*, *de la même forme et à-peu-près de la même grandeur*, *en triangles rectilignes renversés*.

Autres *Parties de la bouche*, inobservées.

Prothorax, aussi large que long: dépression antérieure et sillon postérieur, bien prononcés; milieu du disque, plane; bords latéraux, arrondis et sans inflexion; bord postérieur, visiblement plus étroit que le bord opposé.

Prosternum, peu échancré en avant, rétréci encore entre les hanches de la première paire, mais bien moins que dans les autres *Clérites*, plane, prolongé sans interruption jusqu'au bord postérieur: celui-ci, droit et entier. *Fosses coxales*, *complètement fermées*.

Mésosternum, plane et assez large entre les hanches intermédiaires.

Métasternum, peu renflé.

Abdomen, large et court, tout-au-plus de la longueur du *Métapectus*.

45

Ventre, plane.

Elytres, entourant l'extrémité de l'abdomen : dos, plane ; flancs, doucement penchés en bas ; base, droite ; angles antérieurs, émoussés ; callus huméraux, peu relevés ; suture, sans saillie ; côtés, droits et parallèles de la base jusqu'aux deux tiers de la longueur ; angle sutural postérieur, fermé ; extrémité commune, en arc d'ellipse.

Pattes, courtes et fortes. *Fémurs*, épais : les antérieurs, plus renflés que les autres ; les postérieurs, plus minces, atteignant l'extrémité des élytres. Cette circonstance est due ici au raccourcissement remarquable de l'abdomen et des élytres, elle n'a aucun rapport avec la grandeur des pattes. *Tibias antérieurs*, arqués : les autres, droits.

Tarses, beaucoup plus courts que les tibias, n'ayant que quatre articles apparents : les trois premiers, comprimés latéralement, bifides en dessus et munis en dessous d'un appendice échancré ou bilobé, augmentant en largeur et diminuant en longueur du premier au troisième ; échancrure de l'appendice, d'autant plus profonde que l'article est plus large. Dernier article, plus long que l'avant-dernier, plus court que les trois autres pris ensemble, terminé par deux crochets simples.

Ce genre est remarquable par la largeur et par l'aplatissement de son corps. Les fosses coxales fermées le distinguent très bien des seuls *Clérites* avec lesquels on pourrait le confondre, en ne tenant compte que des antennes, des palpes ou des tarses. Nous n'en connaissons jusqu'à présent qu'une seule espèce.

Espèce unique. — PLATYCLERUS PLANATUS.

138. PLAT. — *Tab.* XXVIII, *fig.* 4.
Clerus planatus, *Lap. rev. de silb.* 4, 4.
  »   depressus, *Dup. coll.*
  »   Madagascariensis, *Dej. coll. n. sp.*

Patrie. — Madagascar.

Dimensions. — Long. du corps, 3 et ½ lig. — id. du prothorax, 1 lig. — id. des élytres, 2 lig. — larg. de la tête, 1 lig. — id. du prothorax à son bord antérieur, 1 lig. — id. du même au milieu, 1 et ½ lig. — id. du même au bord postérieur, ¾ lig. — id. de la base des élytres, 1 et ¼ ligne.

Formes. — Dessus de la tête, fortement ponctué : points enfoncés, distincts et de moyenne grandeur, plus rares au vertex et au haut du front, plus serrés à la face. Dos du prothorax, granuleux : grains, élevés, perforés en avant et piligères; poils, fins, allongés, penchés et non couchés en avant. Sur chaque élytre, dix stries longitudinales de gros points enfoncés, partant de la base et disparaissant insensiblement un peu au-delà du milieu : cloisons transversales, étroites et convexes ; intervalles longitudinaux, planes et aussi larges que les stries près de la suture, se rétrécissant progressivement en s'en éloignant, étroits et costiformes sur les flancs. Extrémités des élytres, finement et vaguement ponctuées. Pélage, hérissé partout, d'autant plus court et d'autant plus épais que la ponctuation est plus fine et plus serrée.

Couleurs. — Antennes, corps et pattes, noirs. Vers le milieu des élytres, une bande commune blanche, large, irrégulière, se rétrécissant insensiblement de la suture à la cinquième strie, se divisant ensuite en deux branches étroites et divergentes ; l'antérieure, très courte et parallèle à l'axe du corps, entre la cinquième et la sixième strie ; l'autre, sinueuse et transversale, atteignant le bord extérieur. Pélage, cendré.

Sexe. — Dans la femelle, les antennes sont évidemment plus courtes que la tête et le prothorax pris ensemble, touts les anneaux de l'abdomen sont entiers et le dernier est arrondi. Dans le mâle, les antennes semblent aussi longues que la tête et le prothorax réunis, le dernier article de la massue est proportionnellement plus allongé, la dernière plaque ventrale est deux fois plus longue que l'avant-dernière, rétrécie en arrière et fortement échancrée à son extrémité.

Variétés. — Les individus de l'ancienne collection Dejean sont plus petits, long. du corps 2 et ! ligne, les premiers articles des antennes, le labre, les palpes et les derniers articles des tarses sont jaunes ou roussâtres. Ces différents traits sont communs aux deux sexes, et hors de là, leur similitude avec le type est parfaite.

XXXIV. G. PHLOIOCOPUS, *Guérin* (32).

Antennes, distantes, *ayant leur origine au-dessous et en face de l'échancrure oculaire*, aussi longues que la tête et le prothorax pris ensemble, *de onze articles :* le premier, épais, cylindrique ou très faiblement obconique; les suivants 2—6, moitié plus petits, nettement obconiques, à-peu-près égaux entr'eux; les 7.e et 8.e, de la même forme, mais diminuant en longueur sans augmenter en épaisseur; *les trois derniers*, un peu applatis, dilatés du côté interne, *et formant ensemble une espèce de massue allongée et serriforme;* les 9.e et 10.e, en triangles renversés aussi longs ou plus longs que larges; *le dernier*, étroit, allongé, *toujours plus long que les deux autres réunis*, susceptible d'acquérir quelquefois une grandeur démesurée, son extrémité arrondie.

Yeux, grands, latéraux et distants, peu proéminents, un peu convergents en avant, profondément et largement échancrés en dessous.

Tête, de la forme et de la grandeur ordinaire. *Vertex*, très court, non rétréci en arrière. *Front*, large, plane, un peu

(32) Si ce nom était à refaire, il faudrait écrire *Phlœocopus*. Mais pour nous, il ne l'est pas et il restera tel qu'on l'a fait. L'excessive facilité de toutes ces mutations orthographiques n'est pas le moindre de leurs inconvénients.

rétréci et penché obliquement en avant, séparé de la face par une légère impression suturale en arc de cercle à très faible courbure. *Face*, très courte, plus large que le bas du front, bord antérieur droit. *Chaperon* ou *Épistome*, sub-membraneux, en rectangle transversal.

Labre, bilobé : lobes, arrondis.

Mandibules, comme dans les genres précédents.

Palpes maxillaires, de quatre articles: le premier, court, rudimentaire et enfoncé dans le sinus de la machoire; le second, allongé, sub-cylindrique; le troisième, de la même forme et de la même épaisseur, d'un tiers plus court; le dernier, très grand, applati et dilaté en triangle rectiligne renversé tel que son côté extérieur est le plus grand et que son angle antéro-externe est le plus aigu.

Palpes labiaux, de trois articles; le premier, petit, mais plus développé que le premier des maxillaires; le second, allongé, obconique; le dernier, de la même forme et de la même grandeur que le dernier des maxillaires.

Autres *Parties de la bouche*, inobservées.

Prothorax, comme dans le *G. Clerus*.

Prosternum, plane, largement échancré en avant, très rétréci, mais non caréné, entre les hanches de la première paire, de nouveau dilaté au bord postérieur. Celui-ci, bi-échancré et discontinu. *Foxes coxales, rondes, ouvertes postérieurement:* ouverture, petite et étroite.

Poitrine, peu renflée ou ne s'abaissant pas sensiblement au-dessous du niveau de l'abdomen.

Écusson, petit et arrondi.

Elytres, entourant l'extrémité de l'abdomen, ne dépassant pas en largeur le maximum du prothorax: base, droite; angles huméraux, peu saillants; côtés, parallèles; bord postérieur, arrondi; angle sutural postérieur, fermé.

Pattes, moyennes. *Fémurs postérieurs*, ne dépassant pas l'extrémité des élytres. *Tibias*, droits.

Tarses, épais, *de quatre articles seulement visibles en dessus,* les rudiments d'un premier article avorté n'étant visibles qu'en dessous. Les trois premiers articles à articulations réellement mobiles, à-peu-près égaux entr'eux, presque aussi larges que longs, déprimés, triangulaires, bifides en dessus et munis en dessous d'un large appendice fendu longitudinalement et divisé en deux lobes oblongs. Le quatrième, à peine un peu plus long que le précédent, dilaté vers son extrémité, sans appendice, et armé de deux crochets simples.

1. PHLOIOCOPUS TRICOLOR, *Guérin.*

139. PHLOIOC. prothoracis dorso anticè convexiusculo. — *Tab.* XVII, *fig.* 1.

Phloiocopus tricolor, *Guér. reg. anim. tab.* VXII, *fig.* 1.

Clerus Lelieurii, *Dup. coll.*

Clerus Lesueurii, *Dej. loc. cit. p.* 127.

PATRIE. — Le Sénégal.

DIMENSIONS. — Long. du corps, 5 et ½ lig. — id. du prothorax, 1 et ½ lig. — id. des élytres, 4 lig. — larg. de la tête, 4 lig. — id. du bord antérieur du prothorax, la même. — id. de son bord postérieur, ⅔ lig. — id. du prothorax à son maximum, 1 et ¼ lig. — id. de la base de élytres, la même.

FORMES. — Corps, ponctué et pubescent : points, de moyenne grandeur, non confluents, plus serrés et plus petits aux pattes et à la poitrine, plus gros et plus clair-semés au devant de la tête et au dos du prothorax ; poils, rares, longs et hérissés. Dépression antérieure du prothorax, nulle : dos, uniformément et faiblement convexe ; côtés, arrondis et sans inflexion rentrante ; sillon sous marginal, large et profond ; bord postérieur, relevé fortement et rebordé. Élytres, couvertes de très gros points enfoncés, ronds, distincts et qui constituent de vrais stries longi-

tudinales. Mais, leur diamètre étant en général plus grand que
ceux des cloisons transversales et des intervalles longitudinaux,
ces derniers étant tortueux parceque les points enfoncés ne sont
pas sur les mêmes lignes transversales dans les deux premiers
tiers de leur longueur, les élytres semblent plutôt réticulées
que striato-ponctuées, et dans le dernier tiers où les points
enfoncés se touchent et se confondent, elles sont rugueuses
et fovéolées.

Couleurs. — Tête, prothorax, poitrine, moitié antérieure des
élytres, rouges. Antennes, palpes, mandibules, moitié postérieure des élytres, ventre, pattes, noirs. Une bande blanche,
large, partant du bord extérieur et n'atteignant pas la suture,
sur la portion noire de chaque élytre, vers les deux tiers de
sa longueur. Chaperon, labre et appendices tarsiens, blanchâtres. Pélage, cendré.

Sexe. — L'exemplaire unique de l'ancienne collection Dejean
avait perdu son abdomen. D'après la forme de ses antennes,
je le crois une femelle. Elles ne sont pas plus longues que la tête
et le prothorax réunis. Les deux premiers articles de la massue
antennaire dépassent ensemble la moitié du troisième. Des deux
individus de la collection Dupont, celui qui a ses antennes pareilles à celles du précédent, a aussi ses dernières plaques ventrales sans échancrures. L'autre, dont la cinquième plaque ventrale est largement et profondément échancrée, a le dernier
article de la massue antennaire agrandi aux dépens des deux
autres et égal en longueur aux six précédents pris ensemble.
Je le crois un mâle, quoique ses parties génitales ne soient pas
en évidence. M.ʳ Guérin a décrit un autre individu, dans lequel, le même article avait pris encore plus de développement:
il égalait les sept précédents.

2. Phloiocopus Buquetii , *M.*

140. Phloioc. prothoracis dorso antico abruptè depresso. —
Tab. xviii , *fig.* 3.

Notoxus bipartitus, *D. Buquet in litteris.*

»   dimidiatus , *id. ib. olim.*

Patrie. — Le Sénégal, M.ʳ Leprieur.

Dimensions. — Long. du corps, 4 et ½ lig. — id. du prothorax , 1 lig. — id. des élytres, 5 et ¼ lig. — Larg. de la
tête , 1 lig. — id. du prothorax à son maximum, la même.
— id. de la base des élytres , 1 et ¼ ligne.

Formes. — Antennes, tout-au-plus de la longueur de la tête
et du prothorax pris ensemble. Massue antennaire, de la même
forme , mais proportionnellement plus courte que dans la femelle de l'espèce précédente : dernier article , à peine un peu
plus long que le deux précédents réunis. Corps, luisant, ponctué
et pubescent: pélage rare, fin, long et hérissé. Yeux, moins convergents en avant et moins distants en arrière que dans le *Tricolor*, plus saillants des deux côtés. Front, presque carré. Dos du
prothorax, luisant et faiblement ponctué, brusquement déprimé en
avant: disque, faiblement convexe , concave au milieu ensorte
que sa fosse médiane se confond en avant avec la dépression
antérieure ; côtés, droits et parallèles d'abord, commençant à
se courber vers le premier quart de la longueur , décrivant
ensuite une courbe sans inflexion et à très faible courbure. A
chaque élytre , dix stries longitudinales , mais non parallèles ,
de très gros points enfoncés, inéquidistants ; intervalles longitudinaux et cloisons transversales, plus étroits que les stries, finement pointillés. Au-delà du milieu , les gros points se rappetis-
sent insensiblement et finissent par se confondre au point que
la surface des élytres , réticulée ou striato-ponctuée dans sa
moitié antérieure , est rugueuse et chagrinée près de son extrémité.

Couleurs. — Antennes, corps et pattes, couleur de marron. Chaperon, labre, palpes et autres parties de la bouche, d'une teinte plus claire et un peu rougeâtre. Vers le milieu des élytres, une bande commune transversale, large et sinueuse, blanche. Pélage, cendré.

Sexe. — Une femelle, de la collection Buquet. Mâle, inconnu.

XXXV. G. ENOPLIUM, *Fab.*

Latreille a fondé le *G. Enoplium*, l'an XII de la République Française, dans son *Hist. gen. des crust. et des insect. tom.* 9 *pag.* 146 d'après un petit Coléoptère méridional qu'Olivier et Rossi avaient décrit et figuré en 1790, le premier *Ent. t.* 2. *n.* 22. *p.* 4. *pl.* 1. *fig.* 2. sous le nom de *Tillus serraticornis* qui a été adopté par Fabricius, l'autre *Fn. etr. t.* 1. *pag.* 54 *n.* 82. *tab.* 3. *fig.* 2. sous le nom de *Dermestes dentatus*. Mais les caractères qu'il a tirés de son premier aperçu n'eurent pas toutes les conditions de justesse et de vérité qui distinguaient la plupart des déterminations de ce grand observateur. Le premier, *palpes maxillaires et labiaux filiformes*, n'est pas exact. Le second, *antennes à articles du milieu très petits et grénus, terminées par trois autres fort grands en scie*, n'est pas assez précis et il convient également à d'autres *Clérites* qu'on ne saurait confondre avec les *Enoplies*. Latreille n'a fait que se répéter lui-même en 1806, *Gen. crust. et ins. t.* 1. *p.* 271. Aussi les compilateurs et les collecteurs ont-ils multiplié excessivement les espèces de ce genre. Le catalogue de la collection Dejean en porte le nombre à 19 et la collection en a contenu 21. Or, après en avoir distrait une *Monophille*, une *Platynoptère*, trois *Ichnées*, deux *Orthopleures* et douze *Pélonies*, les vrais *Enoplies* se reduiront à deux, et en effet, jusqu'à présent nous n'en connaissons pas davantage.

46

En 1817, article *Enoplie* du *Dict. d'hist. nat.* vulgò *Dict. de Deterville*, Latreille a ajouté un troisième caractère emprumpté aux tarses, *pénultième article beaucoup plus petit que le précédent.* Cette petitesse relative est très remarquable dans les *Clérites* parcequ'ils ont en général ce pénultième article aussi grand ou plus grand que l'anté-pénultième. Notre auteur a fait preuve de sa sagacité éminente, quand il en a fait ressortir l'importance, mais il s'est trompé, quand il a ajouté que cet article était *sans lobe*. Le lobe ou l'appendice membraneux existe cependant, sa grandeur est seulement proportionelle à celle de l'article. Puis il n'a plus été conséquent à lui-même, quand il a confondu, avec les vrais *Enoplies*, des insectes qui n'en ont pas le caractère exclusif et qui en diffèrent d'ailleurs sous bien d'autres rapports.

L'Auteur des *Études entomologiques* et de l'*Histoire des Coléoptères* faisant suite à *toutes les éditions de Buffon*, n'a comblé aucune des lacunes laissées par Latreille et il y a ajouté quelques erreurs qui lui sont propres. Ainsi il a eu tort de dire, de toutes ses *Enoplies*, que les *trois derniers articles des antennes sont plus longs que les autres réunis*, voyez *Rev. de silb.* 4. 55. Le fait n'est vrai que pour les espèces qui rentrent dans le type du *Serraticorne*. Dans l'*Hist. des Coléoptères*, tom. 1. p. 289, l'auteur s'exprime ainsi, *palpes longs, terminés par un article plus grand, comprimé, presque sécuriforme*. Lorsque j'en serai à la description de ces pièces, je serai forcé de rendre ce que jaurai vu en des termes qui contrediront formellement les assertions de M.ʳ le Conte de Castelnau. Le même auteur dit encore, *tarses n'ayant en dessous que quatre articles apparents*. N'y aurait-il pas ici une faute d'impression et ne faudrait-il pas lire *en dessus?*

Antennes, distantes, *ayant leur origine au-devant de l'échancrure oculaire*, de onze articles: le premier, grand, épais, obconique, un peu arqué ; les suivants 2—8, moitié plus minces, courts, grénus ou obconiques, diminuant progressivement en longueur et augmentant en épaisseur ; *les trois derniers, for-mant ensemble une massue applatie, serriforme, plus longue que le reste de l'antenne* : art. 9.e et 10.e, à-peu près égaux entr'eux, en triangles renversés visiblement plus longs que larges, dilatés en dedans, leur angle antéro-interne aigu et semblable à une dent de scie; dernier article, plus grand que chacun des deux précédents, en spatule étroite, allongée et à manche raccourci.

Yeux, distants, peu saillants, latéraux, faiblement échan-crés.

Tête, de la forme ordinaire. *Vertex*, très court et souvent enfoncé sous le prothorax. *Front*, large, se confondant insensi-blement avec la *Face*, faiblement convexe et penché obliquement en avant. *Epistome*, n'étant pas sensiblement distinct du bord antérieur de la face, très court et un peu déprimé.

Labre, large, échancré, ne couvrant pas l'extrémité des mandibules croisées: échancrure, étroite; lobes latéraux, larges et arrondis.

Mandibules, comme dans les genres précédents : arête in-terne, armée d'une petite dent peu distante de la pointe apicale.

Machoires, embrassant la base du menton : tige, cornée et coudée, terminée par deux lobes arrondis, membraneux et ciliés: lobe extérieur, un peu plus long que l'autre.

Palpes maxillaires, naissant dans le sinus de la machoire, de quatre articles: le premier, très petit et peu apparent; les 2.^d et 3.e, minces, obconiques; le dernier, applati, en triangle ren-versé et étroit, deux fois au moins plus long que large.

Palpes labiaux, au moins aussi grands que les maxillaires, de trois articles: le premier, court, obconique ; le second, de la même épaisseur, deux fois plus long, faiblement obconique; le dernier, aplati, dilaté, en triangle renversé et non sécuri-forme, semblable au dernier des maxillaires, mais plus grand et moins allongé proportionnellement, étant à-peu-près aussi large que long.

Menton, corné, paraissant d'une seule pièce, bord antérieur, arrondi.

Langue ou *lèvre inférieure*, membraneuse, échancrée ou bilobée.

Prothorax, sub-cylindrique : côtés, faiblement arqués, sans rétrécissements tranchés aux bords opposés; ceux-ci, à-peu-près égaux en largeur; dos, faiblement convexe; dépression antérieure et sillon postérieur, peu sensibles; rebord postérieur, remontant plus ou moins le long des côtés sans atteindre cependant le bord antérieur.

Prosternum, large, plane et même un peu concave, largement échancré en avant, visiblement plus court que le *Tergum*, aminci en arrière et terminé en pointe entre les hanches de la première paire. *Fosses coxales*, situées un peu au-delà du milieu, très rapprochées et entièrement ouvertes postérieurement.

Mésosternum, prolongé en avant en demi-tube cylindrique, ensorte que le prothorax peut glisser aisément au-dessous quand l'insecte veut fléchir son avant-corps.

Métasternum, peu renflé.

Abdomen, faiblement convexe.

Ecusson, petit, en demi cercle.

Elytres, entourant l'extrémité de l'abdomen, uniformément convexes: côtés, droits et parallèles; extrémités, conjointement arrondies; angle sutural postérieur, fermé.

Pattes, moyennes: fémurs postérieurs, ne dépassant pas l'extrémité de l'abdomen; tibias, droits.

Tarses, *de quatre articles seulement en dessus:* les trois premiers, triangulaires, comprimés à leur origine, dilatés et tronqués à leur extrémité, munis en dessous d'un appendice membraneux entier dont la grandeur est proportionnée à celle de l'article, *le premier, plus long et plus effilé que le second;*

celui-ci beaucoup plus grand que le troisième et l'embrassant dans touts les sens au point de le dérober quelquefois à la vue; rudiments de l'article avorté, visibles au dessous du premier article réel, ensorte que l'*Enoplie*, quoique tétraméré, semble pentaméré; quatrième article, dépourvu d'appendices membraneux et terminé par deux crochets qui sont tantôt simples et tantôt unidentés.

1. ENOPLIUM SERRATICORNE, *Lat.*

141. ENOPL. tarsorum unguiculis tenuioribus simplicibus. — *Tab.* XXXII, *fig.* 4

Enoplium serraticorne, *Latr. hist. des crust. et des ins.* 9, 11, 6.

» » » *gen. crust. et ins.* 1, 271, 1.

» » *Fab. ent. syst.* 2, 74, 3.

» » *Lap. hist. des col.* 1, 290, 5.

» » *Panz. fn. germ.* XXVI, 13.

» » *Dej. loc. cit.* 128.

Tillus serraticornis, *Oliv. ent. tom.* 2, *n.* 22, *p.* 2, *n.* 2, *pl.* 1, *fig.* 1.

» » *Fab. ent. syst.* 1, 282, 5.

Dermestes dentatus, *Rossi fn. etr.* 1, 34, 82, *tab.* 3, *fig.* 2.

PATRIE. — L'Europe méridionale, l'Italie, la Dalmatie.

DIMENSIONS. — Long. du corps, 2 et ½ lig. — id. du prothorax, ½ lig. — id. des élytres, 1 et ½ lig. — larg. de la tête, ⅓ lig. — id. du prothorax, la même. — id. de la base des élytres, ⅓ ligne.

FORMES. — Antennes, plus longues que la tête et le prothorax pris ensemble: articles intermédiaires, en grains de chapelet et à articulations assez distinctes malgré la petitesse des articles. Yeux, un peu saillants en dehors du prothorax, sensiblement grénus. Dépression antérieure du prothorax, peu prononcée et variable: maximum de la largeur, vers la moitié de la longueur. Corps, ponctué et pubescent: ponctuation du dos, distincte, plus forte sur le prothorax, plus fine à la surface des élytres; cinq ou six rangées longitudinales de points un peu plus gros, sur le dos de chacune de ces dernières entre la base et le milieu. Pélage, fin, long et hérissé. *Crochets des tarses, simples.*

COULEURS. — Premiers articles des antennes, jaunâtres. Massue antennaire, corps et pattes, noirs. Élytres, testacées. Pélage, de la couleur du fond.

SEXE. — Dans les mâles, la dernière plaque ventrale a une petite échancrure et la massue antennaire est proportionnellement plus allongée, son premier article étant égal en longueur aux art. 2—8 réunis.

VARIÉTÉS. — Le nombre des articles jaunes des antennes varie de quatre à huit: le plus souvent, le premier est noirâtre comme la massue. Le teinte des pattes et de la massue antennaire passe du noir au brun. La grandeur est également variable. Nos mesures ont été prises sur les plus gros individus. Les plus petits n'ont qu'une ligne de longueur. Ces accidents de taille et de couleur n'ont aucun rapport constant avec les différences sexuelles.

2. ENOPLIUM QUADRIPUNCTATUM, *Say.*

142. ENOPL. tarsorum unguiculis validioribus subtus unidentatis. — *Tab.* XXXIV, *fig.* 5.

Enoplium quadripunctatum, *Say. ed. de Leq. pag.* 151, *n.* 3.
    »   »   *Dej. loc. cit. p.* 128.

PATRIE. — L'Amérique septentrionale.

DIMENSIONS. — Long. du corps, 3 lig. — id. du prothorax, $\frac{3}{7}$ lig. — id. des élytres, 2 lig. — larg. de la tête, $\frac{3}{4}$ lig. — id. du prothorax à son maximum, $\frac{1}{2}$ lig. — id. de la base des élytres, $\frac{2}{3}$ ligne.

FORMES. — Constamment plus grand que le *Serraticorne* et proportionnellement plus effilé, mais d'ailleurs lui ressemblant assez pour que nous puissions nous borner à signaler le petit nombre de traits qui en fait une espèce bien distincte. Articles intermédiaires des antennes, courts, obconiques, velus : articulations des 6.e et 8.e, moins apparentes. Yeux, plus finement grénus et moins saillants. Côtés du prothorax, plus faiblement arqués, atteignant leur maximum de largeur au-delà du milieu. Surface du dos, plus luisante, moins velue : ponctuation, plus fine. Aucune trace de stries, sur les élytres. *Crochets tarsiens, plus épais et armés en dessous d'une dent assez forte, aiguë et spiniforme.*

COULEURS. — Antennes, corps et pattes, noirs. Élytres, rouges avec deux taches dorsales noires, la première au premier tiers, la seconde au second. Poils, noirâtres sur le fond noir, roussâtres sur le fond rouge.

SEXE. — Incertain, dans les trois exemplaires de l'ancienne collection Dejean.

XXXVI. G. PELONIUM, *M.*

Le mot *Pelonium* est un anagramme d'*Enoplium*. Il n'a d'autre avantage que de faire pressentir les grandes affinités de ces deux genres. Le choix d'un autre nom plus significatif aurait été très embarrassant. Il aurait fallu le dériver de quelque caractère générique, sans quoi, il aurait pu ne pas convenir à toutes les espèces, et il aurait fallu choisir ce caractère au hazard, sans quoi, le nom aurait pu avoir une longueur démésurée. Mais en m'arrêtant à un des caractères partiels, je serais tombé nécessairement sur une de ces dénominations vagues qui conviennent également bien à des insectes de genres et même d'ordres différents. J'aurais alors couru le risque de

me rencontrer, avant ou après, avec d'autres auteurs qui
partant d'un autre point, marchant sous l'empire d'autres considérations et allant à un autre but, seraient cependant tombés
sur le même mot et lui auraient donné un autre signification.
C'est ce qui m'est arrivé, dans mon *Essai sur les Hémipteres
hétéropteres*, ouvrage où j'avais cependant employé librement
beaucoup de mots arbitraires, tels que des anagrammes de quelques noms de baptême. Mon nom de *Physomerus*, (cuisse renflée) avait été employé par Mr Burméister dont je ne connais-
sais pas alors les ouvrages. D'autre part, mes noms des *G.
Epipedus* et *Sympiezorhinchus* viennent d'être appliqués par
le Dr Schonherr ou par ses collaborateurs à d'autres genres de
la famille des *Curuclionites.*

Les *Pélonies* sont des *Cléroïdes* dont les *antennes, de onze
articles, sont terminées par une massue triarticulée* et qui
ont de commun avec les seuls *Enoplies, la longueur remarquable de cette massue* laquelle dépasse quelquefois la longueur du reste de l'antenne, qui l'égale souvent *et qui n'est
jamais moindre que celle des articles intermédiaires* 2—8
réunis. Ils en diffèrent en ce que le *pénultième article de leurs
tarses est aussi grand ou plus grand que l'anté-pénultième.*

Néanmoins toutes les parties du corps subissent, dans ce
genre, de nombreuses modifications. *La massue antennaire,* est
tantôt en forme de scie, tantôt en forme de peigne, et ces
différences ne sont pas toujours sexuelles.

Les *Yeux,* quoique toujours réniformes et transversaux, peu-
vant être plus ou moins grénus et saillants, plus ou moins
grands et rapprochés, plus ou moins distants ou voisins du
bord postérieur.

Le *Prothorax,* le *Prosternum* et les *Fosses coxales,* rentrent
dans le type du *G. Enoplium.* Mais les proportions relatives de la
longueur et de la largeur ainsi que les contours des bords latéraux nous offrent des différences constantes et nous donnent
de bons caractères spécifiques.

A. *Front*, plus long que large.
    B. *Côtés du prothorax*, arrondis et dilatés en avant, échancrés en arrière. - - - - - - - 1. PELONIUM LAMPYROIDES, *M.*
    BB. *Côtés du prothorax*, droits et parallèles en avant, arrondis et dilatés en arrière. - - - - 2. » LUCTUOSUM, *Dej.*
AA. *Front*, plus large ou aussi large que long.
    B. *Élytres*, séparément arrondies: angle sutural postérieur, ouvert.
        C. *Elytres*, fortement et confusément ponctuées. - - - - - - - - 3. » SUTURALE, *M.*
        CC. *Elytres*, striato-ponctuées. - - - - - - - - - - - 4. » FLAVO-LIMBATUM, *id.*
    BB. *Elytres*, conjointement arrondies.
        C. *Côtés du prothorax*, arqués et dilatés à partir du bord antérieur. - - - - - 5 » PILOSUM, *Forst.*
        CC. *Côtés du prothorax*, droits en avant et ne se dilatant qu'à une certaine distance des angles antérieurs.
            D. *Elytres*, avec des bandes de poils ras et couchés à plat. - - - - - 6. » AMÆNUM, *Guér.*
            DD. *Elytres*, sans bandes de poils ras et couchés à plat.
                E. *Dos du prothorax*, sillonné en croix. - - - - - - - - 7. » VETUSTUM, *Dej.*
                EE. *Dos du prothorax*, tuberculeux. - - - - - - - - - 8. » AMABILE, *M.*
                EEE. *Dos du prothorax*, marqué d'une impression linéaire près de chaque angle postérieur. 9. » MARGINIPENNE, *Dej.*
                EEEE. *Dos du prothorax*, simplement ponctué.
                    F. *Elytres*, régulièrement striées dans toute leur longueur.
                        G. *Dilatation médiane du prothorax*, visiblement carénée. - - - - 10. » COLLARE, *Dej.*
                        GG. *Dilatation médiane du prothorax*, lisse et luisante. - - - - 11. » QUADRISIGNATUM, *M.*
                        GGG. *Dilatation médiane du prothorax*, matte et ponctuée. - - - - 12. » HUMERALE, *M.*
                    FF. *Elytres*, à stries dorsales courtes et à stries latérales atteignant l'extrémité. - 13. » VARIABILE, *M.*
                    FFF. *Elytres*, striées près de la base, confusément ponctuées au-delà du milieu.
                        G. *Stries des élytres*, profondes et apparentes.
                          H. *Points des stries*, inéquidistants. - - - - - - 14. » PRÆUSTUM, *M.*
                          HH. *Points des stries*, équidistants. - - - - - - 15. » VIRIDIPENNE, *Kirb.*
                        GG. *Stries des élytres*, effacées. - - - - - - - 16. » NIGRO-SIGNATUM, *M.*
                    FFFF. *Elytres*, confusément ponctuées, même à leur base.
                        G. *Points des élytres*, n'étant pas plus gros près de la base.
                          H. *Bord postérieur du prothorax*, aussi large que l'antérieur. - - 17. » GALLERUCOIDES. *Dej.*
                          HH. *Bord postérieur du prothorax*, plus étroit que l'antérieur. - 18. » CLÉROIDES, *M.*
                        GG. *Points des élytres*, plus gros près de la base. - - - - 19. » LITURATUM, *Kirb.*
        CCC. *Côtés du prothorax*, droits et sub-parallèles.
            D. *Elytres*, confusément ponctuées. - - - - - - - 20. » PULCHELLUM, *Dej.*
            DD. *Elytres*, striato-ponctuées. - - - - - - - - 21. » CRIBRIPENNE, *Dej.*

47

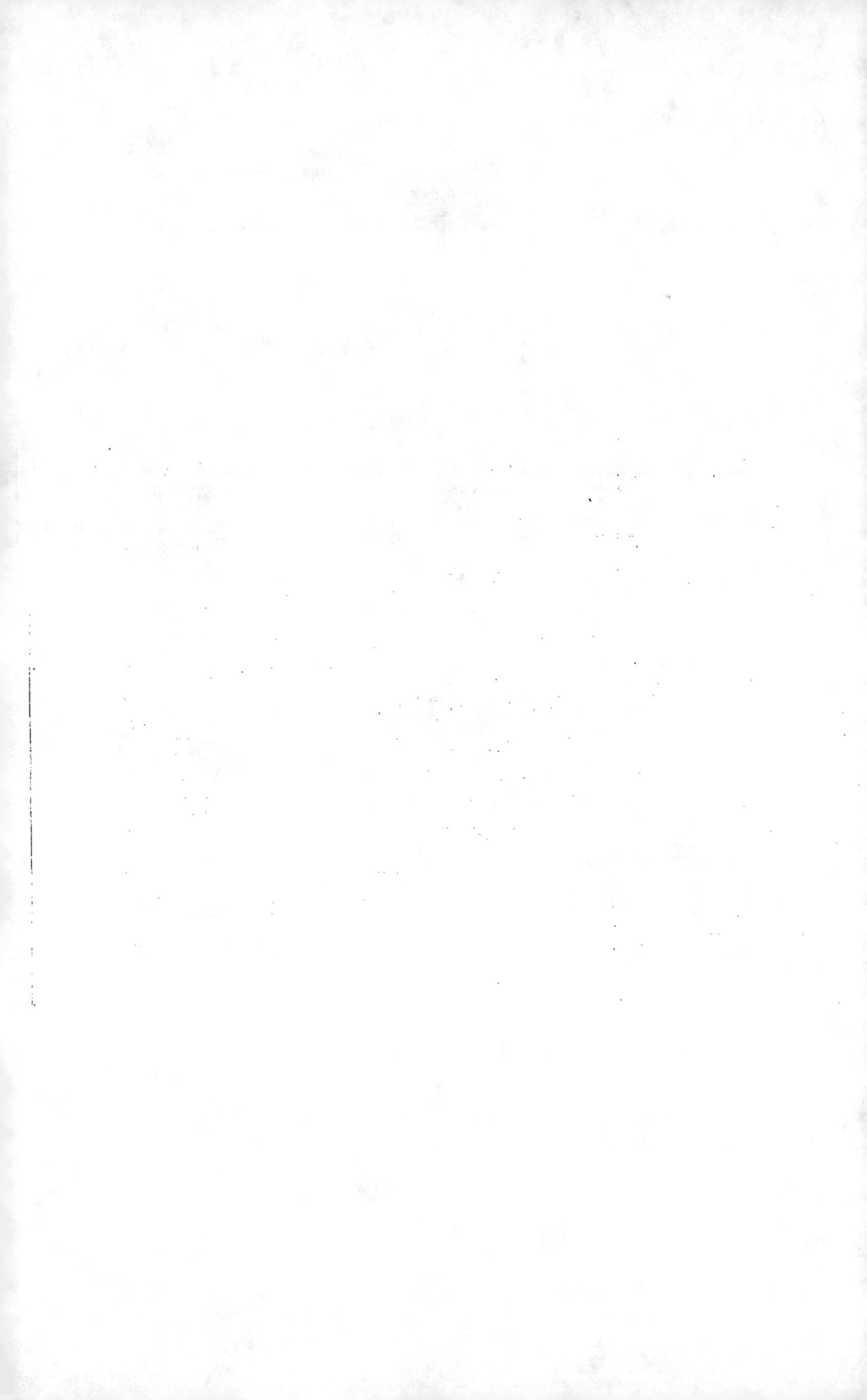

L'*Ecusson* est ordinairement petit et en demi-cercle, quelquefois plus large et en demi-ovale transversal.

Les *Elytres* sont toujours uniformément convexes. Leurs côtés sont parallèles en partant de la base. Mais ils commencent à se courber et à devenir convergents à plus ou moins de distance de l'extrémité. Les bords postérieurs sont ou séparément ou conjointement arrondis, leur courbure peut être ou circulaire ou elliptique. L'angle sutural postérieur peut être ouvert ou fermé.

Les *Tarses* offrent aussi des contrastes, dans les dimensions relatives de leurs différents articles. Le premier, toujours visible en dessus, est quelquefois assez apparent en dessous et quelquefois presque entièrement avorté.

Les détails de la *Bouche* ne sont pas même exempts de subir quelques modifications. Les derniers articles des quatre palpes sont tantôt égaux entr'eux et tantôt les labiaux sont visiblement plus larges que les maxillaires. Les uns et les autres, le plus souvent triangulaires et toujours applatis, tantôt aussi larges que longs, tantôt plus longs que larges et quelquefois même sans dilatation et rétrécis en avant.

Les différences du *Facies* sont plus frappantes. Le plus souvent, nos *Pélonies* ressemblent à des *Cléres* ou à des *Notoxes*. D'autres espèces, en moindre nombre, prennent un faux air des *Ténères* et ressemblent alors à certains *Malacodermes*.

Ces différences de formes m'ont permis de dresser, *indépendamment des couleurs*, le tableau ci-contre qui contient les vingt-une espèces qui me sont connues.

Le genre *Pelonium* appartient exclusivement au nouveau Continent.

1. Pelonium lampiroydes, *M.*

145. Pelon. fronte plus longiore quam latiore, prothoracis lateribus anticè arcuato-dilatatis, posticè emarginatis. — *Tab.* xxxII, *fig.* 6.

Enoplium lampyroides, *D. Dup. in litteris.*

PATRIE. — La Colombie, M.ʳ Lebas.

DIMENSIONS. — Long. du corps, 4 lig. — id. du prothorax, $\frac{4}{5}$ lig. — id. des élytres, 3 lig. — larg. de la tête, $\frac{3}{5}$ lig. — id. du prothorax à son maximum, la même. — id. de la base des élytres, 1 ligne.

FORMES. — Les huit premiers articles des antennes, couverts de poils hérissés. Massue antennaire, en scie, aussi longue que le reste de l'antenne : ses deux premiers articles, à-peu-près égaux entre eux, triangulaires, plus longs que larges, un peu échancrés en avant, leur dent interne aiguë; le dernier article, plus long que chacun des deux précédents, en palette longue et étroite, à tige très courte, à côtés parallèles et à extrémité un peu arrondie. Corps, finement ponctué : points, plus petits et plus serrés à la tête et au prothorax, plus rares et plus apparents à la surface des élytres, sans traces de stries sur celles-ci. Yeux, peu distants, très grands et très saillants, fortement grénus, touchant le bord postérieur de la tête. Vertex, nul. Front, étroit et évidemment plus long que large. Dos du prothorax, assez luisant, faiblement convexe; ligne médiane, un peu déprimée; côtés, en arc de courbe à faible courbure à partir du bord antérieur, atteignant le maximum de la largeur vers le milieu, fléchis et échancrés au-delà ou plutôt décrivant une courbe rentrante qui aboutit au bord postérieur; celui-ci, visiblement plus étroit que l'antérieur, fortement rebordé, rebord remontant sur les côtés jusqu'au maximum de la largeur. Écusson, en ovale transversal. Élytres, faiblement convexes: base, droite; angles huméraux, arrondis; callus, lisses et peu saillants; côtés, droits et parallèles à partir des angles huméraux jusqu'aux deux tiers de la longueur, convergents au-delà et courbés en arcs d'ellipse; extrémités, conjointement arrondies; angle sutural postérieur, fermé. Pattes, moyennes: tarses, proportionnellement plus longs que dans les *Enoplies*; rudiments d'un premier article avorté, inapparents à toutes les paires ; trois premiers articles vrais, à-peu-près égaux ; le dernier, plus long que chacun des précédents, terminé par deux crochets assez forts et munis en dessous d'une petite dent ou plutôt d'une espèce d'éperon voisin de l'origine.

COULEURS. — Antennes, brunes : massue antennaire, un peu plus claire. Tête, rougeâtre : yeux, obscurs. Labre et palpes, testacés. Dos du prothorax, rouge : côtés et bord antérieur, pâles ; une tache noire, grande, longitudinale et antérieurement bifide, au milieu du disque. Écusson et élytres, gris-foncés : une ceinture extérieure partant des angles huméraux, atteignant l'extrémité et remontant jusqu'à l'écusson, plus large le long du bord antérieur et très étroite le long de la suture, pâles. Dessous du corps, brunâtre. Pattes, pâles : bord postérieur des trois premiers articles des tarses, noirâtre. Pélage, cendré.

SEXE. — Une femelle, de la collection Dupont. Mâle, inconnu.

2. PELONIUM LUCTUOSUM.

144. PELON. fronte plus longiore quam latiore, prothoracis lateribus anticè rectà parallelis, posticè sensim arcuatis. — *Tab.* XXVIII, *fig.* 6.

Enoplium luctuosum, *Dej. loc. cit. pag.* 128.

PATRIE. — Cayenne, Mr Lacordaire.

DIMENSIONS. — Long. du corps, 5 lig. — id. du prothorax, 1 lig. — id. des élytres, 3 et ½ lig. — larg. de la tête, ⅔ lig. — id. du prothorax à son maximum, ¾ lig. — id. de la base des élytres, 1 et ½ ligne.

FORMES. — Antennes, deux fois aussi longues que la tête et le prothorax pris ensemble : art. 2—8, courts, serrés et garnis de crins raides et hérissés ; massue antennaire, près de deux fois aussi longue que le reste de l'antenne, finement veloutée, très étroite ; bord interne de ses deux premiers articles, brusquement dilaté dès l'origine, droit ensuite et parallèle au bord extérieur ;

bord antérieur, droit et étroit; angles antéro-internes ou sommets
des dents de la scie antennaire, émoussés et arrondis; dernier article, semblable aux précédents; extrémité arrondie. Yeux, très
grands, moins fortement grénus, et moins saillants que dans le
Lampyroides, plus convergents en arrière. Vertex, très court.
Front, notablement plus long que large, rétréci vers le haut. Dos
du prothorax, égal et très faiblement convexe, sans dépression
apparente le long de la ligne médiane: bords opposés, droits,
parallèles, égaux en largeur; rebord postérieur, peu saillant
et ne remontant pas sur les côtés; ceux-ci, droits et parallèles
ou bien peu divergents à partir du bord antérieur jusqu'aux
deux tiers de la longueur où est censé le maximum de la largeur, courbés ensuite sans inflexion rentrante et rapidement convergents. Élytres, comme dans le précédent. Ponctuation et pélage, de même. Pattes, proportionnellement plus courtes et plus
fortes: fémurs postérieurs, n'atteignant pas le bout de l'abdomen.

COULEURS. — Antennes, poitrine, élytres et abdomen, noirs.
Tête, obscure: une tache au vertex, face, chaperon, labre
et autres parties de la bouche, testacé-jaunâtres. Derniers articles des palpes, noirs. Prothorax, de la même couleur: bord
antérieur, deux raies latérales sur le dos, une troisième médiane en dessous, jaunes. Pattes, noires: hanches et trochanters, blanchâtres. Pélage, de la couleur du fond.

SEXE. — L'exemplaire unique de l'ancienne collection Dejean
me semble une femelle. Ses parties génitales ne sont pas en
évidence. Ses pattes sont endommagées et je n'ai pas pu vérifier les formes des onglets tarsiens.

3. PELONIUM SUTURALE, *M.*

145. PELON. fronte plus latiore quam longiore, elytris apice
separatim rotundatis supra confertissimè punctatis. — *Tab.*
XXXV, *fig* 2.

Enoplium suturale , *Buq. coll.*

PATRIE. — Le Brésil , M.ʳ Dreux.

DIMENSIONS. — Long. du corps, 5. et ¼ lig. — id. du prothorax , 1 lig. — id. des élytres , 4 lig. — larg. de la tête ,
½ lig. — id. du prothorax au bord antérieur, ¾ lig. — id. du
même à son maximum , ¾ lig. — id. du même à son bord postérieur, ½ lig. — id. de la base des élytres, 1 et ½ ligne.

FORMES. — Grandeur proportionnelle des antennes et dimensions relatives de leurs différents articles, comme dans le *Lampyroides:* dernier article de la massue, ayant son bord interne
sinueux, rentrant vers le milieu , arrondi et un peu dilaté vers
l'extrémité. Yeux , moins grands et moins rapprochés que dans
les précédents , moins fortement grénus , mais encore saillants
en dehors. Vertex, comme dans le *Luctuosum.* Ponctuation,
pélage et formes du corps, semblables, sauf les différences suivantes: front, visiblement plus large que long; côtés du prothorax , bisinueux , droits et un peu convergents dans le premier tiers de la longueur , arqués et saillants au second tiers ,
arqués et rentrants au dernier ; rebord postérieur , plus saillant , mais ne remontant pas sur les côtés; côtés des élytres,
parallèles de la base jusqu'aux trois quarts de la longueur ;
extrémités, séparément arrondies , en demi-cercles; angle sutural
postérieur, ouvert. Pattes, comme dans le *Lampyroides:* onglets
tarsiens , pareillement unidentés ou éperonnés en dessous.

COULEURS. — Tête , rougeâtre : bord postérieur , obscur.
Antennes, corps et pattes , noirs. Une tache blanchâtre lavée
de rouge, de chaque côté du prothorax dans les deux premiers
tiers de sa longueur. Une bande dilatée dans son milieu au
bord antérieur de chaque élytre, une lisière plus étroite le long
de la suture , le bord antérieur du prosternum , la face inférieure des fémurs de la première paire , une tache au-dessous
de l'extrémité tibiale des quatre fémurs postérieurs , testacés-
pâles. Pélage , cendré.

Sexe. — Incertain, dans l'exemplaire unique de la collection Buquet.

4. Pelonium flavo-limbatum.

146. Pelon. fronte plus latiore quam longiore, elytris apice separatim rotundatis supra striato-punctatis. — *Tab.* xxxv, *fig.* 5.

Enoplium flavo-limbatum, *D. Dupont in litteris.*

Patrie. — Le Brésil, collection Dupont.

Dimensions. — Long. du corps, 2 et $\frac{1}{7}$ lig. — id. du prothorax, $\frac{3}{4}$ lig. — id. des élytres, 1 et $\frac{1}{4}$ lig. — larg. de la tête, $\frac{1}{2}$ lig. — id. du prothorax au bord antérieur et au bord postérieur, $\frac{2}{3}$ lig. — id. du même à son maximum de largeur, $\frac{3}{5}$ lig. — id. de la base des élytres, $\frac{2}{3}$ ligne.

Formes. — Antennes, plus longues que la tête et le prothorax pris ensemble sans en être le double. Massue antennaire, plus longue que le reste de l'antenne, en scie étroite et allongée : les deux premiers articles, à-peu-près égaux entr'eux, en triangles renversés dont le côté interne est l'hypothénuse et tels que la base ou le côté opposé à l'origine égale tout-au-plus la moitié de la hauteur qui se confond ici avec le côté extérieur; dernier article, un peu plus long que chacun des deux précédents, en ovale non symmétrique, acuminé près de l'origine et obtus à l'extrémité. Yeux, distants, fortement grénus, saillants en dehors, touchant le bord postérieur de la tête. Tête, moyenne : vertex, inapparent; front, plus large que long, fortement ponctué; points, ronds, peu nombreux, gros et distants. Dos du prothorax, uniformément convexe et fortement ponctué: ponctuation, semblable à celle de la tête; côtés, droits d'abord et parallèles, s'élargissant ensuite brusquement et s'arrondissant en formant une espèce de tubercule latéral, reprenant ensuite leur direction primitive et la conservant jusqu'aux angles posté-

rieurs ; ceux-ci , droits ; bord postérieur , de la même largeur
que l'antérieur , sans sillon sous-marginal, faiblement rebordé ;
rebord , remontant sur les côtés un peu en avant du tubercule latéral. Écusson , comme dans les espèces précédentes.
Élytres , à base droite : angles antérieurs , émoussés ; callus ,
effacés ; côtés , droits et parallèles à partir des angles huméraux
jusqu'aux trois quarts de la longueur ; extrémités , séparément
arrondies, en arcs de cercle ; angle sutural postérieur, ouvert.
Sur chaque élytre , douze stries de gros points enfoncés, partant
de la base et approchant d'autant plus de l'extrémité qu'elles
sont plus voisines de la suture : une troisième strie de points
plus gros et plus distants, le long du bord extérieur , disparaissant encore plus loin de l'extrémité ; espaces intermédiaires , planes , finement et visiblement pointillés. Dessous
du corps , luisant : ponctuation , en général , peu apparente ,
hors au mésopectus où elle est aussi forte qu'au dos du prothorax. Pattes , minces et allongées : tibias , droits ; fémurs postérieurs , n'atteignant pas l'extrémité de l'abdomen. *Onglets
des tarses , simples.*

Couleurs. — Chaperon, labre et autres parties de la bouche hors
le bord interne des mandibules, dernier article de chaque palpe,
lisière antérieure du prothorax , un petit point au sommet de
chaque tubercule latéral, une bande assez large parcourant le
bord extérieur de chaque élytre à partir de la base jusqu'au
point où les bords commencent à se courber et à converger,
hanches et fémurs, blancs-sales ou jaunâtres. Bord interne et
extrémité des mandibules , bruns. Antennes, tarses, tibias et
autres parties du corps , noirs. Pélage, de la couleur du fond.

Sexe. — Incertain, dans l'exemplaire qui m'a été comuniqué
et que je n'ai plus sous les yeux.

5. Pelonium pilosum.

147. Pelon. fronte plus latiore quam longiore, elytris apice conjunctim rotundatis, prothoracis lateribus in totà longitudine arcuato-dilatatis. — *Tab.* xxxiii, *fig.* 2.

Lampyris pilosa, *Forster nov. sp. ins. p.* 49. *n.* 49.
Enoplium pilosum, *Dej. loc. cit. p.* 128.
Var. A. Enoplium pilosum, *id. ib.*
    »   B.   »   cinctum, *id. ib.* — *M. Tab.* xxxvi, *fig.* 4.
    »   »   »   marginatum, *Say., ed. de Lequien, pag.* 150. *n.* 1.

Patrie. — L'Amérique septentrionale où l'espèce ne paraît pas rare.

Dimensions. — Long. du corps, 4 et ½ lig. — id. du pro-thorax, 1 lig. — id. des élytres, 5 lig. — larg. de la tête, ⅔ lig. — id. du prothorax à son maximum, 1 lig. — id. de la base des élytres, 1 et ¼ ligne.

Formes. — Antennes, velues : massue, veloutée, en scie ou en peigne selon les différents sexes ; yeux, distants, un peu saillants, finement grénus. Vertex, inapparent. Front, plus large que long. Ponctuation de la tête et du prothorax, mo-yenne et très serrée. Dos de celui-ci, faiblement et uniformé-ment convexe: ligne médiane, un peu déprimée ; côtés, en arcs de courbe à faible courbure et sans inflexion, atteignant leur maximum un peu en arrière du milieu; sillon sous-margi-nal, étroit et peu enfoncé; angles postérieurs, émoussés; bord postérieur, un peu plus étroit que l'antérieur, sensiblement rebordé, rebord remontant des deux côtés jusqu'au point du maximum de la largeur. Écusson, en ovale transversal. Élytres, pattes, onglets des tarses, comme dans le *Lampyroides.* Pé-lage, fin et hérissé.

Couleurs. — Antennes, corps et pattes, noirs. Dos du prothorax, rouge avec deux raies noires situées vers le milieu, larges, droites, parallèles et atteignant les deux bords opposés. Prosternum, antérieurement rougeâtre. Pélage, noir sur le fond obscur, blanchâtre sur le fond clair.

Sexe. — La femelle a ses antennes à peine un peu plus longues que la tête et le prothorax pris ensemble. La massue antennaire n'est aussi guères plus longue que les autres articles réunis et elle est en forme de scie à dents obtuses dirigées un peu en avant : son dernier article est un peu plus long que le précédent et en ovale oblong. Les bords postérieurs des quatre premières plaques ventrales sont droits et entiers : celui de la cinquième est encore entier, mais arrondi. La sixième n'est à découvert que lorsque l'appareil génital est en évidence.

Le mâle est aisément reconnaissable au plus grand développement de ses antennes. Elles sont beaucoup plus longues que la tête et le prothorax pris ensemble. Les poils des huit premiers articles sont plus longs et plus nombreux. La massue antennaire est en forme de peigne parceque chacun de ses deux premiers articles se prolonge, à l'angle antéro-interne, en une branche étroite, allongée, obtuse et dirigée en avant, ensorte que le bord antérieur est profondément échancré : le dernier est aussi applati, mais plus allongé que dans la femelle, et au lieu d'être en ovale oblong, il ressemble en petit à une gousse sèche de *Pisum sativum*. Les quatre premières plaques ventrales ont encore leur bord postérieur droit et entier, mais la cinquième est échancrée assez largement pour laisser toujours la sixième à découvert. Celle-ci est grande, oblongue, en demie ellipse, déprimée latéralement et faisant saillie le long de la ligne médiane : cette saillie est précisément le revers inférieur du canal longitudinal qui sert de retraite ou de passage à la verge et à ses auxiliaires.

Variétés. — Var. A, semblable au type : raies dorsales noires du prothorax, convergentes en arrière et n'atteignant pas le bord antérieur; une lisière de poils blanchâtres, le long de la suture des élytres. — États-Unis, de l'ancienne collection Dejean où elle était confondue avec le type.

Var. B, semblable à la Var. A, une lisière parcourant tout le contour de chaque élytre, hanches, trochanters et tibias, blanchâtres. — Même localité, collections Dejean et Dupont.

6. Pelonium. amænum, *Guer.*

148. Pelon. fronte plus latiore quam longiore, elytris apice conjunctim rotundatis, prothoracis lateribus anticè rectis propè medium arcuato-dilatatis, elytrorum fasciis duabus velutinis e pilis stratis. — *Tab.* xxxvi, *fig.* 3.

Enoplium amænum, *Guérin in coll. Buquet.*

» metalloideum, *Dup. coll.*

Patrie. — L'Amérique méridionale, collections Reiche et Buquet. — La Magellanie, collection Dupont.

Dimensions. — Long. du corps, 4 lig. — id. du protorax, 1 lig. — id. des élytres, 2 et $\frac{3}{4}$ lig. — larg. de la tête, $\frac{?}{?}$ lig. — id. du bord antérieur du prothorax, la même. — id. du même à son maximum de largeur, $\frac{1}{2}$ lig. — id. de la base des élytres, $\frac{?}{?}$ ligne.

Formes. — Antennes, un peu plus longues que la tête et le prothorax réunis: massue antennaire, plus ou moins allongée selon les sexes différents, toujours en forme de scie; les deux premiers articles, en triangles renversés, visiblement plus longs que larges; bords antérieurs profondément échancrés; angles antéro-internes ou dents de la scie, aigus et dirigés en avant; dernier article, en ovale étroit et allongé. Yeux, fortement grénus, peu saillants en dehors, ne touchant pas le bord postérieur de la tête. Vertex, en rectangle transversal. Front, au moins aussi large que long, ponctué et pubescent, ayant de plus une touffe épaisse de poils hérissés beaucoup plus longs à sa jonction

avec le vertex. Dos du prothorax, inégal : inégalités de la surface,
masquées par une couche de duvet épais, ras et couché en
divers sens ; bords opposés, parallèles et à-peu-près d'égale largeur ; rebord du postérieur, remontant des deux côtés jusqu'au
sommet de la dilatation latérale; flancs et bords latéraux, comme
dans le *Flavo-limbatum*. Élytres, proportionnellement plus
étroites que dans les espèces précédentes, plus fortement, mais
aussi uniformément, convexes : côtés, droits et parallèles à
partir de la base jusqu'aux quatre cinquièmes de la longueur ;
rebord extérieur, très mince près de l'extrémité ; extrémités,
conjointement arrondies ; angle sutural postérieur, fermé. Surface du dos, finement pointillée ; callus, peu élevés, lisses et
luisants; quelques autres espaces pareillement nus et luisants,
à la moitié postérieure ; des points enfoncés beaucoup plus
gros dont ceux qui sont le plus près de la suture semblent
disposés en stries, à la moitié antérieure. Entre la suture et
les callus, plusieurs rangées longitudinales de poils hérissés réunis
en faisceaux : entre les callus et le dernier tiers, deux bandes transversales et ondulées d'un duvet de poils ras, serrés
et couchés en arrière ; autres poils épars, longs, fins et rares.
Pattes, comme dans le *Flavo-limbatum*, proportionnellement
un peu plus fortes et un peu plus courtes. Onglets des tarses,
simples.

Couleurs. — Antennes, noires: les deux premiers articles,
rougeâtres. Tête, prothorax et dessous du corps, noirs. Labre
et autres parties de la bouche hors les mandibules, testacés.
Élytres, marbrées de noir et de brun : espaces nus, noirs-
bleuâtres. Pattes, brunes : une bande transversale et médiane
à chaque fémur, extrémités tarsiennes des tibias, noires. Faisceaux hérissés, mêlés de poils blancs et de poils noirs. Duvet ras
des élytres, blanc de neige. Autres parties du pélage, cendrées.

Sexe. — Dans les femelles, les antennes sont proportionnellement plus courtes, le dernier article de la massue est de la

longueur des précédents et les bords postérieurs des dernières plaques ventrales sont entiers. — Trois femelles, des col·
lections Reiche, Dupont et de la mienne.

Dans les mâles, la massue antennaire est plus longue que
le reste de l'antenne, le dernier article est moitié plus long
que le précédent et l'avant-dernière plaque ventrale est échancrée. — Un mâle, de la collection Buquet.

VARIÉTÉS. — Les accidents du pélage dépendent beaucoup
de la fraîcheur des individus. Le nombre des faisceaux de
poils hérissés est certainement variable. Il en est de même
de la largeur des deux bandes de duvet: elles sont plus ou
moins sinueuses. Dans une femelle, de la Magellanie, fournie
par M.ʳ Dupont, elles sont même réunies et n'en forment qu'une
qui occupe à-peu-près un tiers de l'élytre: elle a de plus, au
milieu du bord antérieur du prothorax, un faisceau de poils
semblable à ceux des élytres et du vertex. On serait tenté de
la prendre pour une autre espèce.

7. PELONIUM VETUSTUM.

149. PELON. fronte plus latiore quam longiore, elytris apice
conjunctim rotundatis, prothoracis lateribus anticè rectis propè
medium arcuato-dilatatis, elytrorum pilis ubique erectis, prothoracis dorso cruciatim sulcato. — *Tab.* xxxv, *fig.* 4.

Enoplium vetustum, *Dej. loc. cit. p.* 128.

PATRIE. — Les États-Unis de l'Amérique, M.ʳ Leconte.

DIMENSIONS et FORMES. — Cette espèce, dont le pélage est si
distant de celui de l'*Amœnum*, lui ressemble beaucoup par ses
dimensions et par l'ensemble de ses formes. Taille, un peu
plus grande: long. du corps, 4 et ⅓ ligne. Duvet ras, nul: pélage, plus ou moins rare, fin et hérissé. Antennes, plus courtes:
massue antennaire, ne faisant pas la moitié de la longueur totale, en scie ; bord antérieur de ses deux premiers articles,

peu échancré : angles antéro-internes ou dents de la scie, aigus, mais non prolongés en avant ; dernier article, oblong,
brusquement rétréci à son origine, dilaté à l'extrémité, première moitié de son bord interne en ligne droite. Front, plus
large que long. Dos du prothorax, très inégal : dépression antérieure, bien prononcée ; une impression profonde en forme
de croix, au milieu du disque ; sillon sous-marginal, peu enfoncé
et très étroit ; rebord postérieur, assez relevé et remontant
des deux côtés jusqu'au sommet du renflement latéral ; celui-
ci, étant évidemment en arrière du milieu ; ponctuation, assez
forte et un peu confluente. Élytres, plus finement ponctuées que
le dos du prothorax et moins pubescentes : neuf ou dix stries
de points enfoncés, partant de la base et atteignant presque
l'extrémité ; points des stries, très gros et inéquidistants, assez
rapprochés près de la base et sur les flancs pour que les intervalles longitudinaux y soient plus larges que les cloisons transversales, souvent assez distants sur le dos et près de la suture
pour que les cloisons transversales y soient plus grandes que
les intervalles longitudinaux.

Couleurs. — Antennes, testacées : extrémités des deux premiers articles et massue antennaire, noires. Tête, prothorax et
dessous du corps, de cette même couleur : parties de la bouche en dessous des mandibules, pâles ; le dernier article de chaque palpes, obscur. Élytres, brunes avec une bande transversale
blanchâtre assez large pour occuper le tiers médian de l'élytre : quelques taches jaunâtres, sur la portion brune ; quelques
points noirâtres clair-sémés, sur la bande blanche ; teinte brunâtre de l'extrémité, plus claire et quasi carmelite. Pattes
antérieures, brunes : hanches, trochanters et tarses, testacés.
Pattes intermédiaires et postérieures, testacées : bande médiane et extrémité tarsienne des tibias, brunes. Pélage, blanchâtre.

Sexe. — L'exemplaire unique de l'ancienne collection Dejean me semble une femelle.

49

8. Pelonium amabile.

150. Pelon. fronte plus latiore quam longiore, elytris apice conjunctim rotundatis, prothoracis lateribus anticè rectis propè medium arcuato-dilatatis, elytrorum pilis ubique erectis, prothoracis dorso tuberculato. — *Tab.* xxxiii, *fig.* 1.

Enoplium amabile, *Dup. coll.*

Patrie. — La Colombie, M.ʳ Lebas.

Dimensions. — Long. du corps, 2 et ¼ lig. — id. du prothorax, ⅓ lig. — id. des élytres, 1 et ½ lig. — larg. de la tête, ½ lig. — id. du prothorax à son maximum, la même. — id. de la base des élytres ⅓ ligne.

Formes. — Antennes, aussi longues que la tête et le prothorax pris ensemble: massue antennaire, plus longue que les huit premiers articles réunis, serriforme; les deux premiers articles, en triangles renversés dont la hauteur est à la base dans le rapport de trois à deux, celle-ci très faiblement échancrée, dents de la scie moins aiguës que dans l'espèce précédente et non dirigées en avant. Yeux, grands, fortement grénus et assez saillants latéralement. Front, un peu plus large que long, fortement ponctué. Prothorax, conforme au type du précédent, mais proportionnellement plus large, renflement latéral moins saillant; dos, plus finement ponctué que le devant de la tête, inégal dans la moitié postérieure seulement où on remarque trois ou quatre petits tubercules oblongs; rebord postérieur, ne remontant pas sur les côtés. Élytres, finement pointillées, luisantes: points, petits et distants; à leur moitié antérieure, neuf rangées longitudinales de points plus gros, plus profonds et inéquidistants. Pattes, comme dans le précédent. Pélage hérissé, un peu plus épais sur le dos du prothorax.

Couleurs. — Antennes, corps et pattes, testacés. Massue antennaire, yeux, une tache au milieu du bord antérieur du prothorax, écusson, une autre tache latérale et en zigzag vers les deux tiers de chaque élytre, poitrine et origine des hanches antérieures, noirs. Au-delà du milieu de chaque élytre, une grande tache commune, anguleuse et difforme, rougeâtre. Pélage, blanchâtre.

Sexe. — Incertain.

9. Pelonium marginipenne.

151. Pelon. fronte plus latiore quam longiore, elytris apice conjunctim rotundatis, prothoracis lateribus anticè rectis propè medium arcuato-dilatatis, elytrorum pilis ubique erectis, lineâ utrinque impressâ propè singulum prothoracis angulum posticum. — *Tab.* xxxv, *fig.* 6.

Enoplium marginipenne, *Dej. loc. cit. p.* 128.
» circumcinctum, *Dup. coll.*

Patrie. — L'Amérique septentrionale. M.ʳ Leconte l'a rapporté des Etats-Unis.

Dimensions. — Long. du corps, 2 et ⅓ lig. — id. du prothorax, ½ lig. — id. des élytres, 1 et ⅓ lig. — larg. de la tête, ⅓ lig. — id. du prothorax à son maximum, ½ lig. — id. de la base des élytres, ¾ ligne.

Formes. — Les antennes n'existent plus dans l'exemplaire que j'ai actuellement sous les yeux. Tête, petite: yeux, saillants et fortement grénus; front, visiblement plus large que long, ponctué et pubescent; points, bien distincts et peu nombreux. Dos du prothorax, uniformément convexe, également ponctué à ponctuation semblable à celle du devant de la tête, sans fossettes et sans tubercules, n'ayant que deux impressions courtes, linéaires et longitudinales, situées très près des angles postérieurs: côtés, comme dans l'*Amabile*, dilatés au milieu, mais sans tubercules distincts; rebord postérieur, remontant des deux côtés jusqu'à l'origine antérieure de la dilatation latérale.

Élytres, finement pointillées: sur chaque, neuf stries de gros points enfoncés, partant de la base et parvenant au point où les côtés, d'abord droits et parallèles, commencent à se courber et à converger, c. à. d., aux quatre cinquièmes de la longueur; extrémités, conjointement arrondies en arcs de cercle. Pattes, comme dans le précédent. Pélage hérissé, très rare.

Couleurs. — Tête et prothorax, testacés: yeux, mandibules, contour du front, une petite lisière en dessous et derrière les yeux, deux point ronds plus grands sur le dos du prothorax et vers le premier tiers de sa longueur, noirs. Poitrine, ventre et écusson, de la même couleur. Élytres, encore noires, mais entourées d'une ceinture pâle, étroite à la suture et au bord postérieur, plus large le long du bord extérieur, effacée un peu en arrière des callus huméraux. Pattes, testacées : extrémités tibiales des fémurs, tibias de la première paire, base et extrémité tarsienne des autres, dessus de touts les tarses, noirs. Pélage, blanchâtre.

Sexe. — Incertain, un individu de l'ancienne collection Dejean.

10. Pelonium collare.

152. Pelon. fronte plus latiore quam longiore, elytris apice conjunctim rotundatis, prothoracis lateribus anticè rectis propè medium arcuato-dilatatis, elytrorum pilis ubique erectis dorsoque toto striato-punctato, prothoracis dorso æqualiter punctato, tuberculorum lateralium summo apice carinato. — XXXIII, *fig.* **7.**

Enoplium collare, *Dej loc. cit. p.* 128.
   »   punctato-striatum , *Dup. coll.*
Var. A. Enoplium flavum, *id. ib.*

Patrie. — Carthagène où il a été trouvé par M.ʳ Lebas et où il ne paraît pas rare.

Dimensions et Formes. — Semblables à celles de l'espèce précédente. Taille, un peu plus grande: long. du corps, 2 et ½ ligne. Point d'impression linéaire, près des angles postérieurs du prothorax. Dilatation latérale de ce dernier, tuberculiforme comme dans l'*Amabile*; rebord postérieur, remontant des deux côtés au-dessus du tubercule, en carène lisse et luisante, tranchant nettement avec la ponctuation du dos et des flancs.

Couleurs. — Antennes, noires: premiers articles, rougeâtres. Tête et prothorax, rouges: haut du front et bord postérieur de la tête, noirs. Élytres, poitrine et abdomen, encore noirs. Pattes, testacées: extrémités tibiales des fémurs, tibias antérieurs, base des autres, tarses, noirs. Pélage, blanc.

Sexe. — L'ancienne collection Dejean contenait plusieurs individus, sur le sexe desquels, il n'était pas possible de se tromper, parceque leurs parties génitales étaient en évidence. Ils ne m'ont offert d'autre caractère distinctif qu'une différence appréciable dans les proportions relatives des parties de la tête. *Le mâle a les yeux plus grands et le front plus étroit.* Cette particularité a beaucoup d'importance pour moi, parcequ'elle rend douteuse, à mon avis, la valeur réelle de certains caractères que j'ai employés dans le tableau synoptique et dans les phrases spécifiques, tels que *front plus long que large* ou bien *front plus large que long*. Il me semble qu'ils ne méritent une aveugle confiance que lorsqu'on est sur de pouvoir les appliquer indifféremment aux deux sexes de la même espèce.

Variétés. — La Var. A est semblable au type et elle n'en diffère que par les antennes, les pattes et le dessous du corps, testacés unicolors. — Même localité, collection Dupont.

11. Pelonium quadrisignatum.

153. Pelon. fronte plus latiore quam longiore, elytris apice conjunctim rotundatis, prothoracis lateribus anticè rectis propè

medium arcuato-dilatatis, élytrorum pilis ubique erectis dorsoque striato-punctato, prothoracis dorso æqualiter punctato, tuberculorum lateralium summo apice rotundato nitido. — *Tab.* xxxiii, *fig.* 3.

Enoplium quadrisignatum, *Dup. coll.*

Patrie. — La Colombie.

Formes et Dimensions. — Cette espèce est, sous ce double rapport, parfaitement semblable à la précédente et les accidents de couleur ne m'auraient pas empêché de la regarder comme une simple variété, si le rebord postérieur du prothorax n'était pas complètement effacé sur les côtés et si le tubercule latéral n'était pas sans carène, arrondi, lisse et luisant. Ce caractère est unique, mais il est constant.

Couleurs. — Antennes, testacées: massue, noire. Tête, noire: une tache au milieu du front, chaperon, labre et autres parties de la bouche hors les mandibules, noirs. Prothorax, élytres et pattes hors les tarses, testacés: deux grandes tâches noires, sur chaque élytre, la première carrée aux angles antérieurs, la seconde dorsale et arrondie vers les trois quarts de la longueur. Poitrine, ventre et tarses, noirs. Pélage, blanchâtre.

Sexe. — Incertain, collection Dupont.

12. Pelonium humerale.

154. Pelon. fronte plus latiore quam longiore, elytris apice conjunctim rotundatis, prothoracis lateribus anticè rectis propè medium arcuato-dilatatis, clytrorum pilis ubique erectis dorsoque striato-punctato, tuberculorum lateralium summo apice rotundato opaco punctatissimo. — *Tab.* xxxv, *fig.* 3.

Enoplium humerale, *Buq. coll.*

Patrie. — Le Brésil.

Dimensions et Formes. — Semblables a celles des deux espèces précédentes et surtout à celles du *Quadrisignatum.* Taille, un

peu plus petite, comme dans le *Marginipenne*. Le trait carac-
téristique de l'espèce est sensible aux sommets des tubercules
latéraux du prothorax; ils ne sont, ni carénés comme dans le
Collare, ni lisses et luisants comme dans le *Quadrisignatum*,
mais ils sont opaques et aussi fortement ponctués que le dos.

Couleurs. — Antennes, corps et pattes, testacés: dessus
de la tête hors le labre et le chaperon, deux raies longitudinales sur le prothorax, une tache latérale à la base de chaque
élytre, une autre plus grande et commune à leur extrémité,
noirâtres. Pélage, cendré.

Sexe. — Incertain, dans l'individu que M.ʳ Buquet a eu la
bonté de me communiquer.

13. Pelonium variabile.

155. Pelon. fronte plus latiore quam longiore, elytris apice
conjunctim rotundatis, prothoracis lateribus anticè rectis propè
medium arcuato-dilatatis, elytrorum pilis ubique erectis dorsoque striato-punctato, striis dorsalibus posticè abbreviatis, lateralibus ferè ad apicem productis. — *Tab.* xxxvi, *fig.* 5.

Enoplium badium, *Dup. coll.*
      » nigricorne, *id. ib. et mihi olim.*

Var. A Enoplium nigro-signatum, Var. *Dup. coll.*

Patrie. — Le Brésil, collection Buquet. La Colombie, collection Dupont.

Dimensions et Formes. — Comme dans l'*Humerale* dont notre
espèce ne diffère que par la longueur inégale des stries de ses
élytres. La première à partir de la suture dépasse à peine le
milieu, les suivantes s'allongent par degrés et les extérieures enfin
atteignent le bord postérieur.

Couleurs. — Antennes, corps et pattes testacés. Massue antennaire, mandibules et extrémités des tarses, noires.

Sexe. — J'ai remarqué une faible échancrure à la dernière

plaque ventrale de quelques individus qui sont d'ailleurs parfaitement semblables aux autres. Ce sont probablement des mâles.

VARIÉTÉS. — Les individus du Brésil ont été choisis pour types de l'espèce. Ceux de la Colombie m'ont offert de nombreuses variétés de couleurs et il aurait été aisé d'en faire plusieurs espèces. En général, la couleur de leur manteau est plus foncée et fauve-roussâtre. En revanche, la massue antennaire est de la couleur des autres articles. Les élytres sont tachetées de noir, mais la position des taches est encore très variable. Le plus souvent, il y en a quatre sur chaque, deux étroites et longitudinales à peu de distance de la base, deux autres difformes au-delà du milieu. Quelquefois ces taches disparaissent en partie. Dans d'autres individus chez lesquels la couleur noire prédomine, les postérieures se rejoignent et elles forment alors une bande irrégulière qui va obliquement de dehors en dedans et d'avant en arrière, sans atteindre les deux bords. M.ʳ Dupont les avait confondus avec les individus du *Nigrosignatum* dont il sera parlé ci-après.

14. PELONIUM PRÆUSTUM.

156. PELON. fronte vix plus latiore quam longiore, elytris apice conjunctim rotundatis, prothoracis lateribus anticè rectis prodè medium arcuato-dilatatis dorsoque distinctè punctato, elytrorum pilis ubique erectis dorsoque profundius striato-punctato, striarum punctis inæquidistantibus. — *Tab.* XXVI, *fig.* 2.

Enoplium præustum, *Reiche coll.*
    »   principale, *Dup. coll.*

PATRIE. — Magellanie.

DIMENSIONS. — Long. du corps, **7** et ¦ lig. — id. du prothorax, **1** et ¦ lig. — id. des élytres, **5** et ¦ lig. — Larg. de la tête, **1** et ¦ lig. — id. du prothorax à son maximum, **1** et ¦ lig. — id. de la base des élytres, **2** lignes.

FORMES. — Antennes, plus longues que la tête et le prothorax pris ensemble: massue antennaire, plus longue que les huit premiers articles réunis, en demi-peigne comme dans le *Pilo-sum*; dents du peigne, proportionnellement plus larges et plus courtes. Yeux, grands, saillants et fortement grénus. Front, à peine un peu plus large que long. Devant de la tête et dos du prothorax, cribrés de points enfoncés ronds et de moyenne grandeur: quatre petits espaces dont la position est fixe sur le disque, inponctués, glabres et luisants; dépression antérieure, sensible; côtés, d'abord droits et parallèles, décrivant ensuite une courbe saillante qui atteint son maximum en arrière du milieu, infléchie au-delà et rentrante près du bord postérieur; rebord de celui-ci, remontant des deux côtés jusqu'à l'origine antérieure du renflement latéral. Écusson, petit, arrondi et fortement ponctué. Élytres, presque planes près de la suture, penchées vers le bord extérieur de manière que la pente s'affaiblit progressivement d'avant en arrière et qu'elle est presque insensible près de l'extrémité; côtés, droits et parallèles à partir des angles huméraux jusqu'au delà des trois quarts de la longueur; extrémités, conjointement arrondies, en arcs de cercles; rebord extérieur peu sensible, postérieur nul; surface dorsale, finement pointillée. Sur chaque élytre, dix rangées longitudinales de points enfoncés beaucoup plus gros, commençant à peu de distance de la base ou derrière les callus huméraux et ne dépassant pas le milieu. Ces rangées n'observent pas partout un parallélisme rigoureux: il y a souvent des points hors de ligne qui sont néanmoins de la même grandeur; les cloisons transversales sont nécessairement inégales entr'elles, puisque les points des stries sont inéquidistants. Pattes, assez minces, de moyenne longueur; fémurs, non renflés; les postérieurs, ne dépassant pas le quatrième anneau; tibias droits, le postérieur plus long que le fémur de la même paire; onglets éperonnés, éperon obtus et placé très près' de l'origine. Dessous du corps et pattes, ponctués. Pélage, hérissé partout, d'autant plus long et plus épais que les points sont plus petits et plus rapprochés.

50

Couleurs. — Antennes, noires: extrémité du premier article, rougeâtre. Labre et autres parties de la bouche hors les mandibules, testacés pâles. Tête, prothorax, poitrine, écusson et moitié postérieure des élytres, noirs. Moitié antérieure des mêmes, jaune hors les points des stries dont la couleur obscure tranche avec la couleur claire du fond. Pattes, jaunâtres; genoux noirs; onglets, bruns. Pélage, cendré.

Sexe. — L'exemplaire mâle qui m'a été cédé par M.r Dupont a ses parties génitales en évidence. Deux autres, l'un de la collection Reiche, l'autre de la collection Dupont, ne m'ont offert aucune différence extérieure, et je les crois encore des mâles, quoique leurs pièces génitales soient entièrement cachées. La femelle est donc inconnue. Je ne serais pas surpris que la description de l'espèce ne dut être modifiée à la suite de sa découverte.

15. Pelonium viridipenne.

157. Pelon. fronte plus latiore quam longiore, elytris apice conjunctim rotundatis, prothoracis lateribus anticè rectis propè medium arcuato-dilatatis dorsoque distinctè punctato, elytrorum pilis ubique erectis dorsoque profundius punctato, striarum punctis æquidistantibus. — *Tab.* xxxv, *fig.* 1.

Enoplium viridipenne, *Kirby cent. d'ins. ed Leq. p.* 19, *n.* 24.

Patrie. — Le Brésil.

Dimensions. — Long. du corps, 7 lig. — id. du prothorax, 1 et $\frac{3}{4}$ lig. — id. des élytres, 5 et $\frac{1}{4}$ lig. — larg. de la tête, 1 et $\frac{1}{4}$ lig. — id. du prothorax à son maximum, 1 et $\frac{1}{3}$ lig. — id. de la base des élytres, 1 et $\frac{3}{4}$ ligne.

Formes. — Assez ressemblantes à celles du *Prœustum* pour que nous puissions nous en tenir à une description comparative. Massue antennaire, tout-au-plus aussi longue que les huit premiers articles réunis, en forme de scie, ses deux

premiers articles en triangles renversés et faiblement échancrés en avant. Ce caractère ne méritera notre confiance que
lorsque nous serons certains qu'il n'est pas plutôt sexuel
que spécifique. Points du devant de la tête et du dos du prothorax, petits, ronds et distants: espaces intermédiaires, planes et luisants. Une faible dépression au milieu du disque,
circonstance peut-être individuelle ; maximum de la largeur
du prothorax, un peu en arrière du milieu; rebord postérieur, ne remontant pas des deux côtés jusqu'à l'origine du
renflement latéral. Sur le dos de chaque élytre entre la suture et les callus huméraux, six rangées longitudinales de points
enfoncés, égaux et équidistants, commençant à peu de distance
de la base et disparaissant, les trois premiers à partir de la
suture au premier tiers de la longueur, les trois autres vers
le milieu; derrière les callus huméraux, deux autres rangées
moins régulières et inéquidistantes, disparaissant de même vers
le milieu; sur les flancs et le long du bord extérieur, deux
autres rangées aussi régulières que les six premières et s'effaçant avant le milieu.

Couleurs. — Antennes, avant-corps, poitrine et pattes,
rouges. Élytres, d'un beau verd métallique. Mandibules et abdomen, noirs: deux petites lignes transversales jaunes, à chacune
des quatre premières plaques ventrales.

Sexe. — L'exemplaire unique de la collection Buquet me
semble une femelle. — Mâle, inconnu.

16. Pelonium nigro-signatum.

158. Pelon. fronte plus latiore quam longiore, elytris apice
conjunctim rotundatis, prothoracis lateribus anticè rectis propè
medium arcuato-dilatatis, elytrorum pilis ubique erectis dorsoque ante medium obsoletè striato, striis lateralibus brevioribus.
— *Tab.* xxxiv, *fig.* 6.

Enoplium nigro-signatum, *Dup. coll.*

»   variegatum, *mihi olim.*

PATRIE. — La Colombie, M.ʳ Lebas.

DIMENSIONS. — Les mêmes que dans le *Variabile.* Taille, un peu plus petite : long. du corps, 2 lignes.

FORMES. — Corps, plus luisant et plus finement ponctué que dans le *Variabile*, avec lequel, cette espèce a d'ailleurs beaucoup de ressemblance. Renflement latéral du prothorax, visiblement en arrière du milieu : côtés, infléchis derrière ce renflement et décrivant une courbe rentrante jusqu'au bord postérieur. Rebord de celui-ci, ne remontant pas sur les côtés. Stries des élytres, ne dépassant pas le milieu, faites de points petits et peu enfoncés, d'autant moins apparentes qu'elles sont plus distantes de la suture, celles des flancs complètement effacées ; intervalles longitudinaux et cloisons transversales, planes, luisants, paraissant lisses à l'œil nu, plus larges que les stries.

COULEURS. — Antennes, corps et pattes, testacés pâles. Yeux, mandibules, deux raies longitudinales sur le dos du prothorax, deux autres raies pareilles au premier tiers de chaque élytre, une bande transversale commune arquée et ondulée au-delà du milieu, noirâtres. Pélage, cendré.

SEXE. — Incertain.

17. PELONIUM GALLERUCOIDES.

159. PELON. fronte plus latiore quam longiore, elytris apice conjunctim rotundatis, prothoracis lateribus anticè rectis dorsoque sparsim punctulato, elytrorum pilis ubique erectis dorsoque vagè et æqualiter punctato, prothorace posticè neutiquam angustiore. — *Tab.* XXXIX, *fig.* 2.

Enoplium Gallerucoides, *Dej. loc. cit. p.* 128.

PATRIE. — Cayenne, M.ʳ Lacordaire.

DIMENSIONS. — Long. du corps, 4 lig. — id. du prothorax, 1 et ¼ lig. — id. des élytres, 2 et ¼ lig. — larg. de la tête, ½ lig. — id. du prothorax à son maximum, la même. — id. de la base des élytres, 1 et ¾ ligne.

FORMES. — Antennes, notablement plus longues que la tête et le prothorax pris ensemble: articulation intermédiaire des 7.ᵉ et 8.ᵉ articles, moins distincte que les autres. Massue antennaire, en forme de scie très allongée et très étroite: premier article, en triangle renversé tel que sa hauteur est quatre fois environ plus longue que sa base, celle-ci sans échancrure; angle antéro-interne, aigu, mais non prolongé en avant; second article, de la même forme et de la même largeur que le précédent, mais un peu plus court; le dernier, aussi long ou plus long que le premier, moitié plus étroit et ressemblant à une gousse sèche, comme dans le mâle du *Pilosum*. Yeux, de moyenne grandeur, mais fortement grénus et très saillants en dehors, ne touchant pas le bord postérieur. Vertex, très court. Front, un peu plus large que long. Dessus de la tête et du prothorax, luisant et paraissant lisse à l'œil nu: points, clair-sémés, peu enfoncés et visibles seulement à l'aide d'une loupe. Poils hérissés, fins et rares. Dos du prothorax, très faiblement convexe, sans renflement latéral tuberculiforme: côtés, droits près du bord antérieur, bisinueux au-delà, peu élargis au milieu, la largeur du maximum étant à celle des bords opposés dans le rapport de cinq à quatre; bord postérieur, égal en largeur à l'antérieur, sensiblement rebordé, rebord remontant horizontalement des deux côtés jusqu'à une petite distance du bord antérieur. Écusson, en demi-ovale transversal. Élytres, plus fortement convexes que dans le *Viridipenne* et moins que dans le précédent, sans applatissements près de la suture et vers l'extrémité: rebord extérieur, également sensible des angles huméraux jusqu'à l'angle sutural postérieur; surface, également et vaguement ponctuée, points un peu plus grands que

ceux de l'avant-corps. Pattes, moyennes: fémurs, proportionnellement un peu plus longs, les postérieurs pouvant atteindre
l'extrémité de l'abdomen: tibias, plus épais, un peu arqués.
*Onglets, larges à leur origine et brusquement échancrés vers la
moitié de leur longueur:* sommet postérieur de l'échancrure, aigu.

COULEURS. — Antennes, corps et pattes, testacés pâles. Bord
extérieur des antennes, tarses et tibias, bruns. Yeux et mandibules, noirâtres. A chaque élytre, cinq taches rougeâtres en
deux rangées longitudinales: trois sur la ligne extérieure, petites
et rondes, la première au sommet du callus huméral, la seconde
vers le milieu, la troisième près de l'extrémité; deux sur la ligne
intérieure, oblongues et plus grandes, alternant par leur position avec les trois autres. Poils, blancs.

SEXE. — L'exemplaire unique de l'ancienne collection Dejean
est un mâle, l'avant-dernière plaque ventrale est largement
échancrée et la dernière est concave. — Femelle, inconnue.

18. PELONIUM CLEROIDES.

160. PELON. fronte plus latiore quam longiore, elytris apice
conjunctim rotundatis, prothoracis lateribus anticè rectis propè
medium arcuato-dilatatis dorsoque sub-æqualiter punctulato, elytrorum pilis ubique erectis dorsoque vagè et æquè punctato,
prothorace posticè angustato. — *Tab.* XXXIV, *fig.* 3.

Enoplium cleroides, *Buq. coll.*

Clerus Spinolæ, *D. Germar in litteris.*

PATRIE. — Le Brésil.

DIMENSIONS. — Long. du corps, 8 lig. — id. du prothorax,
2 lig. — id. des élytres, 5 lig. — larg. de la tête, 1 et ½
lig. — id. du prothorax à son bord antérieur, 1 et ⅓ lig. —
id. du même à son maximum, 2 lig. — id. du même à son
bord postérieur, 1 lig. — id. de la base des élytres, 2 et ½
ligne.

Formes. — Cette espèce diffère de la plupart de ses congénères en ce que la *massue antennaire est plus courte que les
huit premiers articles réunis*. Antennes, plus longues que la tête
et le prothorax pris ensemble : le premier article, épais, sub-
cylindrique, n'atteignant pas le haut des yeux ; art. 2—8, plus
minces, obconiques, le 3.ᵉ étant le plus large de touts, les
suivants à-peu-près égaux entr'eux et au moins aussi longs que
larges. Massue antennaire, en forme de scie : premier article,
en triangle renversé tel que sa hauteur est à sa base dans le
faible rapport de trois à deux, bord antérieur un peu
échancré, dent de la scie aiguë et non dirigée en avant ;
second article, de la forme et de la largeur du premier,
proportionnellement un peu plus court ; le dernier, en olive
applatie, pédiculé à son origine, dilaté du côté interne et terminé par une pointe rentrante et équivalente à une troisième
dent de la scie. Yeux, distants, finement grénus, proportionnellement plus petits que dans les précédents et néanmoins assez saillants en dehors, ne touchant pas le bord
postérieur de la tête. Vertex, apparent. Front, plus large
que long, finement pointillé. Dos du prothorax, plus fortement ponctué : dépression antérieure, assez bien prononcée ;
côtés, droits et parallèles le long de cette dépression, arrondis
et dilatés au-delà, atteignant le maximum de la largeur vers le
milieu, infléchis vers les deux tiers de la longueur et décrivant
ensuite une courbe rentrante qui atteint le bord postérieur ;
celui-ci, visiblement plus étroit que le bord opposé, fortement
rebordé ; rebord, remontant jusqu'à l'origine antérieure du
renflement latéral. Élytres, uniformement convexes, luisantes,
finement et vaguement pointillées. Pattes, fortes : fémurs, épais,
les postérieurs, ne dépassant pas le quatrième anneau de l'abdomen. Onglets des tarses, plus minces que dans le *Gallerucoïdes*, pareillement échancrés vers le milieu, échancrure moins
brusque et moins profonde. Pélage, rare et hérissé.

COULEURS. — Antennes, corps et pattes, noirs. Elytres, couleur de paille : suture, trois bandes transversales équidistantes partant de la suture et dont l'antérieure seulement n'atteint pas le bord extérieur, limbe marginal, violets. Pélage, blanc.

SEXE. — Dans la femelle, les deux dernières plaques ventrales n'ont aucune échancrure. Deux exemplaires de ma collection, le premier donné par M.⟨r⟩ Germar a été le type de la description ci-dessus, le second m'a été donné par M.⟨r⟩ Reiche. — Le mâle est proportionnellement plus étroit, long. du corps, **7** lignes, ses fémurs sont plus épais, ses tibias plus arqués, *le second trochanter des pattes intermédiaires est armé en dessous d'une petite épine courte et pointue*, les deux dernières plaques ventrales sont aussi visiblement échancrées. D'ailleurs, les yeux, le front et les antennes, ne m'ont offert aucune différence apparente. Un exemplaire, de la collection Buquet.

19. PELONIUM LITURATUM.

161. PELON. fronte plus latiore quam longiore, elytris apice conjunctim rotundatis, prothoracis lateribus anticè rectis dorsoque sub-æqualiter punctato, elytrorum pilis ubique erectis dorsoque vagè punctato, punctis propè basin majoribus. — *Tab.* XXXIV, *fig.* **1.**

Enoplium lituratum, *Kirby*, *loc. cit. p.* **18.** *n.* **23.**

  »   »   *Dej. loc. cit. p.* **128.**

  »   liberatum, *Lap. hist. des Coléop.* **1, 289, 1.**

PATRIE. — Le Brésil.

DIMENSIONS. — Les mêmes que dans le *Viridipenne*. Taille, un peu plus petite : long. du corps, **6** lignes.

FORMES. — Elles rentrent dans le même type que celles du *Præustum* et du *Viridipenne*, mais la surface des élytres fournit un caractère spécifique qui n'en est pas moins bon, quoiqu'il soit unique, puisqu'il est constant, bien tranché et

assez apparent. Les élytres sont vaguement ponctuées et elles
n'offrent aucune trace de stries, les points épars sont d'autant plus gros et plus distants qu'ils sont plus voisins de la
base. Les onglets tarsiens n'ont pas d'éperon visible près de
leur origine.

COULEURS. — Antennes, noires: premier et second articles,
testacés. Corps et pattes, de la même couleur: deux larges
bandes longitudinales droites et parallèles atteignant les deux
bords opposés sur le dos du prothorax, une bande faiblement
arquée et dont la convexité est tournée en dedans partant du
callus huméral et atteignant le bord extérieur de chaque élytre
vers les deux tiers de sa longueur, bord postérieur de celle-ci,
genoux antérieurs, tarses et onglets de toutes les paires, noirs.
Poils, blanchâtres.

SEXE. — Dans la femelle, le bord postérieur de la cinquième
plaque ventrale est droit et entier, la massue antennaire n'atteint pas la moitié de la longueur de l'antenne, les deux premiers articles sont encore plus fortement échancrés que dans
l'exemplaire connu du *Viridipenne*, mais les dents larges et
obtuses tiennent le milieu entre celles d'un peigne et celles
d'une scie. — Dans le mâle, le bord postérieur de la cinquième plaque ventrale est visiblement échancré, la massue
antennaire est au moins aussi longue que touts les autres articles réunis, les deux premiers sont plus fortement échancrés
et leurs angles antéro-internes, quoique plus courts et plus obtus que ceux du *Pilosum* ♂, sont assez allongés en avant
pour ressembler plutôt à des branches de peigne qu'aux dents
d'une scie.

20. PELONIUM PULCHELLUM.

162. PELON. fronte plus latiore quam longiore, elytris apice
conjunctim rotundatis, dorso confertissimè punctato, prothoracis lateribus rectis sub-parallelis. — *Tab.* XXXIV, *fig.* 4.

Enoplium pulchellum, *Dej. loc. cit. p.* 128.

Philyra helopioides, *Lap. rev. de sitb. t.* 4, *p.* 54.

PATRIE. — Le Brésil.

DIMENSIONS. — Long. du corps, 4 et ¹⁄₂ lig. — id. du prothorax, 1 lig. — id. des élytres, 3 et ¼ lig. — larg. de la
tête, ²⁄₃ lig. — id. du prothorax la même. — id. de la base
des élytres, 1 lig.

FORMES. — Antennes, plus larges que la tête et le prothorax
réunis : les huit premiers articles, s'écartant des formes particulières au *P. cleroides* et rentrant dans le type commun. Massue
antennaire, de trois articles, en forme de scie, dépassant en
longueur le reste de l'antenne : premier et second articles, en
trapèzes dont le bord antérieur est le grand côté ou la base,
celle-ci échancrée, côté extérieur ou hauteur une fois et
demie plus longue que la base, côté interne un peu arqué,
angle antéro-interne obtus et arrondi; dernier article, en ovale
un peu allongé, aussi large et un peu plus long que le précédent. Tête et bouche, comme dans le *G. Pelonium.* Yeux,
comme dans le *Cleroides.* Avant-corps, luisant et paraissant
lisse à l'œil nu : points enfoncés, très petits et clair-semés;
dos du prothorax, faiblement convexe; dépression antérieure,
n'étant sensible que par une impression très faible qui est à
sa limite postérieure et qui ne s'étend pas sur les flancs;
côtés, droits et parallèles dans presque toute leur longueur,
un peu arqués et convergents, mais non infléchis ou rentrants,
à une très petite distance du bord postérieur qui est un peu
plus étroit que le bord opposé et dont le faible rebord ne
remonte pas en dehors. Élytres, uniformément convexes : côtés,
parallèles de la base jusqu'aux quatre cinquièmes de leur longueur : extrémités, conjointement arrondies; surface, criblée de
gros points enfoncés d'autant plus serrés qu'ils sont plus voisins
de l'extrémité, sans aucune trace de stries; callus, peu saillants.
Pattes, comme dans le *Gallerucoides,* proportionnellement plus

minces. Pélage hérissé, plus épais sur le dos du prothorax, très rare sur les élytres.

Couleurs. — Antennes et palpes, jaunes. Labre, pâle. Yeux, noirâtres. Tête, prothorax, poitrine, écusson et abdomen, violets et brillants d'un bel éclat métallique. Élytres, de la même couleur, mais un peu moins brillantes parcequ'elles sont plus fortement ponctuées : sur chaque, deux bandes blanchâtres longitudinales et sub-parallèles, la première entre la suture et le callus, la seconde le long du bord postérieur parcourant les deux premiers tiers de l'élytre et rejoignant postérieurement une troisième bande transversale et commune de la même couleur. Pattes, testacées : genoux et faces externes des tibias, violets. Poils, blancs.

Sexe. — Incertain, dans les deux individus que j'ai eus sous mes yeux, le premier de l'ancienne collection Dejean et actuellement de la mienne, l'autre communiqué par M.ᵣ Buquet.

Ce n'est qu'en faisant l'aveu de mes doutes que je me suis permis de citer le synonime de M.ʳ le C.ᵗᵉ de Castelnau. Certainement l'insecte qu'il a nommé *Philyra hélopioïdes* a le même manteau que notre *Pelonium pulchellum*. Mais l'auteur a trouvé à son espèce des caractères assez tranchés pour y voir le type d'un genre distinct. Je n'y ai rien vu de tout cela. D'ailleurs le nom d'*Hélopioïdes* n'aurait pas été convenable. Le *P. Pulchellum* ne ressemble pas aux véritables *Hélops*. Il a plutôt un faux air de certaines *Sténochies* qui appartiennent, à la vérité, à la famille des *Hélopiens*. Si on eut voulu tenir compte de ces apparences trompeuses, c'est le nom de *Stenochioïdes* qu'il aurait fallu employer.

21. Pelonium cribripenne.

163. Pelon. fronte plus latiore quam longiore, elytris apice conjunctim rotundatis dorsoque striato-punctato, prothoracis lateribus rectis. — *Tab.* xxxiii, *fig.* 5.

Pelonium cribripenne, *Dej. loc. cit. p.* 128.

PATRIE. — Le Brésil.

DIMENSIONS. — Long. du corps, 3 et ¼ lig. — id. du prothorax, 1 lig. — id. des élytres, 2 lig. — larg. de la tête,
⅔ lig. — id. du prothorax, ½ lig. — id. de la base des élytres,
⅔ ligne.

FORMES. — Massue antennaire, notablement plus longue que
la moitié de l'antenne qui est d'ailleurs elle-même plus longue
que la tête et le prothorax pris ensemble, en forme de scie:
les deux premiers articles, en triangles renversés plus longs
que larges et très faiblement échancrés, dents de la scie aiguës et non dirigées en avant; dernier article, plus long que le
précédent, de la même forme que dans le *Gallerucoïdes* et que
dans le *Pilosum*, mais proportionnellement un peu plus large.
Yeux, moyens, assez distants, très fortement grénus, saillants
en dehors, en contact avec le bord postérieur de la tête. Vertex,
nul. Front, un peu plus large que long. Devant de la tête et
dos du prothorax, couverts de gros points enfoncés très rapprochés et quelquefois confluents qui les font paraître opaques
et chagrinés. Prothorax, remarquable par sa longueur proportionnellement plus grande que dans les espèces congénères et
qui donne à celle-ci le *Facies* d'une *Cymatodère*, uniformément et faiblement convexe; côtés, droits et parallèles; angles
antérieurs et postérieurs, un peu arrondis; bord postérieur,
aussi large que le bord opposé, sensiblement rebordé, rebord
ne se prolongeant pas sur les flancs. Élytres, plus luisantes et
plus finement ponctuées que l'avant-corps, uniformément convexes, à côtés droits et parallèles et à extrémités conjointement
arrondies comme dans le *Pulchellum*. Sur chaque élytre, dix
stries de points enfoncés, commençant près de la base ou derrière les callus, dépassant sans interruption les deux tiers de la
longueur et approchant d'autant plus de l'extrémité qu'elles
sont plus voisines du bord extérieur: points enfoncés, ronds,

égaux, équidistants, très profonds, plus grands que les cloisons transversales; intervalles longitudinaux, diminuant en largeur et augmentant en convexité de la suture au bord extérieur, les dorsaux plus larges, les latéraux plus étroits que les stries. Pattes, comme dans le précédent: onglets, inobservés. Pélage, plus épais à la tête et au prothorax.

COULEURS. — Antennes, palpes, élytres, pattes et derniers anneaux de l'abdomen, testacés. Tête, prothorax, poitrine, ventre à sa base, bruns. Poils, blancs.

SEXE. — Douteux, dans les deux exemplaires de l'ancienne collection Dejean. Ils sont en assez mauvais état et ils ont perdu malheureusement les extrémités de leurs tarses.

XXXVII. G. APOLOPHA, *M.*

Antennes, ayant leur origine au-devant des yeux, vis-à-vis de l'échancrure oculaire, *de huit articles* seulement: le premier, assez grand, obconique, remontant tout-au-plus au haut des yeux; art. 2—5, beaucoup plus courts, un peu plus minces, sensiblement aplatis, fortement obconiques ou plutôt en petits trapèzes, diminuant progressivement en longueur et augmentant en largeur; *les trois derniers*, dilatés du côté interne et très fortement aplatis, *formant ensemble une espèce de massue serriforme* deux fois au moins plus longue que le reste de l'antenne.

Yeux, en ovales transversaux, *échancrés en avant.*

Tête, ovalaire. *Vertex*, cylindrique, bien apparent et aussi long que le front. *Front*, faiblement convexe, penché en avant, aussi large que long. *Face*, se confondant insensiblement avec le chaperon, plus grande que dans touts les genres précédents, *renflée et carénée* au point de simuler une espèce de *Crète longitudinale*, circonstance dont j'ai tiré le nom générique *Apolopha*. Il est censé signifier, *Crète en avant.*

Labre, plane, transversal: bord antérieur, échancré

Palpes maxillaires, de quatre articles : *Labiaux*, de trois. Derniers articles des uns et des autres, aplatis, en triangles renversés dont la hauteur est au moins deux fois plus grande que la base, celle-ci coupée en ligne droite. Le dernier article labial, un peu plus grand que le maxillaire.

Mandibules et autres *Parties de la bouche*, inobservées.

Prothorax, sub-cylindrique, allongé: bords opposés, égaux en largeur; côtés, droits et parallèles, sans rebords.

Prosternum, très faiblement échancré en avant, plane, brusquement rétréci entre les hanches antérieures, rejoignant le bord postérieur, celui-ci droit et entier. *Fosses coxales*, grandes et rapprochées, situées vers le milieu du propectus, arrondies et entièrement fermées.

Ecusson, petit, en demi-cercle.

Elytres, étroites, entourant l'extrémité de l'abdomen: angles antérieurs, arrondis; côtés, droits et parallèles à partir des angles huméraux jusqu'au de-là du milieu, arqués et convergents ensuite; bord postérieur, en arc d'ellipse; extrémités, conjointement arrondies; angle sutural postérieur, fermé.

Poitrine, peu renflée.

Vertex, plane: bords postérieurs de touts les segments, entiers; le dernier, coupé en ligne droite.

Pattes, de moyenne longueur, minces et faibles: tibias, un peu arqués, sans renflement à leur extrémité tarsienne; fémurs postérieurs, ne dépassant pas l'extrémité de l'abdomen.

Tarses, un peu comprimés latéralement, *de quatre articles* seulement vus sous touts les aspects: les trois premiers, bifides en dessus et munis en dessous d'un appendice membraneux entier; premier article, plus long que chacun des deux suivants à la première paire, beaucoup plus long que les deux réunis à la troisième (35). Le quatrième, allongé,

----

(35 Les tarses de la seconde paire ont disparu.

dépourvu d'appendice et armé de deux crochets laminiformes, larges à leur origine, brusquement échancrés au-delà du milieu et terminés en pointe.

Le genre *Apolopha* ressemble par son *Facies* à plusieurs *Malacodermes* et notamment aux espèces des *G. Callianthia* et *Cantharis*. Sous le même point de vue, il ressemble encore aux *Colyphes* et à quelques *Tilles* dont il diffère d'ailleurs par le nombre des articles des tarses et aux *Ténères* dont il s'éloigne encore par la forme de ses antennes. Nous n'en connaissons jusqu'à présent qu'une seule espèce.

Espèce unique. — Apolopha Reichei, *M.*

164. Apoloph. — *Tab.* xxxvi, *fig.* 1.

Patrie. — La Colombie.

Dimensions. — Long. du corps, 3 lig. — id. du prothorax, ¾ lig. — id. des élytres, 2 lig. — larg. de la tête, ½ lig. — id. du prothorax, ⅓ lig. — id. de la base des élytres, ⅔ ligne.

Formes. — Articles intermédiaires des antennes, couverts de poils hérissés. Second article de la massue, plus court que les deux autres : premier et troisième, à-peu-près égaux en longueur ; bord antérieur des deux premiers, droit, leur côté interne arqué, leurs angles antéro-internes aigus sans être prolongés en avant. Crête de la face, arquée et tranchante. Ponctuation de la tête et du prothorax, forte et serrée, plus rare et plus fine au haut du front et sur la ligne médiane du prothorax. Élytres, finement pointillées ; sur chaque, neuf rangées longitudinales et parallèles de points plus gros, mais peu profonds, partant de la base et dépassant les trois quarts de la longueur. Poils, hérissés.

Couleurs. — Antennes, noires : extrémité du dernier article, pâle. Tête, également pâle : côtés du vertex, une petite tache au milieu du front, sommet de la crête faciale, bruns. Mandi-

bules, noires. Prothorax, brun en dessous et pâle en dessus:
flancs et ligne médiane du dos, d'un brun un peu plus clair.
Poitrine, noirâtre. Élytres, rousses: extrémité dépourvue de
stries, noirâtre. Vertex, brun. Pattes, pâles: une tache sous
chaque fémur antérieur, face inférieure des tibias de la même
paire, obscures. Pélage, de la couleur du fond.

Sexe. — Douteux, dans l'exemplaire unique de la collection
Reiche.

XXXVIII. G. MONOPHYLLA, *M.*

Antennes, une fois et demie plus longues que la tête et le
prothorax pris ensemble, *ayant leur origine au devant des yeux,*
en face de l'échancrure oculaire, *de six articles distincts :* le
premier, épais, obconique, remontant au-dessus des yeux; le
second, de la même épaisseur, court et globuleux ; le troisième,
trois fois plus long que le précédent, traversé par trois sillons parallèles qu'on pourrait prendre pour autant d'articulations,
manière de voir assez plausible et qui porterait le nombre total
des articles de six à neuf; art. 4.ᵉ et 5.ᵉ, courts, aplatis,
en triangles renversés, leur bord interne garni de poils raides
et perpendiculaires à l'axe de l'antenne; *dernier article, cinq
fois plus long que tous les autres réunis,* en lamelle étroite
et mutique, à côtés droits et à extrémité arrondie.

Yeux, distants, transversaux, finement grénus, peu saillants
en dehors et néanmoins en contact avec le bord extérieur de la
tête, profondément *échancrés en avant;* échancrure, étroite et
profonde, en moitié d'ellipse très excentrique.

Vertex, inapparent. *Front*, large, très faiblement convexe
vers le haut, plane et presque vertical vers le bas où il se confond insensiblement avec la *Face* qui se confond elle-même
avec le chaperon: bord antérieur de celui-ci, droit et entier.

Labre, transversal, très court: bord antérieur, entier et cilié.

Palpes maxillaires, filiformes, de quatre articles: le dernier, mince, cylindrique et tronqué.

Palpes labiaux, plus grands que les maxillaires, de trois articles: le premier, court; le second, allongé, mince, cylindrique ou très faiblement obconique; le troisième, de la même forme, mais un peu plus court; le dernier, très grand, aplati et décidément sécuriforme.

Corps, éminemment cylindrique: côtés du *Prothorax* et des *Elytres*, droits et parallèles, dessous moins convexe que le dessus, mais bien plus que dans les autres *Cléroïdes*. *Prosternum*, peu échancré en avant. *Fosses coxales antérieures*, un peu en arrière du milieu, entièrement fermées. Bord postérieur des cinq premières plaques ventrales, sans échancrure.

Pattes, courtes et néanmoins assez minces. *Fémurs postérieurs*, ne dépassant pas la moitié de l'abdomen. *Tibias*, droits et effilés.

Tarses, minces et comprimés, de quatre articles: le premier, aussi long que les trois autres pris ensemble, peu dilaté et non échancré à son extrémité, n'ayant en dessous qu'un très petit appendice rudimentaire; second et troisième, à-peu-près égaux entr'eux, bifides en dessus, munis en dessous d'un appendice assez grand, entier et coupé en ligne droite; le dernier, un peu plus long que chacun des deux précédents, terminé par deux crochets assez forts à arête inférieure unidentée.

Espèce unique. — MONOPHILLA MEGATOMA.

165. MONOPH. — *Tab.* XXXVIII, *fig.* 5.

Enoplium megatoma, *Dej. loc. cit. p.* 128.

PATRIE. — L'Amérique septentrionale.

DIMENSIONS. — Long. du corps, 3 lig. — id. du prothorax, ¾ lig. — id. des élytres, 2 lig. — larg. de la tête, ⅔ lig. — id. du prothorax, la même. — id. de la base des élytres, ½ ligne.

Formes. — Devant de la tête et dos du prothorax, mats et fortement ponctués : points, assez gros et profonds, peu distants, mais toujours distincts, uni-piligères, surface des élytres, plus luisante, points encore gros et profonds, mais clair-sémés; pattes et dessous du corps, finement pointillés. Angles postérieurs du prothorax, arrondis : bord postérieur du même, un peu plus étroit que le bord opposé, relevé en bourrelet, mais sans sillon sous-marginal et sans prolongement sur les flancs; dos, uniformément convexe. Écusson, petit, en demi-cercle. Callus huméraux, non saillants. Base des élytres, droite : angles antérieurs, prononcés; côtés, parallèles dans presque toute leur longueur; bord postérieur, en arc de courbe à très faible courbure; angle sutural postérieur, fermé. Poils hérissés, longs et rares.

Couleurs. — Antennes, pattes, tête, poitrine, noirs. Dos du prothorax, de la même couleur avec deux bandes transversales rougeâtres, la première longeant le bord antérieur et interrompue au milieu, la seconde au bord postérieur dilatée des deux côtés et descendant sur les flancs jusqu'à la rencontre du prosternum. Abdomen, rouge. Poils, blanchâtres.

Sexe. — Dans les mâles, la sixième plaque ventrale a une large échancrure. — Un exemplaire de l'ancienne collection Dejean qui a son appareil génital en évidence. Cette position accidentelle est nécessairement accompagnée d'une extension forcée de l'abdomen qui dépasse ainsi l'extrémité des élytres. Je présume que le contraire doit arriver dans le temps du repos normal. — Femelle, inconnue.

FIN DU PREMIER VOLUME.

Vu pour l'Autorité Ecclésiastique
F. S. Ch. GRAFFAGNI Rev. Archiep.

Bon à imprimer
G. C. GANDOLFI Rev. pour la G. C.

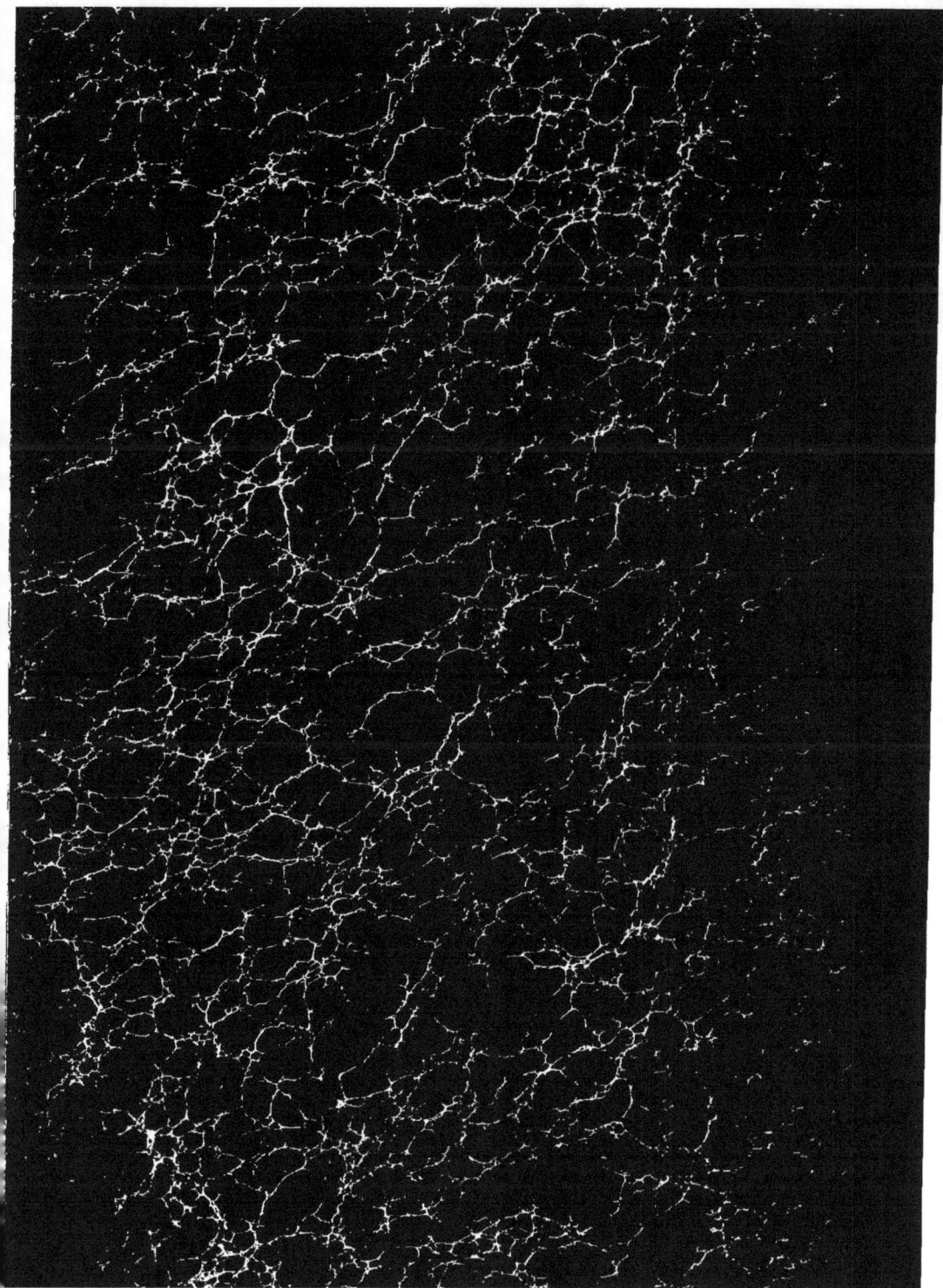

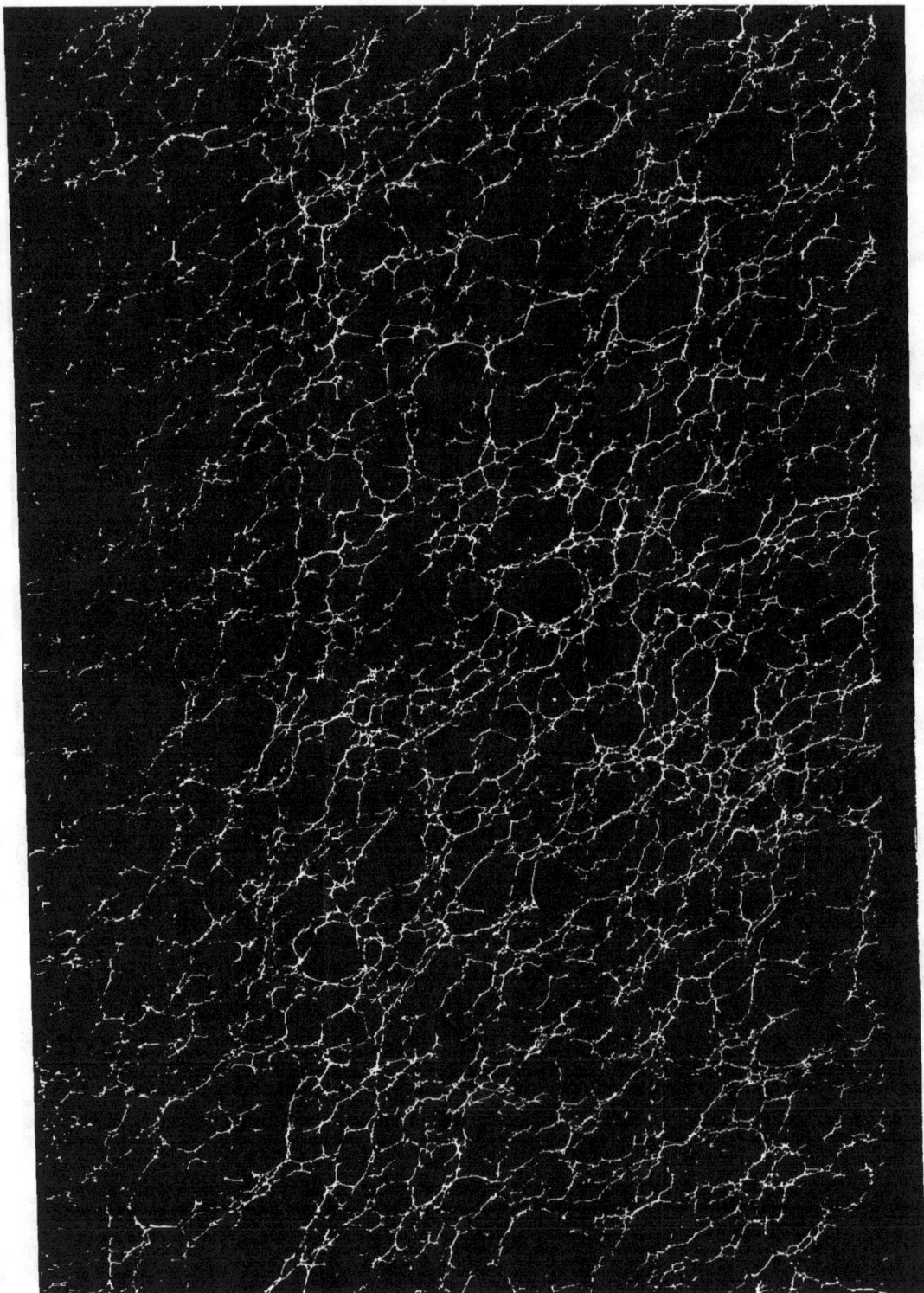

www.ingramcontent.com/pod-product-compliance
Lightning Source LLC
Chambersburg PA
CBHW052104230326
41599CB00054B/3757